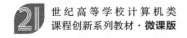

21世纪高等学校计算机类
课程创新系列教材·微课版

Web编程基础

——HTML5、CSS3、JavaScript 第3版·微课视频版

任平红 陈 矗 编著

清华大学出版社
北京

内 容 简 介

本书详细介绍 Web 编程基础中的相关知识点和技能,主要内容包括 HTML5 概述、HTML5 表单、HTML5 画布、音频、视频与 Web 存储、离线应用和 Web Workers、Geolocation 地理位置、CSS3、CSS3 样式属性、CSS3 页面布局、JavaScript 基础、JavaScript 对象、DOM 编程、AJAX、jQuery。本书对与 Web 编程相关的理论知识进行详细的讲解与分析,文字通俗易懂,实例丰富,提供配套课件、微课视频、源代码、习题及参考答案等,可以使读者更深入地理解相关的知识点。

本书可以作为高等院校 Web 程序设计和 Web 编程技术相关课程的教材,也可以作为广大自学者和软件开发人员的参考用书。

本书封面贴有清华大学出版社防伪标签,无标签者不得销售。
版权所有,侵权必究。举报: 010-62782989, beiqinquan@tup.tsinghua.edu.cn。

图书在版编目(CIP)数据

Web 编程基础: HTML5、CSS3、JavaScript: 微课视频版/任平红,陈蠡编著.—3 版.—北京: 清华大学出版社,2023.7
21 世纪高等学校计算机类课程创新系列教材: 微课版
ISBN 978-7-302-63167-5

Ⅰ.①W… Ⅱ.①任… ②陈… Ⅲ.①超文本标记语言-程序设计-高等学校-教材 ②网页制作工具-高等学校-教材 ③JAVA 语言-程序设计-高等学校-教材 Ⅳ.①TP312.8 ②TP393.092.2

中国国家版本馆 CIP 数据核字(2023)第 050478 号

责任编辑: 黄 芝 李 燕
封面设计: 刘 键
责任校对: 申晓焕
责任印制: 沈 露

出版发行: 清华大学出版社
    网　　址: http://www.tup.com.cn, http://www.wqbook.com
    地　　址: 北京清华大学学研大厦 A 座　　邮　编: 100084
    社 总 机: 010-83470000　　邮　购: 010-62786544
    投稿与读者服务: 010-62776969, c-service@tup.tsinghua.edu.cn
    质量反馈: 010-62772015, zhiliang@tup.tsinghua.edu.cn
    课件下载: http://www.tup.com.cn, 010-83470236
印 装 者: 北京嘉实印刷有限公司
经　　销: 全国新华书店
开　　本: 185mm×260mm　　印　张: 19.5　　字　数: 475 千字
版　　次: 2014 年 2 月第 1 版　2023 年 8 月第 3 版　　印　次: 2023 年 8 月第 1 次印刷
印　　数: 1~1500
定　　价: 59.80 元

产品编号: 099419-01

前言

新一轮科技革命和产业变革,带动了传统产业的升级改造。党的二十大报告强调"要实施科教兴国战略,加快建设教育强国、科技强国、人才强国"。建设高质量高等教育体系是摆在高等教育面前的重大历史使命和政治责任。高等教育要坚持国家战略引领,聚焦重大需求布局,推进新工科、新医科、新农科、新文科建设,加快培养紧缺型人才。

随着网络技术的发展,Web 应用越来越广泛。要开发具有实际应用价值的 Web 应用程序,必须熟练地掌握相关的 Web 编程基础知识。国内许多高等院校的计算机相关专业纷纷开设了 Web 编程技术的相关课程。编者针对计算机科学与技术、信息管理、电子商务、软件工程等专业对 Web 编程能力的需求等问题,根据教学的实际需要,结合多年来在 Web 教学和 Web 开发中的经验,编写了本书。

Web 编程基础是进行 Web 应用程序开发的前提,在 HTML5、CSS3、JavaScript 的基础之上,结合动态的网页开发技术,才能开发出动态交互、功能强大、界面友好的 Web 应用程序。本书对第 2 版的部分内容进行了修正,对原有的部分过时内容进行了删减,除了第 2 版的配套资源外,还配备了微课视频。

全书共 14 章:

第 1 章　HTML5 概述,介绍 HTML5 的新特性、语法、文档结构和常用标签。

第 2 章　HTML5 表单,介绍 HTML5 表单新增的表单控件。

第 3 章　HTML5 画布,介绍 canvas 元素绘制简单图形、文字和图形变换等。

第 4 章　音频、视频与 Web 存储,介绍 HTML5 中引入音频、视频的方法,以及 Web Storage 和 Web SQL。

第 5 章　离线应用和 Web Workers,介绍 HTML5 中离线缓存的方法,以及使用 Web Workers 在后台线程中处理事务或逻辑的方法。

第 6 章　Geolocation 地理位置,介绍 Geolocation API 及其获取当前地理位置、监视当前地理位置、取消监视当前地理位置的方法。

第 7 章　CSS3,介绍 CSS3 的使用方法、继承、各类选择符。

第 8 章　CSS3 样式属性,介绍 CSS3 的各种样式属性的使用。

第 9 章　CSS3 页面布局,介绍使用表格、框架、DIV+CSS 进行页面布局的方法。

第 10 章　JavaScript 基础,介绍 JavaScript 的结构、语法和函数等。

第 11 章　JavaScript 对象,介绍 JavaScript 中的 Array、Date、String 等对象。

第 12 章　DOM 编程,介绍事件、window 对象、document 对象、history 对象及自定义对象等。

第 13 章　AJAX,介绍 AJAX 的原理及其与 JSP、XML、数据库的交互。

第 14 章　jQuery,介绍 jQuery 选择器、事件处理、特效和操作 DOM 等。

本书是作者多年来教学和软件开发经验的总结。书中内容按照由浅入深、循序渐进的原则进行组织,注重理论与实践相结合,力求其内容丰富、结构清晰。书中的程序实例简短实用,易于教师教学使用和读者学习。书中的所有代码均经过调试,并给出了运行结果的截图。大部分案例来源于网络教学平台的开发实践,具有较大的实际应用价值。每章均配有与内容紧密相关的课件、习题及参考答案、源代码、微课视频。习题来源于与知识点相关的面试题,切合实际需求。

  本书第1~8章由任平红编写,第9~14章由陈矗编写。

  由于编者水平有限,书中疏漏之处在所难免,恳请读者批评指正。

编 者

2023 年 3 月

目 录

源码下载

第 1 章　HTML5 概述 ………………………………………………………… 1

1.1　互联网概述 ………………………………………………………… 1
  1.1.1　超文本传输协议 ……………………………………………… 1
  1.1.2　统一资源定位符 ……………………………………………… 2
  1.1.3　超文本标记语言 ……………………………………………… 2
  1.1.4　XML 和 XHTML ……………………………………………… 3
1.2　HTML5 的改变 ……………………………………………………… 3
  1.2.1　HTML5 新增的元素 …………………………………………… 3
  1.2.2　HTML5 废除的元素 …………………………………………… 6
  1.2.3　HTML5 新增的属性 …………………………………………… 7
  1.2.4　HTML5 的新特性和新规则 …………………………………… 9
  1.2.5　HTML5 开发工具 ……………………………………………… 10
1.3　HTML5 文档的基本结构 …………………………………………… 10
1.4　HTML5 的语法 ……………………………………………………… 11
1.5　HTML5 的常用标签 ………………………………………………… 12
  1.5.1　<meta> ………………………………………………………… 12
  1.5.2　标题 …………………………………………………………… 13
  1.5.3　换行元素 ……………………………………………………… 13
  1.5.4　分隔线 ………………………………………………………… 14
  1.5.5　段落 …………………………………………………………… 15
  1.5.6　特殊字符 ……………………………………………………… 15
  1.5.7　列表 …………………………………………………………… 17
  1.5.8　锚元素 ………………………………………………………… 19
  1.5.9　表格 …………………………………………………………… 23
小结 ………………………………………………………………………… 27
习题 ………………………………………………………………………… 27

第 2 章　HTML5 表单 ………………………………………………………… 28

2.1　form 标签 …………………………………………………………… 28
2.2　HTML5 中新增的 input 元素 ………………………………………… 28
  2.2.1　email 类型 …………………………………………………… 30
  2.2.2　url 类型 ……………………………………………………… 31

    2.2.3 number 类型 ………………………………………………………… 32
    2.2.4 range 类型 ………………………………………………………… 33
    2.2.5 Date pickers 类型 ………………………………………………… 33
    2.2.6 search 类型 ………………………………………………………… 36
    2.2.7 tel 类型 …………………………………………………………… 37
    2.2.8 color 类型 ………………………………………………………… 37
  2.3 HTML5 中新增的表单元素 …………………………………………………… 38
    2.3.1 datalist 元素 ……………………………………………………… 38
    2.3.2 keygen 元素 ……………………………………………………… 39
    2.3.3 output 元素 ……………………………………………………… 39
 小结 …………………………………………………………………………………… 40
 习题 …………………………………………………………………………………… 40

第 3 章　HTML5 画布 …………………………………………………………………… 41

  3.1 HTML5 的 canvas 元素 ……………………………………………………… 41
  3.2 绘制简单的图形 ……………………………………………………………… 42
    3.2.1 绘制直线 ………………………………………………………… 42
    3.2.2 绘制矩形 ………………………………………………………… 43
    3.2.3 绘制圆或圆弧 …………………………………………………… 43
    3.2.4 绘制三角形 ……………………………………………………… 44
  3.3 绘制文字 ……………………………………………………………………… 45
    3.3.1 绘制填充文字 …………………………………………………… 45
    3.3.2 绘制轮廓文字 …………………………………………………… 46
  3.4 图形变换 ……………………………………………………………………… 47
    3.4.1 保存与恢复 ……………………………………………………… 47
    3.4.2 移动 ……………………………………………………………… 49
    3.4.3 缩放 ……………………………………………………………… 49
    3.4.4 旋转 ……………………………………………………………… 50
    3.4.5 变形 ……………………………………………………………… 51
  3.5 操作图像 ……………………………………………………………………… 53
  3.6 其他颜色和样式 ……………………………………………………………… 54
    3.6.1 线型 ……………………………………………………………… 54
    3.6.2 渐变 ……………………………………………………………… 55
    3.6.3 绘制图案 ………………………………………………………… 57
    3.6.4 透明度 …………………………………………………………… 58
    3.6.5 阴影 ……………………………………………………………… 59
 小结 …………………………………………………………………………………… 60
 习题 …………………………………………………………………………………… 60

第 4 章 音频、视频与 Web 存储 ································ 62

4.1 音频 ·· 62
4.1.1 音频格式 ·· 62
4.1.2 audio 元素 ·· 63
4.1.3 JavaScript 控制 audio 对象 ······················ 64
4.2 视频 ·· 66
4.2.1 视频格式 ·· 66
4.2.2 video 元素 ·· 67
4.3 Web Storage ·· 68
4.4 Web SQL ·· 71
小结 ·· 75
习题 ·· 76

第 5 章 离线应用和 Web Workers ···························· 77

5.1 HTML5 离线应用概述 ······································ 77
5.2 ApplicationCache 对象 ······································ 77
5.2.1 属性 ·· 78
5.2.2 事件 ·· 78
5.3 离线缓存的实现 ·· 79
5.4 离线缓存的更新 ·· 80
5.5 离线缓存应用示例 ·· 81
5.5.1 缓存首页 ·· 81
5.5.2 缓存图像 ·· 82
5.6 Web Workers ·· 84
5.6.1 Web Workers 概述 ··································· 84
5.6.2 Web Workers 成员 ··································· 84
5.6.3 Web Workers 示例 ··································· 85
小结 ·· 88
习题 ·· 89

第 6 章 Geolocation 地理位置 ································· 90

6.1 概述 ·· 90
6.1.1 地理位置的表达 ······································ 90
6.1.2 地理位置的来源 ······································ 90
6.2 Geolocation API ·· 91
6.2.1 获取当前地理位置信息 ···························· 91
6.2.2 监视地理位置信息 ·································· 95
6.2.3 停止获取地理位置信息 ···························· 95

6.3 示例 ·········· 95
    6.3.1 使用腾讯地图定位 ·········· 95
    6.3.2 距离跟踪器 ·········· 97
小结 ·········· 100
习题 ·········· 101

第 7 章 CSS3 ·········· 102

7.1 CSS3 概述 ·········· 102
7.2 CSS3 的基本语法 ·········· 103
7.3 CSS3 的使用方式 ·········· 104
7.4 CSS3 的继承 ·········· 109
7.5 CSS3 的元素选择符 ·········· 110
    7.5.1 通配选择符(*) ·········· 110
    7.5.2 类型选择符(E) ·········· 110
    7.5.3 id 选择符(E#id) ·········· 111
    7.5.4 类选择符(E.class) ·········· 112
7.6 CSS3 的关系选择符 ·········· 113
    7.6.1 包含选择符(E F) ·········· 113
    7.6.2 子选择符(E>F) ·········· 114
    7.6.3 相邻选择符(E+F) ·········· 115
    7.6.4 兄弟选择符(E~F) ·········· 116
7.7 CSS3 的属性选择符 ·········· 117
7.8 CSS3 的伪类选择符 ·········· 118
7.9 CSS 的伪元素选择符 ·········· 120
小结 ·········· 122
习题 ·········· 122

第 8 章 CSS3 样式属性 ·········· 124

8.1 字体属性 ·········· 124
8.2 文本和文本装饰属性 ·········· 125
8.3 背景属性 ·········· 127
8.4 边框属性 ·········· 128
8.5 定位属性 ·········· 134
8.6 布局属性 ·········· 135
8.7 列表属性 ·········· 137
8.8 光标属性 ·········· 138
小结 ·········· 138
习题 ·········· 139

第 9 章　CSS3 页面布局 …… 140

9.1　概述 …… 140
9.2　盒子模型和 DIV …… 141
9.3　页面布局 …… 143
9.3.1　简单布局 …… 143
9.3.2　圣杯布局 …… 148
9.3.3　多栏布局 …… 149
9.3.4　弹性伸缩布局 …… 150
9.4　DIV 浮动 …… 154
9.5　实用技巧 …… 159
9.6　CSS hack …… 160
9.6.1　主流的浏览器 …… 160
9.6.2　CSS hack 的分类 …… 161
小结 …… 163
习题 …… 163

第 10 章　JavaScript 基础 …… 164

10.1　JavaScript 的简介 …… 164
10.1.1　JavaScript 的语言特点 …… 164
10.1.2　JavaScript 的基本结构 …… 165
10.2　JavaScript 的语法 …… 167
10.2.1　数据类型 …… 167
10.2.2　常量 …… 167
10.2.3　变量 …… 168
10.2.4　注释 …… 170
10.2.5　运算符 …… 171
10.2.6　流程控制 …… 175
10.3　JavaScript 函数 …… 185
10.3.1　内置函数 …… 185
10.3.2　用户自定义函数 …… 188
小结 …… 189
习题 …… 190

第 11 章　JavaScript 对象 …… 191

11.1　JavaScript 的核心对象 …… 191
11.1.1　数组对象 …… 191
11.1.2　字符串对象 …… 197
11.1.3　日期对象 …… 203

　　　　11.1.4　数学对象 …………………………………………………………… 206
　11.2　JavaScript 自定义对象 …………………………………………………………… 208
　　　　11.2.1　使用原型添加属性和方法 …………………………………………… 208
　　　　11.2.2　创建自定义对象 ……………………………………………………… 209
　小结 ……………………………………………………………………………………… 214
　习题 ……………………………………………………………………………………… 215

第 12 章　DOM 编程 …………………………………………………………………… 216

　12.1　BOM 和 DOM 概述 ……………………………………………………………… 216
　12.2　JavaScript 事件 …………………………………………………………………… 217
　12.3　window 对象 ……………………………………………………………………… 218
　　　　12.3.1　window 对象的属性 …………………………………………………… 218
　　　　12.3.2　window 对象的方法 …………………………………………………… 219
　12.4　document 对象 …………………………………………………………………… 227
　12.5　history 对象 ……………………………………………………………………… 235
　12.6　location 对象 ……………………………………………………………………… 236
　12.7　事件的应用 ………………………………………………………………………… 237
　　　　12.7.1　鼠标事件 ……………………………………………………………… 237
　　　　12.7.2　键盘事件 ……………………………………………………………… 239
　12.8　网页特效 …………………………………………………………………………… 242
　小结 ……………………………………………………………………………………… 250
　习题 ……………………………………………………………………………………… 251

第 13 章　AJAX ………………………………………………………………………… 252

　13.1　AJAX 概述 ………………………………………………………………………… 252
　13.2　XMLHttpRequest 对象 ……………………………………………………………… 253
　　　　13.2.1　XMLHttpRequest 对象的创建 ………………………………………… 253
　　　　13.2.2　XMLHttpRequest 对象的方法 ………………………………………… 254
　　　　13.2.3　XMLHttpRequest 对象的属性 ………………………………………… 255
　　　　13.2.4　XMLHttpRequest 对象的工作过程 …………………………………… 255
　13.3　AJAX 与 JSP ……………………………………………………………………… 260
　13.4　AJAX 与 XML ……………………………………………………………………… 263
　13.5　AJAX 与数据库 …………………………………………………………………… 266
　小结 ……………………………………………………………………………………… 270
　习题 ……………………………………………………………………………………… 270

第 14 章　jQuery ………………………………………………………………………… 271

　14.1　jQuery 概述 ………………………………………………………………………… 271
　14.2　jQuery 选择器 ……………………………………………………………………… 272

  14.3　jQuery 的事件处理 ……………………………………………………………… 283
  14.4　jQuery 的特效 …………………………………………………………………… 285
  14.5　jQuery 操作 DOM ……………………………………………………………… 291
    14.5.1　jQuery 读写元素的内容和属性 ………………………………………… 291
    14.5.2　jQuery 更改页面元素 …………………………………………………… 292
    14.5.3　jQuery 操作 CSS 属性 ………………………………………………… 293
 小结 …………………………………………………………………………………………… 295
 习题 …………………………………………………………………………………………… 296
参考文献 ……………………………………………………………………………………… 297

第 1 章 HTML5概述

1.1 互联网概述

观看视频

WWW 是 World Wide Web 的缩写,简称为 Web。1989 年,Web 诞生于欧洲原子能研究中心(European Organization for Nuclear Research,CERN),CERN 的物理学家 Tim Berners-Lee 提出了一个新的因特网协议,命名为 Web,其目的是使科学家们可以利用网络共享文档。1990 年 11 月,第一个 Web 服务器 nxoc01.cern.ch 开始运行,由 Tim Berners-Lee 编写的图形化 Web 浏览器第一次出现在人们面前。1991 年,CERN 正式发布了 Web 技术标准。1993 年,第一个图形界面的浏览器 Mosaic 开发成功。1994 年,著名的 Netscape Navigator 浏览器问世。1995 年,由 Mosaic 衍生而来的 IE 浏览器诞生。目前,与 Web 相关的标准都由 W3C(World Wide Web Consortium,万维网联盟)组织管理和维护。

Web 是运行在 Internet 之上所有的 HTTP 服务器软件和对象的集合,是一个分布式的超媒体信息系统,Web 可以使人们利用网络实现信息资源的共享。从技术层面分析,Web 主要包括超文本传输协议(HTTP)、统一资源定位符(URL)以及超文本标记语言(HTML)。

1.1.1 超文本传输协议

超文本传输协议(Hyper Text Transfer Protocol,HTTP)是面向应用层的网络协议,可用于实现客户端和服务器端的信息传输。HTTP 由于其简捷、快速等特点,适用于分布式超媒体信息系统。它允许将超文本标记语言文档从 Web 服务器传送到客户端浏览器,HTTP 工作在 TCP/IP 体系中的 TCP 上。客户端和服务器端必须都支持 HTTP,才能实现客户端和服务器端之间的交互。

HTTP 的主要特点有:

1. 支持客户端/服务器端模式

HTTP 遵循请求/应答模型,客户端向服务器发起建立连接请求,连接以后发送请求消息,然后服务器返回响应到客户端。

2. 简单快速

客户端向服务器提交请求时,只需要发送请求方法和路径。请求方法有 GET、HEAD、POST。请求方法不同,客户端和服务器联系的类型也不同。由于 HTTP 简单,服务器的程序规模较小,因此通信速度较快。

3．灵活

HTTP允许传输任意类型的数据对象，被传输的数据对象的类型由Content-Type标识。

4．无连接

无连接指的是每次连接只处理一个请求，各个连接之间是相互独立的。服务器处理完客户端的请求，并接收到客户端的应答后即断开连接。无连接方式可以节省传输成本。

5．无状态

HTTP是无状态协议，无状态指的是事务处理没有记忆能力，这意味着如果后续的处理需要使用前面的信息，则必须重新传输。无状态可能会导致每次连接传输的数据量较大，但是当后续连接不需要前面的信息时，应答会比较快。

1.1.2 统一资源定位符

统一资源定位符(Uniform Resource Locator，URL)是用于完整地描述Internet上网页和其他资源地址的一种标识方法。Internet上的每一个资源都有一个唯一的名称标识，通常称之为URL地址或者网址，这种地址可以是本地磁盘，也可以是局域网上的某一台计算机，更多的是Internet上的某个站点。URL可以使客户端使用统一的方法访问资源。

URL一般由协议类型、存放资源的域名或主机IP地址以及资源文件的路径三部分组成。其语法格式如下：

protocol://hostname[:port]/path/[;parameters][?query]#fragment

其中：

- protocol指定传输所使用的协议类型，常用的传输协议是HTTP，另外，还有文件传输协议(FTP)、访问本地计算机上的文件的协议file、简单邮件传输协议(SMTP)等。
- hostname指定存放资源的服务器名称或者主机的IP地址。
- port指定端口号，可选，省略时采用传输协议默认的端口号。例如，HTTP默认的端口号是80。
- path指的是资源的存放路径，一般用来表示一个目录或者文件的地址。
- parameters为可选项，可以用于指定特殊参数。
- query为可选项，当请求动态网页时，可以向动态网页传递字符串类型的参数，多个参数之间用&符号隔开，每个参数名和值之间用=连接。

例如http://localhost:8080/ch01/index.jsp?name=wangmingming&pwd=123456，此地址访问index.jsp文件，并且向其传递参数name和pwd。

1.1.3 超文本标记语言

超文本标记语言(HyperText Markup Language，HTML)是一种用于描述网页文档的标记语言，使用HTML可以构建网页文档，可以将Internet上的资源组合在一起。它是目前网络上应用广泛的语言。HTML是标准通用标记语言(Standard Generalized Markup Language，SGML)下的一个应用，也是一种规范、一种标准，它通过标记符号来标记要显示的网页中的各个部分。网页文件本身是一种文本文件，通过在文本文件中添加标记符，可以定义内容的显示样式。HTML虽然简单,但是功能强大,支持不同数据格式的文件嵌入,其主要特点如下。

- 简单性：采用超集方式可以升级 HTML,使用起来灵活方便。HTML 文件是文本文件,可以采用任何文本编辑工具编写。
- 可扩展性：HTML 的广泛应用会带来加强功能、增加标签符的需求,HTML 采用扩展子类元素的方法,使系统扩展成为可能。
- 平台无关性：使用 HTML 编写的文件只需要浏览器即可解释运行,与操作系统无关。目前几乎所有的 Web 浏览器都支持 HTML。

1.1.4 XML 和 XHTML

可扩展标记语言(Extensible Markup Language,XML)是 SGML 的子集,是一种定义电子文档结构和描述其内容的国际标准语言；XML 是由 W3C 发布的,用于创建通用的信息格式。它的语法是基于文本的,用于描述、传递与交换结构化信息。XML 并不是为了取代 HTML,而是要把数据与表达区分开。开发人员可以利用 XML 创建任意的标签来描述信息。

XHTML(Extensible HyperText Markup Language,可扩展超文本标记语言)的表现方式与 HTML 类似,不过语法上更为严格。2000 年年底,W3C 公布发行了 XHTML 1.0,这是一种在 HTML 4.01 的基础上优化和改进的新语言,目的是基于 XML 应用。XHTML 是一种增强了的 HTML,相比于 HTML 来说,XHTML 更严谨、更纯净,它的可扩展性和灵活性可以适应未来网络更加复杂多变的需求。

1.2 HTML5 的改变

观看视频

HTML5 草案的前身名为 Web Application 1.0,于 2004 年被 WHATWG(Web HyperText Application Technology Working Group,Web 超文本应用技术工作组)提出,于 2007 年被 W3C 接纳。HTML5 是 HTML、XHTML 以及 HTML DOM 的新标准,HTML5 之前的 HTML4.01 以及 XHTML 1.0/2.0 主要把 HTML 限定为一种页面标记语言,而 HTML5 则是第一个将 Web 作为开发平台的 HTML 版本。

目前主流的浏览器一般都提供了对 HTML5 的支持,例如新版本的 Safari 3.1+、Chrome 3+、Firefox 3.5+ 以及 Opera 9.5+ 都部分支持 HTML5 的新特性,Internet Explorer 9+ 也部分支持 HTML5 的新特性。

1.2.1 HTML5 新增的元素

HTML5 中引入了很多新的标记元素。根据内容类型的不同,这些元素可以分为内嵌、流、标题、交互、元数据、短语等。

1. 新增的结构元素

HTML5 定义了一组新的语义化标记来描述元素的内容,可以简化 HTML 页面设计,并且在搜索引擎抓取和索引网页时,也可以利用这些元素。新增的语义化标记元素如表 1-1 所示。

表 1-1　HTML5 新增的语义化标记元素

元素	说明
header	页面或页面中某一个区块的页眉,一般为导航信息
footer	页面或页面中某一个区块的页脚
section	页面中的一块区域,通常由内容和标题组成
article	独立的内容块,可独立于页面其他内容使用
aside	非正文内容,独立于页面的主要内容
nav	作为页面导航的辅助内容

以上元素本身并没有特殊的功能,使用 div 也可以实现以上功能,但是由新的语义化元素组成的网页结构对于搜索引擎更加友好,能够更好地被搜索引擎搜索和抓取。

1) article 元素的使用示例可参照 article.html

article.html 的代码如下:

```html
<!DOCTYPE html>
<html>
    <head>
        <meta charset="UTF-8">
        <title>article 元素</title>
    </head>
    <body>
        <article>
            <header>
                <h1>这是一个标题</h1>
                <p>Hello</p>
            </header>
            <article>
                <header>作者</header>
                <p>评论</p>
                <footer>时间</footer>
            </article>
            <footer>
                <p>这是底部</p>
            </footer>
        </article>
    </body>
</html>
```

article.html 的显示结果如图 1-1 所示。

2) aside 元素的使用示例可参照 aside.html

aside.html 的代码如下:

```html
<!DOCTYPE html>
<html>
    <head>
        <meta charset="UTF-8">
        <title>aside 元素</title>
    </head>
    <body>
        <header>
```

```
                <h1>header 里的一级标题</h1>
            </header>
            <article>
                <h1>article 里的一级标题</h1>
                <p>article 里的段落</p>
                <aside>
                    <h1>aside 里的一级标题</h1>
                    <p>aside 里的段落</p>
                </aside>
            </article>
            <aside>
                <nav>
                    <h2>评论</h2>
                    <ul>
                        <li>
                            <a href="#">评论的时间</a>
                        </li>
                        <li>
                            <a href="#">评论的内容</a>
                        </li>
                    </ul>
                </nav>
            </aside>
    </body>
</html>
```

aside.html 的显示结果如图 1-2 所示。

图 1-1 article.html 的显示结果

图 1-2 aside.html 的显示结果

2. 新增的功能元素

HTML5 中新增的功能元素如下。
- hgroup：用于对整个页面或页面中的一个内容区块的标题进行组合。
- figure：表示一段独立的流内容，一般表示文档主题流内容中的一个独立单元。

- video：定义视频，例如电影片段或其他视频流。
- audio：定义音频，例如音乐或其他音频流。
- embed：用来插入各种多媒体，格式可以是 MIDI、WAV、AIFF、AU、MP3 等。
- mark：主要用来在视觉上向用户呈现需要突出显示或高亮显示的文字。
- time：表示日期或时间，也可以同时表示两者。
- canvas：表示图形，如图表和其他图像。
- output：表示不同类型的输出，例如脚本的输出。
- source：为媒介元素定义媒介资源。
- menu：表示菜单列表，当需要列出表单控制件时使用该标签。
- ruby：表示 ruby 注释。
- rt：表示字符的解释或发音。
- rp：在 ruby 解释中使用，以定义不支持 ruby 元素的浏览器所显示的内容。
- wbr：表示软换行。
- command：表示命令按钮，如单选按钮、复选框或普通按钮。
- details：表示用户要求得到并且可以得到的细节信息，可与 summary 元素配合使用。
- datalist：可选数据的列表，与 input 元素配合使用，可以制作出输入值的下拉列表。
- datagrid：表示可选数据的列表，它以树形列表的形式来显示。
- keygen：表示生成密钥。
- progress：表示运行中的进程，可以使用 progress 来显示 JavaScript 中耗费时间的函数的进程。
- email：表示必须输入 E-mail 地址的文本输入框。
- url：表示必须输入 URL 地址的文本输入框。
- number：表示必须输入数值的文本输入框。
- range：表示必须输入一定范围内数字值的文本输入框。
- Date Pickers：可供选取日期和时间的新型的文本输入框。

1.2.2　HTML5 废除的元素

在 HTML5 中废除了 HTML4.01 中过时的元素。

1. 能够使用 CSS 替代的元素

basefont、big、center、font、s、strike、tt 和 u 元素，都是用来表现文本效果的，而 HTML5 提倡把呈现效果的功能放到 CSS 样式表中统一处理。其中，font 元素允许由编辑器插入，s、strike 元素可以由 del 元素代替，tt 元素可以由 CSS 的 font-family 属性代替。

2. 不再使用 frame 框架

对于 frameset、frame、noframes 元素，由于 frame 框架对网页的可用性存在负面影响，因此在 HTML5 中已不支持 frame 框架，只保留了内联框架 iframe。

3. 只有部分浏览器支持的元素

对于 applet、bgsound、blink 和 marquee 等元素，由于只有部分浏览器支持，因此在 HTML5 中废除。其中，applet 元素可以由 embed 元素或者 object 元素代替，bgsound 元素可以由 audio 元素代替，marquee 可以由 JavaScript 脚本代替。

4．其他被废除的元素

HTML5 中其他被废除的元素如下：
- 使用 ruby 元素代替的 rb 元素。
- 使用 abbr 元素代替的 acronym 元素。
- 使用 ul 元素代替的 dir 元素。
- 使用 form 元素与 input 元素相结合代替的 isindex 元素。
- 使用 pre 元素代替的 listing 元素。
- 使用 code 元素代替的 xmp 元素。
- 使用 GUIDS 代替的 nextid 元素。
- 使用"text/plain"MIME 类型代替的 plaintext 元素。

1.2.3　HTML5 新增的属性

HTML5 中新增的属性包括表单属性、链接属性以及其他属性。

1．表单属性

1）autofocus 属性

对 input 元素的所有类型，以及 select、textarea、button 元素指定 autofocus 属性，则在页面加载后元素会自动获得焦点，正常情况下，一个页面只有一个元素有 autofocus 属性，如果设置多个，则第一个有效。

2）placeholder 属性

对 input 元素的 text、search、url、telephone、email、password 类型，以及 textarea 元素指定 placeholder 属性，可以对用户的输入进行提示。该提示会在输入字段为空时显示，并会在输入框获取焦点时显示。

3）form 属性

对 input 元素的所有类型，以及 output、select、textarea、button、filedset 元素指定 form 属性，声明元素属于哪个表单，则不论元素位于页面的什么位置，都在表单之内。一个输入元素可以属于一个或多个表单，多个表单使用空格隔开。输入元素的 form 属性值必须是所属表单的 id 值。form 属性可以为页面布局带来一定的便利。

4）required 属性

为 input 元素的 text、search、url、telephone、email、password、Date Pickers、number、checkbox、radio、file 类型指定 required 属性，则表示用户提交时该元素的输入值不能为空。

5）autocomplete 属性

为 form 元素，以及 input 元素的 text、search、url、telephone、email、password、Date Pickers、range、color 类型指定 autocomplete 属性的值为 on，则允许浏览器预测对输入域的输入，当用户在输入域开始输入时，浏览器基于之前输入的值显示出推荐选项。如果 autocomplete 属性的值为 off，则不允许元素启用自动完成功能。

6）重置表单默认行为的新属性

在 HTML 4.01 中，一个表单内的所有元素通过表单的 action 属性统一提交到动态处理程序，在 HTML5 中可以通过 formaction 属性实现单击不同的提交按钮，将表单提交到不同的动态处理程序。另外,在 HTML 4.01 中,一个表单只有一个 method 属性指定统一的提交方法,在 HTML5 中可以通过 formmethod 实现单击不同的按钮使用不同的提交方法。

HTML5 中的表单非常灵活,因为 HTML5 中 input 元素的 submit 和 image 类型,以及 button 元素增加了 formaction、formenctype、formmethod、formnovalidate 及 formtarget 属性,分别用来重写所在表单的相应属性,例如 formaction 重写表单的 action 属性,formmethod 重写表单的 method 属性。

7) image 提交按钮新增 width 和 height 属性

width 和 height 属性可以用来设置 input 元素的 image 类型的图像的宽度和高度。

8) list 属性

list 属性与 datalist 标签配合使用,datalist 是输入域的选项列表,当用户要设定的值不在选择列表内时,允许自行输入,datalist 标签后文会详细介绍。list 属性适用于 input 元素的 text、search、url、telephone、email、Date Pickers、numbers、range、color 类型。

9) max、min 和 step 属性

max 属性规定输入域允许的最大值,min 属性规定输入域允许的最小值,step 属性为输入域合法的数字间隔。

10) pattern 属性

pattern 属性用于验证输入字段的模式,即正则表达式。在 HTML 4.01 中,如果使用正则表达式验证,那么还需要结合 JavaScript 脚本,在 HTML5 中直接指定 pattern 属性值即可。pattern 属性适用于 input 元素的 text、search、url、telephone、email、password 等类型。

11) multiple 属性

multiple 属性允许输入域中选择多个值,适用于 input 元素的 email 和 file 类型。

12) <filedset>新增 disabled 属性

HTML5 为 filedset 元素新增了 disabled 属性,可以把它的子元素设成 disabled 状态,但是不包括 legend 中的元素。

13) <label>新增 control 属性

HTML5 为<label>新增了 control 属性,在<label>内部放置一个表单元素,可以通过<label>的 control 属性访问该表单元素。

14) selectionDirection 属性

用户在 input 元素或者 textarea 元素中选取部分文字时,可以使用该属性获取选取方向。当用户正向选择文字时,该属性的值为 forward;当用户反向选择文字时,该属性的值为 backward;当用户没有选择任何文字时,该属性的值为 forward。

以上新增表单的属性的使用方法会在后文详细描述。

2. 链接属性

1) media 属性

为<a>和<area>增加了 media 属性,规定目标 URL 是为哪种类型的媒介或设备进行优化的。

2) <area>新增 hreflang、media、rel、type 属性

为了保证 a 元素和 link 元素的一致性,hreflang 规定在被链接的文档中的文本语言,

media 指定对哪种设备进行优化,rel 规定当前文档与被链接的资源之间的关系,type 规定目标 URL 的 MIME 类型。

3)＜link＞新增 sizes 属性

sizes 属性规定被链接资源的尺寸。

4)＜base＞新增 target 属性

为 base 元素增加 target 属性是为了与 a 元素保持一致。

3．其他属性

1)＜ol＞新增 reverse 属性

reverse 属性规定有序表倒序。

2)＜meta＞新增 charset 属性

charset 属性指定网页的编码集。

3)＜menu＞新增 type 和 label 属性

label 为 menu 定义标注,type 使 menu 可以以上下文菜单、工具条、列表右键菜单 3 种形式出现,但大部分浏览器并不支持此属性。

4)＜style＞新增 scoped 属性

scoped 属性允许样式只应用到 style 元素的父元素及其子元素,在 CSS 中并不推荐使用。

5)＜script＞新增 async 属性

async 属性指定脚本是否异步执行,但仅适用于外部脚本。

6)＜html＞新增 manifest 属性

HTML5 为 html 元素新增了 manifest 属性,指向一个用于结合离线 Web 应用 API 的应用程序缓存清单。当开发离线 Web 应用程序时,此属性与 API 结合使用,定义一个 URL,在 URL 上描述文档的缓存信息。

7)iframe 新增 sandbox、seamless、srcdoc 属性

以上属性用于提高页面的安全性,防止执行不信任的操作。

1.2.4　HTML5 的新特性和新规则

HTML5 的新特性如下:
- 用于绘画的 canvas 元素。
- 用于媒介播放的 video 元素。
- 对本地离线存储实现更好的支持。
- 新的特殊内容,例如 article、footer、header、nav、section 等。
- 新的表单控件,例如 calendar、date、time、email、url、search 等。

HTML5 的新规则如下:
- 新特性应该基于 HTML、CSS、DOM 以及 JavaScript。
- 减少对外部插件的需求,例如 Flash。
- 更优秀的错误处理。
- 更多取代脚本的标记。
- HTML5 应该独立于设备。

- 开发进程透明。

1.2.5 HTML5 开发工具

任何一款文本编辑工具都可以用来开发 HTML5,以下列举几种常用的 HTML5 开发工具。

1. Dreamweaver CS6

Dreamweaver CS6 是世界顶级软件厂商 Adobe 推出的一套拥有可视化编辑界面,用于制作并编辑网站和移动应用的网页设计软件。它支持代码拆分、设计、实时视图等多种方式来创建、编辑修改网页。它使用了自适应网格版面创建页面,在发布前使用多屏幕预览审阅,可以大大地提高工作效率。

2. Nodepad++

Nodepad++ 是程序员必备的文本编辑器,它小巧高效,支持 27 种编程语言或脚本语言,例如 C、C++、Java、C#、JavaScript、PHP 等。Nodepad++可以完美地代替记事本。

3. HBuilder

HBuilder 是 DCloud(数学天堂)推出的一款支持 HTML5 的 Web 开发的集成开发工具,它速度较快,由于是基于 Eclipse 的,因此兼容了 Eclipse 的插件。HBuilder 最大的优势是通过完整的语法提示和代码输入法、代码块等,大幅提升 HTML、JavaScript、CSS 的开发效率。

4. Sublime Text

Sublime Text 是一个代码编辑器(Sublime Text 2 是收费软件,但可以无限期试用)。Sublime Text 具有漂亮的用户界面和强大的功能,例如代码缩略图、Python 插件、代码段等。Sublime Text 具有自定义键绑定、菜单和工具栏,它的主要功能包括拼写检查、书签、完整的 Python API、Goto 功能、即时切换项目、多选择、多窗口等。另外,Sublime Text 是一个跨平台的编辑器,同时支持 Windows、Linux、macOS X 等操作系统。

5. WebStorm

WebStorm 是 Jetbrains 公司旗下的一款 JavaScript 开发工具,目前被众多的中国 JavaScript 开发者誉为"Web 前端开发神器""最强大的 HTML5 编辑器""最智能的 JavaScript IDE"等。

6. Visual Studio Code

Visual Studio Code 是一个轻量级且功能强大的源代码编辑器,它运行在桌面上,支持 Windows、macOS 和 Linux 系统。它提供了对 JavaScript、TypeScript 和 Node.js 的内置支持,并为其他语言(例如 C、C#、Java、Python、PHP、GO)提供了一个丰富的扩展生态系统和运行平台(如.NET 和 Unity)。

1.3 HTML5 文档的基本结构

观看视频

HTML5 构建文档的方式与旧版的 HTML 类似,使用纯 HTML5 编写的文件扩展名为.html 或者.htm。一个基本的 HTML5 文档是由一系列的标签元素组成的,标签元素不区分大小写。HTML5 用标签来限定元素在文档中的位置。一个 HTML5 文件包含在一对

< html >标签内。HTML5 分为文档头和文档体两部分。文档头通过一对< head >标签定义,用于指定 HTML5 文件的属性。文档体由一对< body >标签指定,用于指定文档要显示的内容,是文档的主体部分。例如第一个 HTML5 文档 hello.html。

hello.html 的代码如下:

```
<!DOCTYPE html >
< html >
    < head >
        < meta charset = "UTF - 8">
        < title >第一个 HTML5 文档</title >
    </head >
    < body >
            < h2 >这是我的第一个 HTML5 文档</h2 >
            < h3 >欢迎学习 Web 编程基础</h3 >
    </body >
</html >
```

上述代码中,<!DOCTYPE html >代表文档类型,声明非常简洁,不再使用很长的 DTD 和 URL。在所有的现代浏览器中,DOCTYPE 会强制使用标准模式,这意味着对于目前还不支持 HTML5 的浏览器,会解析那些 HTML5 中兼容的旧的 HTML 的标签部分,而忽略它们不支持的 HTML5 的新特性。对于含有中文的网页,需要在 meta 标签中指明字符集为 UTF-8,否则会显示乱码。HTML5 限制了可用的字符集,目的是加强安全,防止某些类型的攻击。如无特殊说明,本书的例子都使用 Chrome 浏览器显示结果。使用 Chrome 打开 hello.html 文件,显示结果如图 1-3 所示。

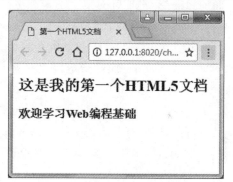

图 1-3 hello.html 的显示结果

1.4 HTML5 的语法

HTML5 文档由 HTML5 标签和用户自定义的内容组成。HTML5 标签是已定义好的标记,可用来控制页面显示的内容,例如标题、列表、段落、图像以及动画等。标签可以看作 HTML5 的命令,通过指定标签可以定义网页的内容,通过指定标签的属性可以定义网页的内容的样式。

标签可以分为单标签和成对标签两种。单标签单独使用,例如< meta >;成对标签成对使用,例如< head >和</head >。有的标签既可以单独使用,也可以成对使用。成对标签由起始标签"<标签名>"和结束标签"</标签名>"组成。成对标签的作用仅限于这对标签内部的内容。

标签内部可包括标签属性,用于指定标签内容的显示样式,例如< hr >标签的 align 和 size 属性。属性可作为标签的一部分,一个标签可以包含多个标签属性,标签属性之间使用空格隔开。例如,成对标签的属性语法格式如下:

<标签名 属性 1 = "属性 1 的值" 属性 2 = "属性 2 的值" …>

观看视频

内容
</标签名>

但是用于设置标签样式的属性一般不推荐使用,应使用 CSS 设置标签的显示样式。

虽然 HTML5 的标签不区分大小写,属性值是否使用引号也并不影响使用,但是考虑到文档的可读性和一致性,一般推荐标签全部使用小写,属性值使用双引号引起来。

1.5 HTML5 的常用标签

1.5.1 <meta>

<meta>标签是<head>标签的子标签,位于文档的头部,不包含任何内容。<meta>标签可以定义 HTML 文件的相关信息,用来描述文档的属性,例如作者、日期和时间、网页描述、关键词、页面刷新等。搜索引擎可以通过机器人自动查找网页中的 meta 值来给网站分类,只有完善了 meta,一个 HTML 页面才能算是完整的网页。<meta>标签可以分成两大部分:HTTP 标签信息(http-equiv)和页面描述信息(name)。<meta>标签可以提供有关页面的元信息,例如针对搜索引擎和更新频度的描述和关键词。

1. http-equiv 属性

http-equiv 类似于 HTTP 的头部协议,可以利用其设定浏览器的一些信息,以正确地显示网页。http-equiv 属性指定协议头类型,content 属性指定协议头类型的值。其中,常用的 http-equiv 类型如下。

- content-type:用于定义用户的浏览器或相关设备以哪种方式加载数据,或者以哪种应用程序打开资源,例如< meta http-equiv="content-type" content="text/html; charset=UTF-8"/>,其中,content 指定以普通网页打开资源,网页的编码方式为 UTF-8。
- refresh:指定页面刷新或跳转的间隔时间和跳转的资源。例如< meta http-equiv="refresh" content="3;url=target.html"/>,指定当前页面 3 秒后跳转到 target.html 页面。例如< meta http-equiv="refresh" content="3"/>,没有指定 url 值,因此 3 秒后刷新当前页面。
- expires:用于指定网页缓存的过期时间。缓存一旦过期,当有客户端请求网页时,必须从服务器上重新下载网页。
- set-cookie:用于设置 Cookie,浏览器访问某个页面时会将 Cookie 保存在客户端的缓存中,下次访问时可以从缓存中读取,以提高访问速度。必须使用 GMT 格式指定 Cookie 的过期时间,例如< meta http-equiv="set-cookie" content="cookievalue=xxx;expires=Mon,12 May 2019 00:20:00 GMT"/>。

2. name 属性

页面描述信息由 name 属性和 content 属性指定。name 属性指定要描述的页面信息的类型,content 属性用来描述页面信息的值。常见的页面信息的类型如下。

- keywords:为搜索引擎提供的关键字列表,例如< meta name="keywords" content="key1,key2,key3…"/>。

- description:为搜索引擎提供网页主要内容的描述,例如< meta name = "description"content = "网页描述信息"/>。
- author:标明网页的制作者。
- robots:提示搜索机器人哪些页面需要索引,哪些页面不需要索引。content 的参数有 all、none、index 等值,默认值为 index。各参数值的含义如表 1-2 所示。

表 1-2 搜索参数值

参 数 值	解 释
index	搜索页面
noindex	不把页面展示在搜索结果中
noimageindex	禁止搜索引擎索引页面上的图片
none	页面将不被搜索,且页面上的链接不可以被查询
follow	无论页面是否允许索引,页面上的链接都可以被查询
nofollow	页面上的链接不可以被查询
all	文件将被检索,且页面上的链接可以被查询

1.5.2 标题

标题可用来分隔大段文字,概括大段文字的内容,从而吸引读者的注意,起到提示的作用。HTML5 中提供了六级标题,分别为< h1 >~< h6 >。其中,< h1 >字体最大,< h6 >字体最小。标题属于块级元素,浏览器会自动在标题前后加上空行。使用标题标签不仅可以使文字突出显示,更重要的是搜索引擎可以使用标题为网页的结构和内容编制索引。用户可以通过标题快速地浏览网页。例如 heading.html。

heading.html 的代码如下:

```
<!DOCTYPE html >
< html >
    < head >
        < meta charset = "UTF - 8">
        < title >标题</title >
    </head >
    < body >
        < h1 >这是一级标题</h1 >
        < h2 >这是二级标题</h2 >
        < h3 >这是三级标题</h3 >
        < h4 >这是四级标题</h4 >
        < h5 >这是五级标题</h5 >
        < h6 >这是六级标题</h6 >
    </body >
</html >
```

heading.html 的显示结果如图 1-4 所示。

1.5.3 换行元素

换行标签是< br />。< br />标签是空标签,没有闭合标签。注意使用< br />标签输入空行,而不是分隔段落。例如 br.html。

br.html 的代码如下:

```
<!DOCTYPE html>
<html>
    <head>
        <meta charset = "UTF-8">
        <title>换行</title>
    </head>
    <body>
        春眠不觉晓<br />
        处处闻啼鸟<br />
        夜来风雨声<br />
        花落知多少
    </body>
</html>
```

br.html 的显示结果如图 1-5 所示。

图 1-4 heading.html 的显示结果

图 1-5 br.html 的显示结果

1.5.4 分隔线

分隔线标签<hr>定义内容中的主题变化,并显示为一条水平线。在 HTML 4.01 中,不赞成使用 align、noshade、size 以及 width 属性,在 HTML5 中不再支持这些属性。例如 hr.html。

hr.html 的代码如下:

```
<!DOCTYPE html>
<html>
    <head>
        <meta charset = "UTF-8">
        <title>分隔线</title>
    </head>
    <body>
```

```
            <p>分隔线的使用</p>
            <hr />
            <p>这是段落 1</p>
            <hr />
            <p>这是段落 2</p>
            <hr />
            <p>这是段落 3</p>
    </body>
</html>
```

hr.html 的显示结果如图 1-6 所示。

1.5.5 段落

段落标签<p>可以使文字排列得更加整齐、清晰。<p>标签既可以成对使用,也可以单独使用。<p>标签是块级元素,浏览器会自动在<p>标签的前后加上一定的空白。<p>标签的属性 align 用来指定文本显示时的对齐方式,可取 center、left、right 三个值。但不推荐使用属性设置<p>标签的显示样式,推荐使用样式表,读者可参照本书后文内容。<p>标签的使用示例如 p.html。

图 1-6　hr.html 的显示结果

p.html 的代码如下:

```
<!DOCTYPE html>
<html>
    <head>
        <meta charset = "UTF-8">
        <title>段落</title>
    </head>
    <body>
        <p align = "center">春晓</p>
        <p align = "center">
            春眠不觉晓<br />
            处处闻啼鸟<br />
            夜来风雨声<br />
            花落知多少
        </p>
    </body>
</html>
```

p.html 的显示结果如图 1-7 所示。

1.5.6 特殊字符

在 HTML 中,有些符号是有特殊含义的,例如"<"和">"用于表示标签,"&"用于表示转义符号,如果要在网页上显示以上特殊符号,不可以直接使用,必须使用转义字符。在 HTML 中,定义转义字符有两个原因:一是某些符号有特殊含义,例如前面提到的"<"等;

图 1-7　p.html 的显示结果

二是某些符号在 ASCII 字符集中没有定义，需要使用转义字符来表示。

转义字符由三部分组成：第一部分是"&"符号；第二部分是实体名字或者"#"加上实体编号；第三部分是";"，表示转义字符结束。同一个符号，既可以使用实体名称，例如"<"，也可以使用实体编号，例如"<"，这两种方式都表示符号"<"。实体名称比较好理解，但是某些浏览器对最新的实体名称的支持可能并不是特别好。实体编号虽然可读性差，但是各种浏览器都可以识别。常用的转义字符如表 1-3 所示。

表 1-3　常用的转义字符

显示	说明	实体名称	实体编号
	半方大的空格		
	全方大的空格		
	不断行的空格		
<	小于	&lt;	&#60;
>	大于	&gt;	&#62;
&	& 符号	&amp;	&#38;
"	双引号	&quot;	&#34;
©	版权	&copy;	&#169;
®	已注册商标	&reg;	&#174;
TM	商标（美国）	&trade;	&#8482;
×	乘号	&times;	&#215;
÷	除号	&divide;	&#247;

注意：
- 转义字符各字符间不能出现空格。
- 转义字符必须以";"结束。
- 单独的"&"不被认为是转义字符的开始。
- 转义字符区分大小写。

例如 specialChar.html。

specialChar.html 的代码如下：

```
<!DOCTYPE html>
<html>
    <head>
        <meta charset="UTF-8">
        <title>转义字符</title>
    </head>
    <body>
        在 HTML 中,常用的特殊字符有:<br />
        &lt;、&gt;、&amp;、&quot;、&copy;、&reg;、&trade;、&times;、&divide;等.
    </body>
</html>
```

specialChar.html 的显示结果如图 1-8 所示。

1.5.7 列表

HTML5 代码支持将若干列表项组织成无序列表、有序列表以及定义列表。

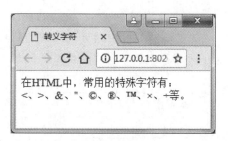

图 1-8　specialChar.html 的显示结果

1．无序列表

无序列表仅用于表示列表项之间存在并列关系，也就是分为多个子项，但是子项前面没有相应的编号，只是使用圆点或者其他的符号进行标记。无序列表使用<ul>标签定义，列表项使用<li>标签定义，列表项的内容位于一对<li>标签之内。<li>标签的 type 属性可以定义列表项的标记符。主要的取值如下：

- disc 是默认值，为实心圆。
- circle 为空心圆。
- square 为实心方块。

在 HTML 4.01 中，一般不推荐直接在<li>标签中使用 type 属性，最好使用 CSS 定义列表项的标记样式。但是在 HTML5 中不再反对使用<li>标签的 type 属性。例如 ul.html。

ul.html 的代码如下：

```
<!DOCTYPE html>
<html>
    <head>
        <meta charset = "UTF - 8">
        <title>无序列表</title>
    </head>
    <body>
        常见的体育运动有:<br />
        <ul>
            <li>篮球</li>
            <li>排球</li>
            <li>乒乓球</li>
            <li>足球</li>
        </ul>
    </body>
</html>
```

ul.html 的显示结果如图 1-9 所示。

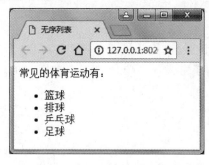

图 1-9　ul.html 的显示结果

2. 有序列表

如果要对列表中的列表项进行排序,则使用有序列表标签<ol>。<ol>标签的type属性可以指定有序列表的项目符号的类型,type属性各个取值的含义如表1-4所示。

表1-4 type属性各个取值的含义

type值	说 明
1	默认值。数字有序列表(1、2、3、4…)
a	按小写字母顺序排列的有序列表(a、b、c、d…)
A	按大写字母顺序排列的有序列表(A、B、C、D…)
i	按小写罗马字母顺序排列的有序列表(i、ii、iii、iv…)
I	按大写罗马字母顺序排列的有序列表(Ⅰ、Ⅱ、Ⅲ、Ⅳ…)

与无序列表类似,在 HTML5 中不再反对使用<ol>标签的type属性。另外,还可以通过指定标签的start属性值来指定排列的初始值,start属性的默认值为1。有序列表和无序列表都可以嵌套使用。例如ol.html。

ol.html的代码如下:

```html
<!DOCTYPE html>
<html>
    <head>
        <meta charset = "UTF - 8">
        <title>有序列表</title>
    </head>
    <body>
        <ol>
            <li>春思</li>
            <li>望岳
                <ol type = "i">
                    <li>岱宗夫如何,齐鲁青未了.</li>
                    <li>造化钟神秀,阴阳割昏晓.</li>
                    <li>荡胸生曾云,决眦入归鸟.</li>
                    <li>会当凌绝顶,一览众山小. </li>
                </ol>
            </li>
            <li>送别</li>
            <li>渭川田家</li>
        </ol>
    </body>
</html>
```

ol.html的显示结果如图1-10所示。

3. 定义列表

定义列表使用<dl>标签设置,也称为描述性列表。<dl>标签通常与<dt>标签和<dd>标签配套使用。<dt>标签用于定义列表项,<dd>标签用于描述列表项。例如dl.html。

dl.html的代码如下:

```html
<!DOCTYPE html>
<html>
    <head>
```

```
            <meta charset = "UTF-8">
            <title>定义列表</title>
        </head>
        <body>
            <dl>
                <dt>HTML</dt>
                <dd>是一种设计静态网页的超文本标记语言</dd>
                <dt>JavaScript</dt>
                <dd>是一种客户端脚本语言</dd>
                <dt>Java</dt>
                <dd>是一种面向对象的、与平台无关的高级程序语言</dd>
            </dl>
        </body>
</html>
```

dl.html 的显示结果如图 1-11 所示。

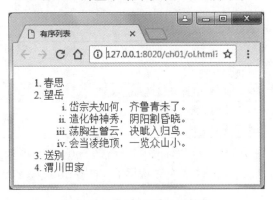

图 1-10　ol.html 的显示结果

图 1-11　dl.html 的显示结果

1.5.8　锚元素

超链接是网页的重要元素之一,本质上属于网页的一部分。文本、图像、超链接是网页的 3 种基本元素。通过超链接可以从一个网页跳转到其他的目标资源。目标资源可以是图片、电子邮件地址、应用程序等。可以链接到当前 Web 站点的其他资源,也可以是其他 Web 站点的资源,甚至可以是网页上的不同位置。而在网页上用来完成超链接的,既可以是一段文字、一个图片,也可以是图片的一部分(一般称为热区)。互联网上的各个资源正是通过超链接相互连接起来的。

根据创建链接的对象的不同,超链接分为文本链接、图像链接、表单链接等。

- 文本链接:在文本上创建的超链接,是常用的超链接。默认的文本超链接下方会出现下画线。
- 图像链接:在图像、Flash 对象或者图像热区上创建的链接。图像链接比较美观。
- 表单链接:通过表单的 action 属性指定目标页面,一般目标页面是动态处理程序,例如 JSP、PHP、ASP、Java Servlet 等。当用户单击表单中的提交按钮时,会跳转到目标页面。

根据目标文件的类型和位置的不同,可以将超链接分为外部链接、内部链接、锚链接、电子邮件链接以及其他链接等。
- 外部链接：链接的目标资源是当前 Web 站点之外的资源。
- 内部链接：链接的目标资源是当前 Web 站点内的资源，一般使用相对路径来表示。
- 锚链接：链接的目标是网页的某一个特定的位置。
- 电子邮件链接：当单击电子邮件链接后，系统会自动启动电子邮件程序，并将电子邮件的接收人设置成电子邮件链接中指定的信息。

接下来对一些链接进行详细介绍。

1. 文本链接

创建文本链接使用一对<a>标签，其格式如下：

```
<a href = "…" target = "…">文本</a>
```

其中，href 指文本链接的目标资源的地址；target 指在何处打开目标资源。target 的可取值及其含义如表 1-5 所示。

表 1-5　target 的可取值及其含义

target 值	说　　明
_blank	在新窗口中打开被链接的文档
_self	默认值，在当前的窗口或框架中打开被链接的文档
_parent	在父框架集中打开被链接的文档
_top	在窗口主体中打开被链接的文档

注意：由于在 HTML5 中不再支持 frame 和 frameset，但保留了内联框架 iframe，因此不允许把框架名称设定为目标，_self、_parent 以及_top 这 3 个值大多数与 iframe 一起使用。超链接的使用示例可参照 href.html。

href.html 的代码如下：

```html
<!DOCTYPE html>
<html>
    <head>
        <meta charset = "UTF-8">
        <title>文本链接</title>
    </head>
    <body>
        常用的门户网站有：
        <ul>
            <li>
                <a href = "http://www.sina.com.cn">新浪</a>
            </li>
            <li>
                <a href = "http://www.sohu.com">搜狐</a>
            </li>
            <li>
                <a href = "http://www.163.com">网易</a>
            </li>
        </ul>
    </body>
</html>
```

href.html 的显示结果如图 1-12 所示，单击链接，会打开相应的网站。

2．锚链接

当网页的内容比较长时，有时需要链接到网页的某一个位置上，此时需要使用锚链接。使用锚链接需要先定义锚点，将希望链接到的网页的位置定义为锚点，并为其取名。然后将锚点前加#作为超链接的 href 值即可，使用< a name＝"…"> </a>定义锚点。例如 anchor.html。

图 1-12　href.html 的显示结果

anchor.html 的代码如下：

```
<!DOCTYPE html>
<html>
    <head>
        <meta charset = "UTF-8">
        <title>锚链接</title>
    </head>
    <body>
        <a name = "head"></a>
        <a href = "#tail">至页尾</a>
        <p>第 1 章</p>
        <p>第 2 章</p>
        <p>第 3 章</p>
        <p>第 4 章</p>
        <p>第 5 章</p>
        <p>第 6 章</p>
        <p>第 7 章</p>
        <p>第 8 章</p>
        <p>第 9 章</p>
        <p>第 10 章</p>
        <p>第 11 章</p>
        <p>第 12 章</p>
        <p>第 13 章</p>
        <p>第 14 章</p>
        <p>第 15 章</p>
        <p>第 16 章</p>
        <a name = "tail"></a>
        <a href = "#head">至页首</a>
    </body>
</html>
```

anchor.html 的显示结果如图 1-13 所示。

单击"至页尾"，显示结果如图 1-14 所示，再单击"至页首"，显示结果如图 1-13 所示。

锚链接的用法类似于书签，如果要链接到其他页面中的锚点，需要在锚点之前加上文件的路径及名称，例如和 anchor.html 在同一目录下的其他网页如果访问 anchor.html 中的 top 锚点，href 的值应为"anchor.html#top"。

3．电子邮件链接

电子邮件链接也使用<a>标签来实现，要发送的电子邮件的地址由 mailto 指定，表示发

图 1-13 anchor.html 的显示结果

图 1-14 单击"至页尾"的显示结果

送电子邮件的文本链接由<a>标签内的文字指定。例如：

```
< a href = "mailto:wangmingming@163.com">给王明明发邮件</a>
```

要正确地使用电子邮件链接，需要设置好发送电子邮件的应用程序，例如 Outlook、Foxmail 等。

4. 其他链接

其他链接包括下载链接、空链接以及脚本链接等。下载链接指的是超链接的 href 指定的目标资源，既不是网页，也不是锚点或者电子邮件的地址，而是普通的文件。此时单击超链接，会出现保存文件或打开文件的窗口，选择保存文件即可将文件下载到本地硬盘，选择打开文件会打开目标资源。

空链接是未指派的链接，即没有指定链接对象的链接。空链接可用于向页面上的对象或文本附加行为。例如，可以向空链接附加一个行为，以便在指针滑过该链接时执行相应的操作，一般需要和 JavaScript 脚本结合使用。可以使用< a href = "♯">实现空链接，但是对于这种空链接来说，如果用户单击了空链接，页面会自动重置到页首，从而影响用户的正常浏览。还可以通过指定<a>标签的 href 属性值为 javascript：；（javascript 后带一个冒号和分号）来实现空链接，这种空链接不存在重置页面至页首的问题。

脚本链接指的是直接将超链接的 href 属性值设置成 JavaScript 脚本或者 JavaScript 函数。单击超链接，即执行相应的脚本或函数。脚本链接非常实用，能够在不离开当前页面的情况下为访问者提供有关项的附加信息。脚本链接还可用于在访问者单击特定项时，执行计算、验证表单或其他的处理任务。例如 scriptLink.html。

scriptLink.html 的代码如下：

```
<! DOCTYPE html >
< html >
    < head >
        < meta charset = "UTF - 8">
        < title >脚本链接</title >
    </head >
    < body >
        < a href = "javascript:alert('我是警告框!');">弹出警告框</a>
    </body >
</html >
```

scriptLink.html 的显示结果如图 1-15 所示,单击"弹出警告框",会显示警告窗口。

图 1-15　scriptLink.html 的显示结果

1.5.9　表格

使用表格可以使网页上显示的信息更有条理性,在 HTML5 中可以使用表格来组织结构化的信息。另外,在 HTML5 中也可以使用表格来进行页面布局。一个完整的表格由一对<table>标签来定义。每个表格均由若干个单元行(由一对<tr>标签定义)组成,每个单元行由若干个单元格(由一对<td>标签定义)组成。表格内的具体信息放置在单元格中。单元格可以包含文本、图像、列表、段落、表单、水平线以及表格等。表格的定义格式如下:

```
<table>
    <tr>
        <td>单元格内容</td>
        <td>单元格内容</td>
        …
    </tr>
    …
</table>
```

在 HTML 4.01 中,可以使用<table>标签的属性设置表格的显示样式,例如 border、cellpadding、cellspacing 等。但是在 HTML5 中仅支持<table>标签的 border 属性,并且只允许属性值""或"1",""表示表格单元周围没有边框,不允许用于布局目的,"1"表示在表格单元周围添加边框,允许用于布局目的。

从结构上来看,表格可以分成表头、主体和表尾 3 部分,分别使用<thead>、<tbody>和<tfoot>标签来表示。可以用<caption>定义表格的标题。一张表格只能有一个表头和表尾,而一张表格可以有多个主体。对于大型的表格来说,应该使<tfoot>出现在<tbody>的前面,这样浏览器在显示数据时,有利于加快表格的显示速度。另外,<thead>、<tbody>和<tfoot>标签内部都必须使用<tr>标签。使用<thead>、<tbody>和<tfoot>对表格进行结构划分的好处是可以先显示<tbody>的内容,而不必等整个表格下载完成后才显示。无论<thead>、<tbody>和<tfoot>的顺序如何改变,<thead>的内容总是在表格的最前面,<tfoot>的内容总是在表格的最后面。例如 table1.html。

table1.html 的代码如下:

```
<!DOCTYPE html>
<html>
    <head>
        <meta charset = "UTF8">
        <title>规则表格</title>
```

```html
        </head>
        <body>
            <table border = "1">
                <caption>学生信息表</caption>
                <thead>
                    <tr>
                        <th>学号</th>
                        <th>姓名</th>
                        <th>性别</th>
                    </tr>
                </thead>
                <tfoot>
                    <tr>
                        <td colspan = "3" align = "center">这里是表尾</td>
                    </tr>
                </tfoot>
                <tbody>
                    <tr>
                        <td>0001</td>
                        <td>王明明</td>
                        <td>男</td>
                    </tr>
                    <tr>
                        <td>0002</td>
                        <td>李梅</td>
                        <td>女</td>
                    </tr>
                    <tr>
                        <td>0003</td>
                        <td>张晓莉</td>
                        <td>女</td>
                    </tr>
                </tbody>
            </table>
        </body>
</html>
```

table1.html 的显示结果如图 1-16 所示。

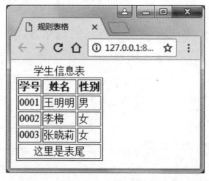

图 1-16　table1.html 的显示结果

如果表格中只有一个<tbody>，则可以省略对表格结构的划分，例如 table2.html。

table2.html 的代码如下：

```html
<!DOCTYPE html>
<html>
    <head>
        <meta charset = "UTF-8">
        <title>规则表格</title>
    </head>
    <body>
        <table border = "1">
            <caption>学生信息表</caption>
            <tr>
                <th>学号</th>
                <th>姓名</th>
                <th>性别</th>
            </tr>
            <tr>
                <td>0001</td>
                <td>王明明</td>
                <td>男</td>
            </tr>
            <tr>
                <td>0002</td>
                <td>李梅</td>
                <td>女</td>
            </tr>
            <tr>
                <td>0003</td>
                <td>张晓莉</td>
                <td>女</td>
            </tr>
            <tr>
                <td colspan = "3" align = "center">这里是表尾</td>
            </tr>
        </table>
    </body>
</html>
```

table2.html 的显示结果如图 1-16 所示，与 table1.html 的显示结果相同。与表格相关的元素如表 1-6 所示。

表 1-6 与表格相关的元素

元　　素	说　　明
<table>	表格的最外层标记，代表一个表格
<tr>	单元行，由若干单元格横向排列组成
<td>	单元格，包含表格数据
<th>	单元格标题，与 td 作用相似，但一般作为表头行的单元格
<thead>	表头分组
<tfoot>	表尾分组
<tbody>	表格主体分组
<colgroup>	对列进行组合，以便格式化，只在 table 标签中有效
<caption>	表格标题

对于不规则的单元格来说,有的单元格需要跨越多行或多列,<td>和<th>标签具有 colspan 和 rowspan 两个属性。colspan 指当前单元格水平方向跨越的单元格数,取值为正整数,代表此单元格水平延伸的单元格数或跨越的列数。rowspan 指的是当前单元格垂直方向跨越的单元格,取值为正整数,代表此单元格垂直延伸的单元格数或跨越的行数。例如 table3.html。

table3.html 的代码如下：

```html
<!DOCTYPE html>
<html>
    <head>
        <meta charset="UTF-8">
        <title>不规则表格</title>
    </head>
    <body>
        <table border="1">
            <tr>
                <td>1</td>
                <td rowspan="3">此单元格跨三行</td>
                <td>2</td>
                <td>3</td>
            </tr>
            <tr>
                <td>4</td>
                <td>5</td>
                <td>6</td>
            </tr>
            <tr>
                <td>7</td>
                <td colspan="2">此单元格跨两列</td>
            </tr>
        </table>
    </body>
</html>
```

table3.html 的显示结果如图 1-17 所示。

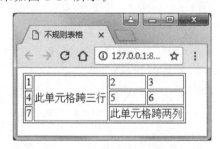

图 1-17　table3.html 的显示结果

在 HTML 4.01 中,<th>和<td>标签除了 colspan 和 rowspan 属性外,还有一些其他的属性,但在 HTML5 中只支持 colspan 和 rowspan 属性。

如果单元格的内容为空,则可能会影响单元格的显示。要想使空的单元格正常显示,可以为空的单元格添加一个空格( )。

小结

- Web 主要包括超文本传输协议(HTTP)、统一资源定位符(URL)以及超文本标记语言(HTML)。
- HTTP 是客户端和服务器端信息交互的网络协议;URL 是网络上资源的唯一标识符,即俗称的网址。
- HTML5 包含许多基本的标签元素,主要有< p >、< br />、< ul >、< ol >、< a >、< table >、< tr >、< td >等。
- 文本、图像、超链接是网页的 3 类基本元素。
- HTML5 新增的元素包括结构元素和功能元素。
- HTML5 废除了一些过时的元素,例如能够被 CSS 代替的元素、frame 框架等。
- HTML5 中新增的属性包括表单属性、链接属性和其他属性。

习题

1. 下列(　　)为换行符。
   A. < span >　　　B. < div >　　　C. < br />　　　D. < p >
2. 下列(　　)为在新窗口中打开目标资源文件。
   A. _self　　　　B. _blank　　　C. _top　　　　D. _parent
3. 以下标记中可以单独使用的是(　　)。
   A. < body >　　　B. < br />　　　C. < html >　　　D. < title >
4. < meta >标签的作用是(　　)。
   A. 用于设置 HTML 文件的格式　　B. 用于设置 HTML 文件的信息
   C. 用于实现本页的自动刷新　　　D. 以上都不对
5. HTML 文件的正文部分的开始标记是_____,结束标记是_____。
6. 网页中 3 种基本的组成元素是_____、_____和_____,网页中_____基本的 3 种页面元素是_____、_____和_____。
7. 在创建超链接时,相对路径和绝对路径的使用有什么区别?
8. 举例说明列表标签如何嵌套使用。

第 2 章 HTML5 表单

2.1　form 标签

　　表单是一个容器,用来收集客户端要提交到服务器端的信息。客户端将信息填写在表单的控件中。当单击表单中的提交按钮时,表单中包含的控件的信息就会被提交给表单的 action 属性所指定的处理程序。表单的使用非常广泛,是网页上用于输入信息的区域,例如向文本框中输入文字、在选项框中进行选择等。从表单的设计到服务器返回处理结果的流程如下:

(1) 通过表单控件来设计表单。
(2) 通过浏览器将表单呈现给客户端。
(3) 客户端填写相关的信息,并单击表单中的提交按钮,将表单提交给处理程序。
(4) 服务器处理完表单后,将生成的结果返回给客户端浏览器。

　　< form >标签用于创建提供用户输入信息的表单,< form >元素可以包含一个或多个表单控件元素。HTML5 中废除了< form >标签的 name 属性,使用 id 属性代替,同时新增了一些属性。其中,autocomplete 属性规定是否启用表单的自动填充功能,可取值 on 或者 off。如果使用 novalidate 属性,则提交表单时不进行验证。

2.2　HTML5 中新增的 input 元素

　　在 HTML5 出现之前,HTML 中的表单控件包括文本框、按钮、单选按钮、复选框等,如表 2-1 所示。

表 2-1　HTML 4.01 中的表单控件

类　　型	HTML 代码及说明
单行文本框	< input type="text">
单选按钮	< input type="radio">
复选框	< input type="checkbox">
下拉列表	< select >< option >
密码框	< input type="password">
提交按钮	< input type="submit">
重置按钮	< input type="reset">
普通按钮	< input type="button">

类　型	HTML 代码及说明
滚动文本框	<textarea>
图像域	<input type="image">
隐藏域	<input type="hidden">
文件域	<input type="file">

例如 form1.html,包含以上各个控件的使用,为了更好地演示表单的作用,此处用到了动态处理程序 JSP。有关 JSP 的知识,读者可以参照相关资料,此处暂不介绍。form1.html 中的表单提交给 form1_ok.jsp 处理,form1_ok.jsp 显示用户在表单中填写的信息。

form1.html 的代码如下:

```html
<!DOCTYPE html>
<html>
    <head>
        <meta charset="UTF-8">
        <title>表单使用示例1</title>
    </head>
    <body>
        <form id="form1" action="form1_ok.jsp" method="post">
            <table border="1">
                <tr>
                    <td>姓名</td>
                    <td><input type="text" name="name" /></td>
                </tr>
                <tr>
                    <td>密码</td>
                    <td><input type="password" name="password" /></td>
                </tr>
                <tr>
                    <td>性别</td>
                    <td><input type="radio" name="gender" value="male" checked />男
<input type="radio" name="gender" value="female" />女</td>
                </tr>
                <tr>
                    <td>爱好</td>
                    <td><input type="checkbox" name="hobby" value="swimming" />游泳<br />
                        <input type="checkbox" name="hobby" value="reading" />读书<br />
<input type="checkbox" name="hobby" value="music" />音乐</td>
                </tr>
                <tr>
                    <td colspan="2"><input type="submit" value="提交" />  
                        <input type="reset" value="重置" /></td>
                </tr>
            </table>
        </form>
    </body>
</html>
```

form1_ok.jsp 的代码如下:

```jsp
<%@ page language="java" contentType="text/html; charset=UTF-8"
    pageEncoding="UTF-8"%>
<!DOCTYPE html>
<html>
    <head>
        <meta charset="UTF-8">
        <title>表单使用示例1-显示表单内控件的值</title>
    </head>
    <body>
    <%
        String name = request.getParameter("name");
        String password = request.getParameter("password");
        String gender = request.getParameter("gender");
        String[] hobby = request.getParameterValues("hobby");
        out.print("name:" + name + "<br />");
        out.print("password:" + password + "<br />");
        out.print("gender:" + gender + "<br />");
        if (hobby != null) {
            out.print("hobby:");
            for (int i = 0; i < hobby.length; i++) {
                out.print(hobby[i] + " ");
            }
        }
    %>
    </body>
</html>
```

验证form1.html和form1_ok.jsp的显示结果,需要将其部署到Java Web服务器上,在浏览器的地址栏输入http://localhost:8080/ch02/form1.html,填写完相应信息后的显示结果如图2-1所示,单击"提交"按钮之后的显示结果如图2-2所示。

图2-1 form1.html中填写表单信息后的显示结果

图2-2 提交表单之后的显示结果

2.2.1 email 类型

email类型的input元素是专门用于输入E-mail地址的文本输入框,在提交表单时,会自动验证email输入框的值。如果值无效,则不允许提交表单。例如email.html,当输入的地址不符合email的格式要求时,会给出相应提示,如图2-3所示。

email.html 的代码如下：

```
<!DOCTYPE html>
<html>
    <head>
        <meta charset = "UTF-8">
        <title>email 类型的使用</title>
    </head>
    <body>
        <form method = "post" action = "email_ok.jsp">
            请输入 E-mail 地址:<input type = "email" name = "email" /><br />
            <input type = "submit" value = "Submit"/>
        </form>
    </body>
</html>
```

2.2.2　url 类型

url 类型的 input 元素专门用于输入 url 地址,当提交表单时,如果输入的内容符合 url 地址格式,则允许提交表单;如果不符合 url 地址格式,则不允许提交表单,并且会给出相应的提示。例如 url.html 中,当输入的内容是 www.sina.com.cn 时,漏掉了协议类型,如 http://,显示结果如图 2-4 所示。

图 2-3　email 类型的 input 元素示例

图 2-4　url 类型的 input 元素示例

url.html 的代码如下：

```
<!DOCTYPE html>
<html>
    <head>
        <meta charset = "UTF-8">
        <title>url 类型的使用</title>
    </head>
    <body>
        <form method = "post" action = "url_ok.jsp">
            请输入 url 网址:<input type = "url" name = "url" /><br /><input type = "submit" value = "Submit"/>
        </form>
    </body>
</html>
```

2.2.3 number 类型

number 类型的 input 元素提供用于输入数值的文本框,只能输入数值类型的值。可以设定对输入数字的限制,例如允许的最大值、最小值,合法的数字间隔或者默认值等。max 指定允许的最大值,min 指定允许的最小值,step 指定默认的数字间隔,value 指定默认值。如果输入的数值不符合以上限定,则不允许提交表单,并给出相应提示。例如 number.html。

number.html 的代码如下:

```html
<!DOCTYPE html>
<html>
    <head>
        <meta charset="UTF-8">
        <title>number 类型的使用</title>
    </head>
    <body>
        <form method="post" action="number_ok.jsp">
            请输入数值:<input type="number" name="number" max="100" min="20" value="50" /><br />
            <input type="submit" value="Submit"/>
        </form>
    </body>
</html>
```

数值输入框的默认值为 50,如图 2-5 所示。

当输入的数值小于允许的最小值 20 时,显示结果如图 2-6 所示。

图 2-5 数值输入框的默认值

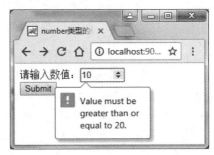
图 2-6 数值输入框值无效的提示 1

当输入的数值大于允许的最大值时,显示结果如图 2-7 所示。

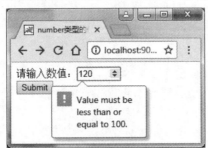
图 2-7 数值输入框值无效的提示 2

2.2.4 range 类型

range 类型的 input 元素用于输入一定范围内的数字值的文本框,在网页中显示为滑动条。可以对可接受的数字进行限制,例如可以使用 max 设置允许使用的最大值,使用 min 设置允许使用的最小值,使用 step 设置合法的数字间隔,使用 value 设置默认值。range 类型与 number 类型非常类似,只是外观不同。range 类型的 input 元素在不同浏览器中的外观不同,例如 range.html 在 Chrome 浏览器中的显示结果如图 2-8 所示。

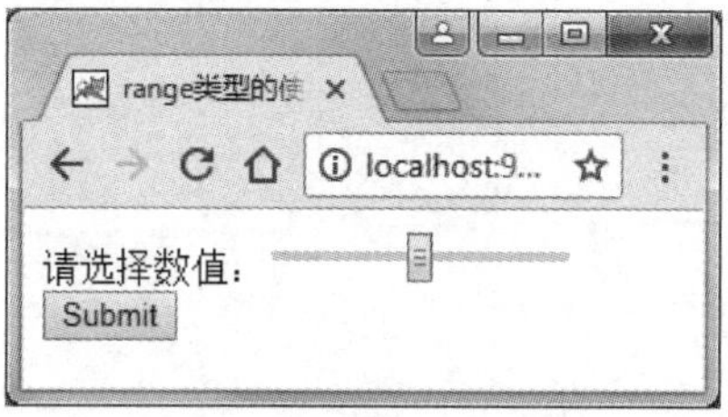

图 2-8 range 类型的 input 元素在 Chrome 浏览器中的显示结果

range.html 的代码如下:

```
<!DOCTYPE html>
<html>
    <head>
        <meta charset = "UTF-8">
        <title>range 类型的使用</title>
    </head>
    <body>
        <form method = "post" action = "range_ok.jsp">
            请选择数值:<input type = "range" name = "range" max = "100" min = "20" value = "60" /><br />
            <input type = "submit" value = "Submit"/>
        </form>
    </body>
</html>
```

2.2.5 Date pickers 类型

Date pickers 类型指的是日期选择器,是网页中经常使用的一种控件。在 HTML5 之前的版本中并没有支持任何形式的日期选择器,如果要实现日期的选择,只能使用 JavaScript,较为烦琐。HTML5 提供了多个用于选取日期和时间的输入类型,具体如下:

- date:选取日、月、年。
- month:选取月和年。
- week:选取周和年。
- time:选取时间(小时和分钟)。
- datetime:选取时间、日、月、年(UTC,世界标准时间)。
- datetime-local:选取时间、日、月、年(本地时间)。

1. date 类型

date 类型的日期选择器用于选取日、月、年,即选择一个具体的日期,如 2018 年 5 月 22 日,选择的日期会以 2018-5-22 的形式显示。例如 date.html。

date.html 的代码如下:

```
<!DOCTYPE html>
<html>
    <head>
        <meta charset = "UTF - 8">
        <title>date 类型的使用</title>
    </head>
    <body>
        <form method = "post" action = "date_ok.jsp">
            请选择日期:<input type = "date" name = "date" /><input type = "submit" value = "Submit"/>
        </form>
    </body>
</html>
```

date.html 在 Chrome 浏览器中的显示结果如图 2-9 所示。

2. month 类型

month 类型的日期选择器用于选取月和年,即选择一个具体的月份,如 2018 年 5 月,则获取的元素的值为 2018-05。例如 month.html,其在 Chrome 浏览器中的显示结果如图 2-10 所示,可见整个月份中的日期都以深灰色显示,单击该区域可以选择整个月份。

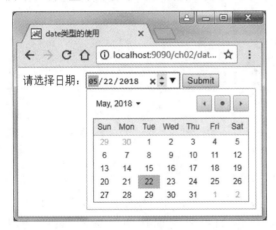

图 2-9 date 类型的 input 元素在 Chrome 浏览器中的显示结果

图 2-10 month 类型的 input 元素在 Chrome 浏览器中的显示结果

month.html 的代码如下:

```
<!DOCTYPE html>
<html>
<head>
<meta charset = "UTF - 8">
<title>month 类型的使用</title>
</head>
<body>
    <form method = "post" action = "month_ok.jsp">
        请选择日期:<input type = "month" name = "month" /><input type = "submit" value = "Submit"/>
    </form>
```

```
        </body>
</html>
```

3. week 类型

week 类型的日期选择器用于选择周和年,如 2018 年第 21 周,选择以后元素的值会以 2018-21 的形式显示。例如 week.html,其显示结果如图 2-11 所示,左侧为周数,右侧为日期。

week.html 的代码如下:

```
<!DOCTYPE html>
<html>
    <head>
        <meta charset = "UTF - 8">
        <title>week 类型的使用</title>
    </head>
    <body>
        <form method = "post" action = "week_ok.jsp">
            请选择日期:<input type = "week" name = "week" /><input type = "submit" value = "Submit"/>
        </form>
    </body>
</html>
```

4. time 类型

time 类型的 input 元素用于选择时间,可以具体到小时和分钟,当选择 06:08 PM 时,获取的 input 元素的值为 18:08。例如 time.html,其显示结果如图 2-12 所示。

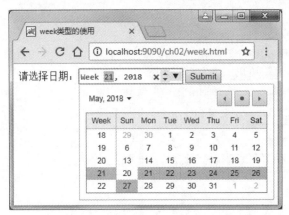

图 2-11 week 类型的 input 元素的显示结果

图 2-12 time 类型的 input 元素的显示结果

time.html 的代码如下:

```
<!DOCTYPE html>
<html>
    <head>
        <meta charset = "UTF - 8">
        <title>time 类型的使用</title>
```

```
        </head>
        <body>
            <form method = "post" action = "time_ok.jsp">
                请选择时间:<input type = "time" name = "time" /><input type = "submit" value = "Submit"/>
            </form>
        </body>
</html>
```

5. datetime 类型

datetime 类型的日期选择器用于选择时间、日、月、年，其中时间为 UTC 时间。大部分浏览器不支持 datetime 类型的 input 元素。

6. datetime-local 类型

datetime-local 类型的日期选择器用于选择时间、日、月、年，其中时间为本地时间。例如 datetime-local.html，在 Chrome 浏览器中的显示结果如图 2-13 所示。

```
<!DOCTYPE html>
<html>
    <head>
        <meta charset = "UTF-8">
        <title>datetime - local 类型的使用</title>
    </head>
    <body>
        <form method = "post" action = "datetime - local_ok.jsp">
            请选择时间:<input type = "datetime - local" name = "datetime - local" />
            <input type = "submit" value = "Submit"/>
        </form>
    </body>
</html>
```

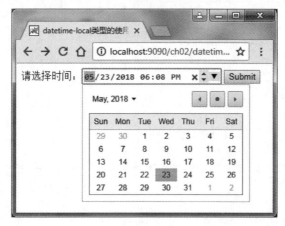

图 2-13 datetime-local 类型的 input 元素的显示结果

2.2.6 search 类型

search 类型的 input 元素用于输入搜索关键词的文本框。search 类型提供的搜索框不只是百度或者 Google 的搜索框，而是任意网页中的任意一个搜索框。例如 search.html，在搜索框中输入文字后，右侧会出现一个×按钮，单击此按钮会清空搜索框的内容，如图 2-14 所示。如果之前在搜索框内输入过信息，则会出现提示信息，如图 2-15 所示。

图 2-14　search 类型的 input 元素的显示结果 1

图 2-15　search 类型的 input 元素的显示结果 2

search.html 的代码如下：

```
<!DOCTYPE html>
<html>
    <head>
        <meta charset = "UTF-8">
        <title>search 类型的使用</title>
    </head>
    <body>
        <form method = "post" action = "search_ok.jsp">
            请输入搜索关键词:<input type = "search" name = "search" />
            <input type = "submit" value = "Submit" />
        </form>
    </body>
</html>
```

2.2.7　tel 类型

tel 类型的 input 元素是专门用于输入电话号码的文本框，它并不限定只能输入数字，因为电话号码中也包含＋、－等字符。

2.2.8　color 类型

color 类型的 input 元素专门用于设置颜色值，单击文本框时，可以打开拾色器面板，用户可以进行可视化的颜色选择。当选择红色时，元素的返回值以＃FF0000 的形式呈现。例如 color.html 的显示结果如图 2-16 所示。不同的操作系统的拾色器面板的显示结果会有所不同，在 Windows 操作系统下的 Chrome 浏览器中的显示结果如图 2-17 所示。

color.html 的代码如下：

```
<!DOCTYPE html>
<html>
    <head>
        <meta charset = "UTF-8">
        <title>color 类型的使用</title>
    </head>
```

```
        <body>
            <form method = "post" action = "color_ok.jsp">
                请选择颜色:<input type = "color" name = "color" />
                <input type = "submit" value = "Submit"/>
            </form>
        </body>
    </html>
```

图 2-16 search 类型的 input 元素的显示结果

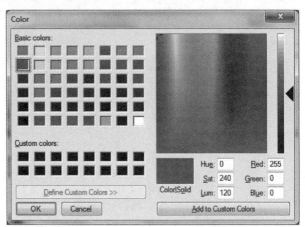

图 2-17 Windows 操作系统下的 Chrome 浏览器中的显示结果

2.3 HTML5 中新增的表单元素

2.3.1 datalist 元素

datalist 元素用于为文本框提供一个可供选择的列表,用户既可以选择列表中的内容,也可以在文本框中输入内容。要想把 datalist 元素绑定到文本框中,应该将文本框的 list 属性值设置为 datalist 元素的 id 值。datalist 元素的列表项由 option 标签指定。当需要用户自由输入内容又有一些建议选项时,可以使用 datalist 元素,如果选择了 datalist 元素中的列表项,则提交表单以后获取的文本框的值为列表项的值。例如 datalist.html,其显示结果如图 2-18 所示。

图 2-18 datalist 元素的显示结果

datalist.html 的代码如下:

```
<!DOCTYPE html>
<html>
    <head>
```

```
            <meta charset = "UTF-8">
            <title>datalist 类型的使用</title>
        </head>
        <body>
            <form method = "post" action = "datalist_ok.jsp">
                请输入 HTML5 编辑器:<input type = "text" list = "editor" name = "myEditor" />
                <datalist id = "editor">
                    <option value = "Dreamweaver CS6">
                    <option value = "Nodepad++">
                    <option value = "HBuilder">
                    <option value = "Sublime Text">
                </datalist>
                <input type = "submit" value = "Submit"/>
            </form>
        </body>
</html>
```

2.3.2 keygen 元素

keygen 元素是密钥对生成器,能够使用户的验证更可靠。用户提交表单时,会生成两个键:一个是私钥,另一个是公钥。私钥会被存储到客户端,公钥被发送到服务器。公钥可以用来验证用户的客户端证书。但是目前各类浏览器对 keygen 元素的支持状况并不理想。

2.3.3 output 元素

output 元素用于在浏览器中显示计算结果或者脚本输出,包含完整的开始标签和结束标签。output 元素的 for 属性用于定义输出域相关的一个或多个元素,值为元素的 id 值,如果是多个元素,则使用空格隔开。form 属性用于指定 output 元素所属的一个或多个表单,name 属性为对象的唯一标识,表单提交时用于获取元素的值。例如 output.html,完成两个 range 类型的 input 元素的值求和,当 range 类型的 input 元素的值发生变化或者文本框内的值发生变化时,output 元素会显示二者的值之和,其显示结果如图 2-19 所示。本例中使用了部分 JavaScript 脚本,关于 JavaScript 后文会详细介绍。

图 2-19 output 元素的显示结果

output.html 的代码如下:

```
<!DOCTYPE html>
<html>
    <head>
        <meta charset = "UTF-8">
        <title>output 元素的使用</title>
    </head>
    <body>
        <form oninput = "result.value = parseInt(a.value) + parseInt(b.value)">
            0 <input type = "range" id = "a" value = "50" max = "100" min = "0" onchange = "document.getElementById('show').innerHTML = value">100 <br />
```

```
                <span id = "show"></span>
                + <input type = "number" id = "b" value = "50"> =
                <output name = "result" for = "a b"></output>
        </form>
    </body>
</html>
```

小结

- 表单是一个容器,用来收集客户端要提交到服务器端的信息。客户端将信息填写在表单的控件中。
- 在 HTML5 之前,表单中包含的表单控件主要有单行文本框、密码框、按钮、单选按钮、复选框、下拉列表、提交按钮、重置按钮、滚动文本框、文件域、图像域、隐藏域等。
- HTML5 中新增的 input 元素主要有 email、url、number、range、Date pickers、search、tel、color 等类型。
- HTML5 中新增的其他表单元素有 datalist、keygen、output 元素等。

习题

1. 要求用户输入留言内容,应选用表单控件(　　)。
    A. 单行文本框　　B. 选择列表　　C. 单选按钮　　D. 滚动文本框
2. 要求用户输入电子邮件地址,应选用表单控件(　　)。
    A. email　　B. url　　C. tel　　D. date
3. 表单的(　　)属性用来指定处理表单的程序。
    A. action　　B. process　　C. method　　D. id
4. 表单的(　　)属性用来指定提交表单的方法。
    A. action　　B. method　　C. name　　D. id
5. 如果要发起调查,请用户选择自己喜欢的运动方式,应该使用表单控件(　　)。
    A. 文本框　　B. 单选按钮　　C. 复选框　　D. 滚动文本框
6. 表单中包含各种类型的(　　),例如文本框和按钮,可用于接收访问者输入的信息。
    A. 隐藏元素　　B. 标签　　C. 表单控件　　D. legend 元素
7. 如果浏览器不支持新的 HTML5 表单控件,那么会发生(　　)。
    A. 关机　　　　　　　　　　　　B. 浏览器报错
    C. 浏览器崩溃　　　　　　　　　D. 浏览器将显示一个输入文本框
8. 表单对象的名称由_____属性设定,提交方法由_____属性设定,处理表单的程序由_____属性设定。
9. 表单是_____和_____之间实现信息交流和传递的桥梁。
10. HTML5 新增了哪些表单元素?
11. 设计一个表单,要求使用 5 种以上的表单控件。

第 3 章 HTML5 画布

HTML5 画布即 HTML5 canvas，是现代浏览器都支持的 HTML5 非插件绘图的功能。HTML5 canvas 是 HTML5 新增的专门用于绘制图形的元素。在页面上放置一个 canvas 元素就相当于放置了一块画布，可以在其中进行图形的绘制。在 canvas 元素内绘制图形需要结合 JavaScript 脚本。利用 canvas 可以进行跨平台的动画和游戏的开发，能够实现对图像进行像素级别的操作。

3.1 HTML5 的 canvas 元素

观看视频

canvas 元素的外观与 img 元素相似，但是没有 img 元素的 src 属性和 alt 属性。canvas 元素的 height 属性和 width 属性分别用来设置画布的高度和宽度，单位是像素。默认的画布高度是 150 像素，宽度是 300 像素。id 属性为 canvas 元素的标识，在 JavaScript 脚本中需要根据 id 值来寻找 canvas 元素。<canvas>标签必须成对使用。默认的 canvas 元素在页面上会显示一块空白的没有边框的矩形。可以通过 CSS 来设置 canvas 元素的外观，例如 canvas.html，为 canvas 元素添加一个实心的边框，宽度为 3px。

canvas.html 的代码如下：

```html
<!DOCTYPE html>
<html>
    <head>
        <meta charset="UTF-8">
        <title>canvas 元素示例</title>
    </head>
    <body>
        <canvas id="myCanvas" width="200" height="50" style="border:3px solid">
</canvas>
    </body>
</html>
```

canvas.html 的显示结果如图 3-1 所示。

图 3-1　canvas 元素在 Chrome 浏览器中的显示结果

3.2　绘制简单的图形

canvas 元素本身并不能实现图形绘制,需要和 JavaScript 脚本结合起来。首先,给 canvas 元素添加一个 id 属性,在 JavaScript 脚本中通过 id 属性寻找对应的 canvas 元素。然后通过 canvas 元素的 getContext()方法获取其上下文,即创建 Context 对象,以获取允许进行绘制的 2D 环境。最后通过 Context 对象的相关方法完成绘制,例如 fillStyle()方法、fillRect()方法等。

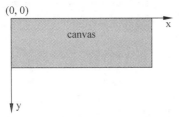

进行绘制时,需要指定确定的坐标位置,坐标原点(0,0)位于 canvas 的左上角,x 轴水平方向向右延伸,y 轴垂直向下延伸,如图 3-2 所示。

图 3-2　canvas 元素的坐标

3.2.1　绘制直线

Context 对象的 moveTo(x,y)方法是将画笔移动到指定的坐标点(x,y),lineTo(x,y)方法是从落笔点绘制路径到坐标点(x,y)。只使用以上两个方法是无法在画布上看到直线的,lineTo(x,y)方法用于绘制路径,要使路径在画布上显示出来,还需要进行描边。可以连续地绘制多条路径,然后使用 stroke()方法一次性描边。可以使用 CSS 设置绘制直线的样式,例如 line.html。

line.html 的代码如下:

```
<!DOCTYPE html>
<html>
    <head>
        <meta charset = "UTF-8">
        <title>绘制直线</title>
    </head>
    <body>
        <canvas id = "myCanvas" width = "150" height = "150" style = "border:1px solid"></canvas>
    </body>
    <script type = "text/javascript">
        var canvas = document.getElementById("myCanvas");
        var context = canvas.getContext("2d");
        context.moveTo(0, 0);
        context.lineTo(150, 150);
        context.moveTo(0, 150);
```

```
            context.lineTo(150, 0);
            context.stroke();
        </script>
</html>
```

line.html 在浏览器中的显示结果如图 3-3 所示。

3.2.2 绘制矩形

canvas 元素可以绘制两种矩形：一种是填充矩形，另一种是矩形轮廓。Context 对象的 fillRect() 方法用来绘制填充矩形，strokeRect() 方法用来绘制矩形轮廓。

fillRect() 方法的前两个参数为矩形的左上角的坐标，后两个参数为矩形的宽度和高度。strokeRect() 方法的参数与 fillRect() 方法的参数含义相同。设置矩形的外观可以使用 fillStyle 属性和 strokeStyle 属性。fillStyle 属性用来设置矩形区域的填充颜色，strokeStyle 属性用来设置矩形轮廓的颜色。例如 rect.html，绘制一个填充矩形和一个矩形轮廓。

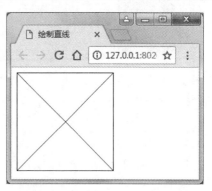

图 3-3　line.html 的显示结果

rect.html 的代码如下：

```
<!DOCTYPE html>
<html>
    <head>
        <meta charset = "UTF-8">
        <title>绘制矩形</title>
    </head>
    <body>
        <canvas id = "myCanvas" width = "200" height = "150" style = "border:1px solid">
</canvas>
    </body>
    <script type = "text/javascript">
        var canvas = document.getElementById("myCanvas");
        var context = canvas.getContext("2d");
        context.fillStyle = "green";
        context.fillRect(20,20,100,80);
        context.strokeStyle = "red";
        context.strokeRect(50,50,100,40);
    </script>
</html>
```

rect.html 在浏览器中的显示结果如图 3-4 所示。

3.2.3 绘制圆或圆弧

canvas 元素可以用来绘制圆或圆弧，使用的方法有 beginPath()、arc()、closePath()、fill()。

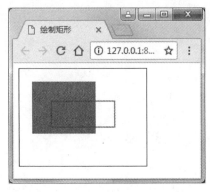

图 3-4 rect.html 的显示结果

1. beginPath()

开始一条路径或重置路径。

2. arc(x,y,r,sAngle,eAngle,counterclockwise)

x、y 为圆心的坐标；r 为圆的半径；sAngle 为以弧度计的起始角；eAngle 为以弧度计的结束角；counterclockwise 参数可选，规定逆时针或顺时针绘图，true 为逆时针，false 为顺时针。

3. closePath()

闭合路径，如果图形本来就是闭合的，则此方法不起作用。

4. fill()

填充当前的路径或图像，默认的颜色是黑色。

例如 arc.html，绘制一个圆和若干条圆弧。

arc.html 的代码如下：

```html
<!DOCTYPE html>
<html>
    <head>
        <meta charset="UTF-8">
        <title>绘制圆或圆弧</title>
    </head>
    <body>
        <canvas id="myCanvas" width="300" height="200" style="border:1px solid"></canvas>
    </body>
    <script type="text/javascript">
        var canvas = document.getElementById("myCanvas");
        var context = canvas.getContext("2d");
        context.fillStyle = "yellow";
        context.beginPath();
        context.arc(150,100,50,0,Math.PI*2);
        context.closePath();
        context.fill();
        for(var i=0;i<20;i++){
            context.strokeStyle = "green";
            context.beginPath();
            context.arc(0,200,i*10,0,Math.PI*3/2,true);
            context.stroke();
        }
    </script>
</html>
```

arc.html 在浏览器中的显示结果如图 3-5 所示。

3.2.4 绘制三角形

使用绘制路径的方法可以自由绘制出三角形等多边形。例如 triangle.html，绘制一个填充色为绿色的三角形。

triangle.html 的代码如下:

```html
<!DOCTYPE html>
<html>
    <head>
        <meta charset="UTF-8">
        <title>绘制三角形</title>
    </head>
    <body>
        <canvas id="myCanvas" width="200" height="200" style="border:1px solid"></canvas>
    </body>
    <script type="text/javascript">
        var canvas = document.getElementById("myCanvas");
        var context = canvas.getContext("2d");
        context.beginPath();
        context.moveTo(20, 20);
        context.lineTo(40, 100);
        context.lineTo(180, 100);
        context.closePath();
        context.stroke();
        context.fillStyle = "green";
        context.fill();
    </script>
</html>
```

triangle.html 在浏览器中的显示结果如图 3-6 所示。

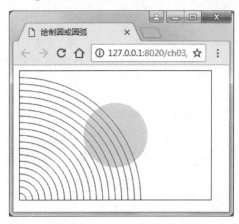
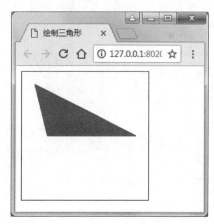

图 3-5　arc.html 的显示结果　　　　图 3-6　triangle.html 的显示结果

3.3　绘制文字

可以使用 fillText() 方法和 strokeText() 方法来绘制文字,其中 fillText() 方法用来绘制填充文字,strokeText() 方法用来绘制轮廓文字。

3.3.1　绘制填充文字

绘制填充文字时,fillText() 方法的用法如下:

观看视频

```
context.fillText(text, x, y, [max Width]);
```

其中，text 为要绘制的文字；x、y 为绘制文字的坐标；maxWidth 为可选参数，表示显示文字时的最大宽度。如果要绘制的文字大于最大宽度，则字体会被调整成更小的字号或者更瘦的字体。例如 filledText.html。

filledText.html 的代码如下：

```
<!DOCTYPE html>
<html>
    <head>
        <meta charset = "UTF - 8">
        <title>绘制填充文字</title>
    </head>
    <body>
        <canvas id = "myCanvas" width = "250" height = "150" style = "border:1px solid">
</canvas>
    </body>
    <script type = "text/javascript">
        var canvas = document.getElementById("myCanvas");
        var context = canvas.getContext("2d");
        context.font = "italic 35px 黑体";
        context.fillStyle = "red";
        context.fillText("红色填充文字",10,40,200);
        context.font = "bold 40px 宋体";
        context.fillStyle = "green";
        context.fillText("绿色填充文字",10,100,200);
    </script>
</html>
```

图 3-7　filledText.html 的显示结果

filledText.html 在浏览器中的显示结果如图 3-7 所示。

3.3.2　绘制轮廓文字

绘制轮廓文字时，strokeText()方法的用法如下：

```
context.strokeText(text, x, y, [max Width]);
```

其中，text 为要绘制的文字；x、y 为绘制文字的坐标；maxWidth 为可选参数，表示显示文字时的最大宽度。例如 hollowText.html。

hollowText.html 的代码如下：

```
<!DOCTYPE html>
<html>
    <head>
        <meta charset = "UTF - 8">
        <title>绘制轮廓文字</title>
    </head>
    <body>
```

```
        <canvas id="myCanvas" width="250" height="150" style="border:1px solid"></canvas>
    </body>
    <script type="text/javascript">
        var canvas = document.getElementById("myCanvas");
        var context = canvas.getContext("2d");
        context.font = "italic 35px 黑体";
        context.strokeStyle = "red";
        context.strokeText("红色轮廓文字",10,40,200);
        context.font = "bold 40px 宋体";
        context.strokeStyle = "green";
        context.strokeText("绿色轮廓文字",10,100,200);
    </script>
</html>
```

hollowText.html 在浏览器中的显示结果如图 3-8 所示。

图 3-8　hollowText.html 的显示结果

3.4　图形变换

利用图形的变换可以绘制出大量复杂多变的图形。图形的变换主要包括移动、缩放、旋转、变形等。

3.4.1　保存与恢复

在绘画时，本来使用绿色笔画，突然需要用红色笔画，但画完之后又要使用绿色笔画。如果是现实中的作画，可以使用不同的笔蘸上不同的墨水，根据颜色选择画笔。但是在 canvas 中画笔只有一支。如果要更换画笔的颜色，就需要保存和恢复状态，状态其实就是画布当前属性的一个快照，包括图形的属性、当前裁切路径、当前应用的变换。canvas 中使用 save()方法来保存状态，使用 restore()方法来恢复状态。canvas 状态是用栈来保存的，每次调用 save()方法，就把当前状态入栈保存，当前状态成为栈顶；每次调用 restore()方法，就把栈顶的状态取出来，并将画布恢复到这个状态。例如 saveAndRestore.html，利用状态的保存与恢复画颜色不同的填充矩形。

saveAndRestore.html 的代码如下：

```html
<!DOCTYPE html>
<html>
    <head>
        <meta charset="UTF-8">
        <title>状态的保存和恢复</title>
    </head>
    <body>
        <canvas id="myCanvas" width="250" height="250" style="border:1px solid"></canvas>
    </body>
    <script type="text/javascript">
        var canvas = document.getElementById("myCanvas");
        var context = canvas.getContext("2d");
        context.fillStyle = "yellow";
        context.fillRect(10, 10, 230, 230);
        context.fill();

        context.save();
        context.fillStyle = "aquamarine";
        context.fillRect(30, 30, 190, 190);

        context.save();
        context.fillStyle = "cornflowerblue";
        context.fillRect(50, 50, 150, 150);

        context.restore();
        context.beginPath();
        context.fillRect(70, 70, 110, 110);
        context.restore();
        context.fillRect(90, 90, 80, 80);
        context.fill();
    </script>
</html>
```

saveAndRestore.html 在浏览器中的显示结果如图 3-9 所示。

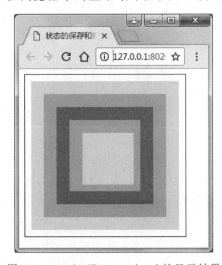

图 3-9　saveAndRestore.html 的显示结果

3.4.2 移动

在绘制图形时，可以使用 Context 对象的 translate() 方法移动坐标空间，使画布的坐标空间发生水平和垂直方向的偏移，translate(dx,dy) 中 dx 为水平方向的偏移量，dy 为垂直方向的偏移量。例如 translate.html，利用移动绘制一排圆。

translate.html 的代码如下：

```html
<!DOCTYPE html>
<html>
    <head>
        <meta charset="UTF-8">
        <title>移动</title>
    </head>
    <body>
        <canvas id="myCanvas" width="400" height="80" style="border:1px solid"></canvas>
    </body>
    <script type="text/javascript">
        var canvas = document.getElementById("myCanvas");
        var context = canvas.getContext("2d");
        context.fillStyle = "orange";
        for(var i = 1; i < 10; i++) {
            context.save();
            context.beginPath();
            context.arc(40, 40, 20, 0, Math.PI * 2);
            context.closePath();
            context.fill();
            context.translate(40, 0);
        }
    </script>
</html>
```

translate.html 在浏览器中的显示结果如图 3-10 所示。

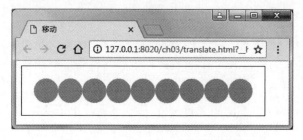

图 3-10 translate.html 的显示结果

3.4.3 缩放

Context 对象的 scale() 方法用于增减 canvas 上下文对象中的像素数目，从而实现图形或图像的放大或缩小，context.scale(sx,sy) 中的 sx 为 x 轴的缩放因子，sy 为 y 轴的缩放因子，它们的值必须是正数，如果值大于 1，则为放大图形，如果值小于 1，则为缩小图形。例如 scale.html，绘制逐渐缩小的圆。

scale.html 的代码如下:

```html
<!DOCTYPE html>
<html>
    <head>
        <meta charset="UTF-8">
        <title>缩放</title>
    </head>
    <body>
        <canvas id="myCanvas" width="400" height="80" style="border:1px solid"></canvas>
    </body>
    <script type="text/javascript">
        var canvas = document.getElementById("myCanvas");
        var context = canvas.getContext("2d");
        context.fillStyle = "orange";
        for(var i = 1; i < 15; i++) {
            context.save();
            context.beginPath();
            context.arc(40, 40, 20, 0, Math.PI * 2);
            context.closePath();
            context.fill();
            context.translate(40, 0);
            context.scale(0.9,0.9);
        }
    </script>
</html>
```

scale.html 在浏览器中的显示结果如图 3-11 所示。

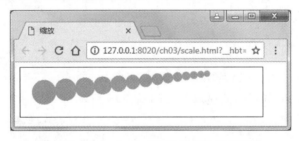

图 3-11 scale.html 在浏览器中的显示结果

3.4.4 旋转

Context 对象的 rotate()方法用于以原点为中心旋转上下文对象的坐标空间,context.rotate(angle)方法中的 angle 参数指以弧度计的顺时针方向旋转的角度。例如 rotate.html 利用旋转绘制环状排列的圆。

rotate.html 的代码如下:

```html
<!DOCTYPE html>
<html>
    <head>
        <meta charset="UTF-8">
        <title>旋转</title>
```

```
        </head>
        <body>
            <canvas id="myCanvas" width="300" height="300" style="border:1px solid"></canvas>
        </body>
        <script type="text/javascript">
            var canvas = document.getElementById("myCanvas");
            var context = canvas.getContext("2d");
            context.translate(150,150);
            context.fillStyle = "orange";
            for(var i = 0; i < 8; i++) {
                context.save();
                context.rotate(Math.PI * (2/4 + i/4));
                context.translate(0, -100);
                context.beginPath();
                context.arc(100, 40,20, 0, Math.PI * 2);
                context.closePath();
                context.fill();
                context.restore();
            }
        </script>
</html>
```

rotate.html 在浏览器中的显示结果如图 3-12 所示。

3.4.5 变形

Context 对象的 transform() 方法用于直接修改变换矩阵。矩阵变换常用于坐标变换不能达到预期效果的情况,能够实现比普通的坐标变换更加复杂的效果。transform() 方法的用法如下:

context.transform(a, b, c, d, e, f);

各参数的含义如下。

- a:水平缩放绘图。
- b:水平倾斜绘图。
- c:垂直倾斜绘图。
- d:垂直缩放绘图。
- e:水平移动绘图。
- f:垂直移动绘图。

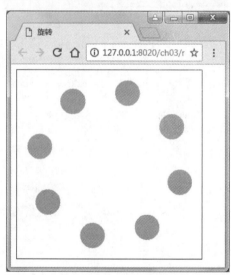

图 3-12 rotate.html 在浏览器中的显示结果

可见,可以在 transform() 方法中同时实现平移、缩放、旋转,也可以使用 transform() 方法实现以上 3 种变换中的一种。

画布上的每一个对象都拥有一个当前的变换矩阵,Context 对象的 setTransform() 方法用于将当前的变换矩阵重置为最初的矩阵,即单位矩阵,然后以相同的参数运行 transform() 方法,也就是说 setTransform() 方法允许缩放、旋转、移动并倾斜当前的环境。该变换只会影响 setTransform() 方法之后的绘图。例如 transform.html,利用变形和旋转在画布上显示呈螺旋状排列的半透明的半圆。

transform.html 的代码如下：

```html
<!DOCTYPE html>
<html>
    <head>
        <meta charset="UTF-8">
        <title>矩阵变换</title>
    </head>
    <body>
        <canvas id="myCanvas" width="330" height="300" style="border:1px solid"></canvas>
    </body>
    <script type="text/javascript">
        var canvas = document.getElementById("myCanvas");
        var context = canvas.getContext("2d");
        context.translate(200, 20);
        for(var i = 1; i < 100; i++) {
            context.save();
            context.transform(0.95, 0, 0, 0.95, 30, 30);
            context.rotate(Math.PI / 12);
            context.beginPath();
            context.fillStyle = "orange";
            context.globalAlpha = "0.7";
            context.arc(0, 0, 55, 0, Math.PI, true);
            context.closePath();
            context.fill();
        }
    </script>
</html>
```

transform.html 在浏览器中的显示结果如图 3-13 所示。

图 3-13　transform.html 在浏览器中的显示结果

3.5 操作图像

利用 canvas 元素不仅可以绘制各种各样的图形,而且可以引入外部图像,并对图像进行各种操作,例如改变图像大小、图像切片、图像合成等。canvas 支持多种常见的图像格式。向 canvas 元素引入图像分以下 3 步。

观看视频

1. 创建 image 对象

```
var image = new Image();
```

2. 设定 image 对象的 onload 属性

```
image.onload = function(){
}
```

3. 在 function() 中绘制图像

可以使用以下方法:

- context.drawImage(image,x,y):在画布的指定位置绘制图像。
- context.drawImage(image,x,y,width,height):按参数指定的位置和大小绘制图像。
- context.drawImage(image,x,y,sWidth,sHeight,dx,dy,dWidth,dHeight):裁剪图像,并在画布上绘制图像。

例如 image.html,在画布上绘制图像,并绘制轮廓文字。

image.html 的代码如下:

```html
<!DOCTYPE html>
<html>
    <head>
        <meta charset="UTF-8">
        <title>引入图像</title>
    </head>
    <body>
        <canvas id="myCanvas" width="300" height="200"></canvas>
    </body>
    <script type="text/javascript">
        function show() {
            var canvas = document.getElementById("myCanvas");
            var context = canvas.getContext("2d");
            var img = new Image();
            img.onload = function() {
                context.drawImage(img,0,0,300,200);
                context.font = "bold 70px Arial Black";
                context.strokeStyle = "orangered";
                context.strokeText("flowers",120,180,150);
            }
            img.src = "img/flower.jpg";
        }
        window.onload = function(){
            show();
        }
```

```
        </script>
</html>
```

image.html 在浏览器中的显示结果如图 3-14 所示。

图 3-14　image.html 的显示结果

3.6　其他颜色和样式

前面使用 canvas 元素绘制图形时，使用的是 Context 对象的 fillStyle()方法和 strokeStyle()方法，除此之外，canvas 元素还支持更多的颜色和样式，包括线型、渐变、图案、透明度和阴影。合理利用这些颜色和样式，可以绘制出更加复杂多变、丰富多彩的图形。

3.6.1　线型

Context 对象的 lineWidth、lineCap、lineJoin、miterLimit 属性分别用于设置线条的粗细、端点样式、两条线段连接处的样式以及绘制交点的方式。

1. lineWidth

lineWidth 属性的值必须为正数，单位为像素，默认值为 1.0。

2. lineCap

lineCap 属性可取值 butt、round、square，默认值为 butt。butt 表示向线条的每个末端添加平直的边缘；round 表示向线条的每个末端添加圆形线帽；square 表示向线条的每个末端添加正方形线帽。例如 widthAndCap.html 分别绘制圆形线帽但粗细不同的线型。

widthAndCap.html 的代码如下：

```
<!DOCTYPE html>
<html>
    <head>
        <meta charset = "UTF-8">
        <title>线型示例</title>
    </head>
    <body>
        <canvas id = "myCanvas" width = "300" height = "200" style = "border:1px solid"></canvas>
```

```
    </body>
    <script type = "text/javascript">
        var canvas = document.getElementById("myCanvas");
        var context = canvas.getContext("2d");
        for(var i = 1;i <= 14;i++){
            context.strokeStyle = "green";
            context.lineWidth = i;
            context.lineCap = "round";
            context.beginPath();
            context.moveTo(20 * i,50);
            context.lineTo(20 * i,200);
            context.stroke();
        }
    </script>
</html>
```

widthAndCap.html 在浏览器中的显示结果如图 3-15 所示。

3. lineJoin

lineJoin 属性用于设置两条线段连接处的样式，可取值 round、bevel、miter，默认值为 miter。round 为圆角，bevel 为边角，miter 为尖角。

4. miterLimit

miterLimit 属性用来设置或返回最大斜接长度，斜接长度指的是在两条线交汇处内角和外角之间的距离。只有当 lineJoin 属性为 miter 时，miterLimit 属性才有效。边角的角度越小，斜接长度就会越大，为了避免斜接长度太大，可以使用 miterLimit 属性进行限制。如果斜接长度超过了 miterLimit 属性设置的值，则边角会以 bevel(即边角)的形式显示。

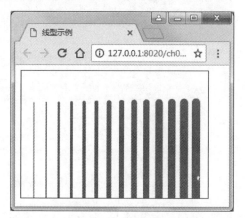

图 3-15 widthAndCap.html 在浏览器中的显示结果

3.6.2 渐变

canvas 元素在绘制图形时除了可以指定固定的颜色之外，还可以指定渐变色。渐变分为线性渐变和径向渐变。

1. 绘制线性渐变

要绘制线性渐变，首先需要使用 Context 对象的 createLinearGradient()方法创建 canvasGradient 对象，然后使用 addColorStop()方法上色。createLinearGradient()方法定义如下：

```
context.createLinearGradient(x1, y1, x2, y2);
```

其中，x1 和 y1 为渐变的起点，x2 和 y2 为渐变的终点。

addColorStop()方法定义如下：

```
context.addColorStop(position, color);
```

其中,position 为渐变中色标的相对位置,为 0~1 的浮点值,渐变起点的相对位置为 0,终点的相对位置为 1。例如 linearGradient.html,在矩形中添加 3 种颜色,起点为红色,中间点为黄色,终点为白色。

linearGradient.html 的代码如下:

```
<!DOCTYPE html>
<html>
    <head>
        <meta charset="UTF-8">
        <title>线性渐变</title>
    </head>
    <body>
        <canvas id="myCanvas" width="300" height="200" style="border:1px solid"></canvas>
    </body>
    <script type="text/javascript">
        var canvas = document.getElementById("myCanvas");
        var context = canvas.getContext("2d");
        var gradient = context.createLinearGradient(0, 0, 0, 200);
        gradient.addColorStop(0, "red");
        gradient.addColorStop(0.5, "yellow");
        gradient.addColorStop(1, "white");
        context.fillStyle = gradient;
        context.fillRect(0, 0, 300, 200);
    </script>
</html>
```

图 3-16 linearGradient.html 的显示结果

linearGradient.html 在浏览器中的显示结果如图 3-16 所示。

2. 绘制径向渐变

径向渐变也称为扩散性渐变,首先需要使用 Context 对象的 createRadialGradient() 方法创建 canvasGradient 对象,然后使用 addColors() 方法上色。createRadialGradient() 的使用方法如下:

```
context.createRadialGradient(x1, y1, r1, x2, y2, r2);
```

其中,x1 和 y1 定义一个以 (x1,y1) 为圆心、以 r1 为半径的开始圆,x2 和 y2 定义一个以 (x2,y2) 为圆心、以 r2 为半径的结束圆。这两个圆描述了渐变的方向及起止位置,也描述了渐变的形状。例如 radialGradient.html。

radialGradient.html 的代码如下:

```
<!DOCTYPE html>
<html>
    <head>
        <meta charset="UTF-8">
        <title>径向渐变</title>
    </head>
```

```
    <body>
        <canvas id="myCanvas" width="300" height="200"></canvas>
    </body>
    <script type="text/javascript">
        var canvas = document.getElementById("myCanvas");
        var context = canvas.getContext("2d");
        var gradient = context.createRadialGradient(50,50,20,100,100,50);
        gradient.addColorStop(0, "red");
        gradient.addColorStop(0.8, "yellow");
        gradient.addColorStop(1, "blue");
        context.fillStyle = gradient;
        context.fillRect(10, 10, 200, 200);
    </script>
</html>
```

radialGradient.html 在浏览器中的显示结果如图 3-17 所示。

3.6.3 绘制图案

Context 对象的 createPattern() 方法可以用来填充图像,其用法如下:

```
context.createPattern(image, type);
```

其中,image 为要引用的 image 对象或者另一个 Canvas 对象;type 是填充图像的方式,可取值如下。

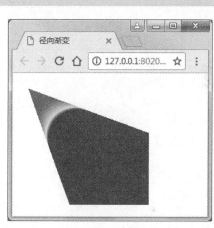

图 3-17 radialGradient.html 的显示结果

- repeat:同时沿 x 轴方向和 y 轴方向平铺。
- repeat-x:只沿 x 轴方向平铺。
- repeat-y:只沿 y 轴方向平铺。
- no-repeat:不平铺。

例如 pattern.html,在 canvas 元素内沿 x 轴方向和 y 轴方向平铺图像。
pattern.html 的代码如下:

```
<!DOCTYPE html>
<html>
    <head>
        <meta charset="UTF-8">
        <title>平铺图像</title>
    </head>
    <body>
        <canvas id="myCanvas" width="200" height="200" style="border:1px solid"></canvas>
    </body>
    <script type="text/javascript">
        function show() {
            var canvas = document.getElementById("myCanvas");
            var context = canvas.getContext("2d");
            var img = new Image();
```

```
                img.onload = function() {
                    var pattern = context.createPattern(img, 'repeat');
                    context.fillStyle = pattern;
                    context.fillRect(0, 0, 200, 200);
                }
                img.src = "img/timg.jpg";
                alert(img.src);
            }
            window.onload = function() {
                show();
            }
        </script>
    </html>
```

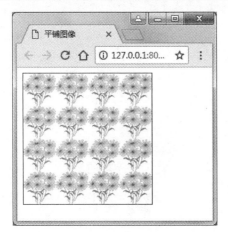

图 3-18　pattern.html 在浏览器中的显示结果

pattern.html 在浏览器中的显示结果如图 3-18 所示。

3.6.4　透明度

除了可以使用 Context 对象的 globalAlpha 属性设置图形的透明度外，还可以利用 rgba() 方法设置色彩的透明度。rgba() 的使用方法如下：

rgba(R, G, B, A)

其中，R、G、B 分别是颜色的红、绿、蓝分量，A 为不透明值，为 0~1 的浮点数，0 为完全透明，1 为完全不透明。例如"rgba(0,255,0,0.5)"表示半透明的绿色。例如 alpha.html，在画布上画一排透明度不同的圆。

alpha.html 的代码如下：

```
<!DOCTYPE html>
<html>
    <head>
        <meta charset = "UTF-8">
        <title>透明度</title>
    </head>
    <body>
        <canvas id = "myCanvas" width = "560" height = "80" style = "border:1px solid">
        </canvas>
    </body>
    <script type = "text/javascript">
        var canvas = document.getElementById("myCanvas");
        var context = canvas.getContext("2d");
        for(var i = 1; i < 10; i++) {
            context.fillStyle = "rgba(0,255,0," + ((i-1)/9) + ")";
            context.save();
            context.beginPath();
            context.arc(40, 40, 30, 0, Math.PI * 2);
            context.closePath();
```

```
            context.fill();
            context.translate(60, 0);
        }
    </script>
</html>
```

alpha.html 在浏览器中的显示结果如图 3-19 所示。

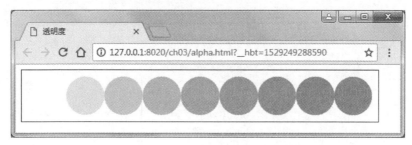

图 3-19　alpha.html 在浏览器中的显示结果

3.6.5　阴影

可以使用 Context 对象的属性对绘制的图形或文字添加阴影效果,设置阴影的主要属性如下。

- shadowOffsetX:设置或返回形状与阴影的水平距离,默认值为 0。
- shadowOffsetY:设置或返回形状与阴影的垂直距离,默认值为 0。
- shadowBlur:设置或返回阴影的模糊级数,取值为整数值。
- shadowColor:设置或返回阴影的颜色。

例如 shadow.html,为画布中的文字添加阴影。

shadow.html 的代码如下:

```
<!DOCTYPE html>
<html>
    <head>
        <meta charset = "UTF-8">
        <title>阴影</title>
    </head>
    <body>
        <canvas id = "myCanvas" width = "250" height = "150" style = "border:1px solid"></canvas>
    </body>
    <script type = "text/javascript">
        var canvas = document.getElementById("myCanvas");
        var context = canvas.getContext("2d");
        context.shadowOffsetX = 4;
        context.shadowOffsetY = 4;
        context.shadowBlur = 2;
        context.shadowColor = "rgba(0,0,0,0.5)";
        context.font = "italic 35px 黑体";
        context.fillStyle = "red";
        context.fillText("红色填充文字",10,40,200);
        context.font = "bold 40px 宋体";
```

```
            context.strokeStyle = "green";
            context.strokeText("绿色轮廓文字",10,100,200);
        </script>
</html>
```

shadow.html 在浏览器中的显示结果如图 3-20 所示。

图 3-20　shadow.html 在浏览器中的显示结果

小结

- 利用 HTML5 中的 canvas 元素可以实现图形的绘制，能够对图像进行像素级别的操作。
- 利用 canvas 元素可以绘制直线、矩形、圆或圆弧、多边形等图形。
- 利用 canvas 元素可以绘制填充文字或轮廓文字。
- 利用 canvas 元素可以实现状态的保存与恢复、图形的平移、图形的缩放、图形的旋转、图形的变形等。
- 利用 canvas 元素可以操作外部图像，将其引入网页中。
- canvas 元素还支持更多的颜色和样式，包括线型、渐变、图案、透明度和阴影。

习题

1. Context 对象的（　　）方法将画笔移动到指定的坐标点。
   A. moveTo()　　　B. lineTo()　　　C. fill()　　　D. stroke()
2. canvas 元素使用（　　）方法获取上下文对象。
   A. stroke()　　　B. getContext()　　　C. fill()　　　D. controller()
3. 以下关于线条属性的说法中，（　　）是正确的。
   A. lineCap 属性设置或返回线条末端线帽的样式
   B. butt 值为向线条末端添加平直的边缘
   C. round 值为向线条末端添加圆形线帽
   D. 以上都正确
4. Context 对象的（　　）方法可以绘制矩阵轮廓。

A. fillRect() B. strokeRect() C. fillStyle() D. strokeStyle()
5. Context 对象的(　　)方法用于绘制填充文字。
A. fillText() B. strokeText() C. fillStyle() D. strokeStyle()
6. Context 对象的(　　)方法可以实现坐标空间的移动。
A. scale() B. translate() C. transform() D. rotate()
7. Context 对象的(　　)方法可以实现旋转坐标空间。
A. scale() B. translate() C. transform() D. rotate()
8. 使用 canvas 绘制一个填充矩形，要求矩形的填充色为红色，再绘制一个矩形轮廓，要求矩形为圆角矩形，边框的颜色为蓝色，边框的宽度为 10px。

第4章 音频、视频与Web存储

Web上的多媒体包括文字、图片、音乐、录音、电影、动画等。多媒体有多种不同的格式,它可以是听到或看到的任何内容。在互联网上,几乎所有网站都使用嵌入网页中的多媒体元素。第一代浏览器只支持文本,而且仅限于单一的字体和颜色。随后诞生了支持颜色、字体和文本样式的浏览器,还增加了对图片的支持。不同的浏览器以不同的方式处理对音效、动画和视频的支持,某些元素能够以内联的方式处理,而某些元素则需要额外的插件。现代浏览器大多数已支持多种多媒体格式。到目前为止,还不存在网页上播放音频和视频的统一标准。

在进行 Web 开发时,经常需要在客户端保存一些信息,例如用户的登录信息、自定义的主题、计数器信息等。客户端存储数据的方法有很多,最简单的方法是使用 Cookie,Cookie 的兼容性较好,但是使用 Cookie 存在一些弊端。HTML5 中支持使用 Web Storage 和 Web SQL 来解决 Web 应用中的数据存储问题。

观看视频

4.1 音频

4.1.1 音频格式

常见的音频格式有 Wave、AIFF、MIDI、AU、MP3、OGG 等。

1. Wave

Wave 音频的扩展名为.wav,是录音时用的标准的 Windows 文件格式,是一种由 Microsoft 和 IBM 联合开发的用于音频数字存储的标准,它采用 RIFF 文件格式结构,非常接近 AIFF 和 IFF 格式。

2. AIFF

AIFF(Audio Interchange File Format)音频的扩展名是.aiff 或.aif,是一种文件格式,用于存储数字音频(波形)的数据。AIFF 支持各种比特决议、采样率和音频通道。它是 Apple 公司开发的一种声音文件格式,被 Macintosh 平台及其应用程序所支持。

3. MIDI

MIDI(Musical Instrument Digital Interface)音频的扩展名为.mid,是 20 世纪 80 年代初为解决电声乐器之间的通信问题而提出的。MIDI 是编曲界最广泛的音乐标准格式,可称为"计算机能理解的乐谱"。它用音符的数字控制信号来记录音乐。

4. AU

AU 音频的扩展名为.au,是为 UNIX 系统开发的一种音乐格式,和 WAV 非常相像。

大多数的音频编辑软件都支持此音乐格式。AU 音频在 Java 自带的类库中能得到播放支持。

5. MP3

MP3(MPEG-1 Audio Layer-3)音频的扩展名为.mp3,是最流行的音乐文件格式。它大幅度地降低了音频的数据量,而对于大多数用户来说,重放的音质与最初的不压缩音频相比没有明显的下降。

6. OGG

OGG(OGGVobis)音频的扩展名为.ogg,类似于 MP3 等音乐格式。它完全免费、开放,没有专利限制。OGG 文件格式可以不断地进行大小和音质的改良,而不影响旧有的编码器或播放器。

7. MPEG-4 Audio

MPEG-4 Audio 音频的扩展名为.m4a,纯音频的 MPEG-4 格式使用了先进的音频编码技术 ACC(Advanced Audio Coding)的编码器,得到了 QuickTime、iTunes 等软件和 iPod、iPad 等移动设备的支持。

4.1.2　audio 元素

到目前为止,仍然不存在网页上播放音频的标准,在 HTML5 之前,大多数音频是通过插件播放的,例如 Flash,但是并非所有浏览器都安装有符合要求的插件。HTML5 中通过 audio 元素来播放声音文件或者音频流。目前,audio 元素支持 OGG、MP3、WAV 三种音频格式,audio 元素具体支持的音频还和浏览器有关,例如 Chrome 3.0 支持 OGG 和 MP3 格式的音频。audio 元素插入单个资源音频的使用方法如下：

```
< audio src = "src" controls = "controls">
    你的浏览器不支持 audio 元素
</audio>
```

< audio >与</audio>之间的内容是供不支持 audio 元素的浏览器显示的。

audio 元素允许插入多个资源音频,浏览器将使用第一个可以识别的格式,使用方法如下：

```
< audio controls = "controls">
    < source src = "src1" type = "audio/ogg"/>
    < source src = "src2" type = "audio/mp4"/>
    < source src = "src3" type = "audio/webm"/>
</audio>
```

audio 元素的常用属性如下。

- autoplay：如果出现该属性,则音频就绪后开始自动播放。
- controls：如果出现该属性,则向用户显示播放的控制条,例如播放、暂停、定位、时间显示、音量控制、全屏切换等常用控件。如果开发人员不希望使用默认的控制条,也可以使用 JavaScript 自定义控制条。
- loop：如果出现该属性,则音频自动循环播放。
- muted：如果出现该属性,则音频静音。
- preload：如果出现该属性,则音频在页面加载时加载,并预备播放。如果出现

autoplay 属性,则此属性无效。
- src：音频资源的 URL。
- readyState：用于返回音频当前播放位置的就绪状态。
- volume：音频资源的播放音量,范围为 0~1,0 为静音,1 为最大音量。
- currentTime：音频的当前播放位置,返回值为时间,单位为秒。
- duration：音频的可持续时间,单位为秒。

audio 元素的使用示例可参考 audio.html。

audio.html 的代码如下:

```
<!DOCTYPE html>
<html>
    <meta charset = "UTF-8">
    <head>
        <title>audio 的使用</title>
    </head>
    <body>
        <h1>Love In Blue</h1>
        <audio src = "media/Love In Blue.mp3" controls = "controls">
            你的浏览器不支持 audio 元素
        </audio>
    </body>
</html>
```

audio.html 在 Chrome 浏览器中的显示结果如图 4-1 所示,单击播放按钮后会播放音频。

图 4-1　audio.html 在 Chrome 浏览器中的显示结果

4.1.3　JavaScript 控制 audio 对象

除了可以直接在页面中添加 audio 元素外,还可以使用 JavaScript 脚本控制 audio 元素,使页面更加自由灵活地播放音频文件。

audio 元素是 audio 对象的实例,是 HTML5 中的新对象,可以通过 document 对象的 getElementById()来访问 audio 元素,也可以通过 document 对象的 createElement("audio")来创建 audio 元素。

Audio 对象的主要事件如下。

- addTextTrack()：向音频添加新的文本轨道。
- canPlayType()：检查浏览器是否能够播放指定的音频类型。

- fastSeek()：在音频播放器中指定播放时间。
- getStartDate()：返回新的 Date 对象，表示当前时间线偏移量。
- load()：重新加载音频元素。
- play()：开始播放音频。
- pause()：暂停当前播放的音频。

在 JavaScript 脚本中，可以使用 audio 元素的 addEventListener()方法向其添加事件句柄，从而实现当事件发生时调用某个函数。DOM 对象的事件本书后文会详细介绍。通过脚本控制 audio 元素的示例可参考 audioAndJS.html。

audioAndJS.html 的代码如下：

```html
<!DOCTYPE html>
<html>
    <meta charset="UTF-8">
    <head>
        <title>使用 JavaScript 控制 audio</title>
        <script type="text/javascript">
            var audio = document.createElement("audio");
            audio.src = "media/Love In Blue.mp3";
            audio.addEventListener("canplaythrough",
                function() {
                    alert('音频文件已经准备好,随时待命');
                },
                false);
            function aPlay() {
                audio.play();
            }
            function go() {
                audio.currentTime += 10;
                audio.play();
            }
            function back() {
                audio.currentTime -= 10;
                audio.play();
            }
            function pause(){
                audio.pause();
            }
            function stop(){
                audio.currentTime = 0;
                audio.pause();
            }
        </script>
    </head>
    <body>
        <h1>Love In Blue</h1>
        <input type="button" onclick="aPlay();" value="播放">
        <input type="button" onclick="go();" value="快进">
        <input type="button" onclick="back();" value="快退">
        <input type="button" onclick="pause();" value="暂停">
        <input type="button" onclick="stop();" value="停止">
```

```
        </body>
</html>
```

audioAndJS.html 在浏览器中的显示结果如图 4-2 所示,当单击相应按钮时会实现相应功能。

图 4-2 audioAndJS.html 的显示结果

4.2 视频

4.2.1 视频格式

视频格式是视频播放软件为了能够播放视频文件而赋予视频文件的一种识别符号。常见的视频格式主要包括 AVI、WMV、MPEG、QuickTime 等。

1. AVI

AVI(Audio Video Interleaved)视频的扩展名为.avi,由微软开发,所有运行 Widnows 操作系统的计算机都支持 AVI 格式,但非 Windows 操作系统的计算机对 AVI 格式的支持并不理想。

2. WMV

WMV(Windows Media Video)视频的扩展名为.wmv,即 Windows Media 格式,是由微软开发的,在互联网上很常见,但是需要安装免费的额外组件才能正常播放。

3. MPEG

MPEG(Moving Pictures Expert Group)视频的扩展名为.mpg 或者.mpeg,是互联网上流行的视频格式,跨平台,得到了所有流行的浏览器的支持。

4. QuickTime

QuickTime 视频的扩展名为.mov,是由苹果公司开发的,是互联网上常见的视频格式,但是 QuickTime 视频不能在没有安装组件的 Windows 操作系统的计算机上播放。

5. RealVideo

RealVideo 视频的扩展名为.rm 或.ram,是由 Real Media 针对互联网开发的,该格式的视频是低带宽优先的,因此常会降低视频质量。

6. Flash

Flash(Shockwave)视频的扩展名为.swf 或者.flv,是由 Macromedia 开发的,Shockwave 格式需要额外的插件才能播放。

7. MPEG-4

MPEG-4（with H.264 Video Compression）视频的扩展名为.mp4，是一种针对互联网的新格式。事实上，YouTube 推荐使用.mp4 格式。YouTube 接受多种格式，然后全部转换为.flv 或.mp4 格式以供分发。越来越多的视频创作者倾向于使用.mp4 格式，将其作为 Flash 播放器和 HTML5 的互联网共享格式。

4.2.2　video 元素

HTML5 中提供了 video 元素向网页中添加视频，可以支持 MP4、WebM、Ogg 三种格式的视频。video 元素插入单个资源视频的使用方法如下：

```
<video src = "src" controls = "controls">
    你的浏览器不支持 video 元素
</video>
```

`<video>`与`</video>`之间的内容是供不支持 video 元素的浏览器显示的。

video 元素允许插入多个资源视频，浏览器将使用第一个可以识别的格式，使用方法如下：

```
<video controls = "controls">
    <source src = "src1" type = "video/ogg"/>
    <source src = "src2" type = "video/mp4"/>
    …
</video>
```

video 元素的属性与 audio 元素类似，主要属性如下。

- autoplay：视频就绪后马上播放。
- controls：向用户显示播放控制按钮。
- height：视频播放器的高度。
- loop：循环播放。
- muted：静音。
- poster：规定视频正在下载时显示图像，直到单击播放按钮。
- preload：视频在页面加载时进行加载，并预备播放。
- src：视频的 URL。
- width：视频播放器的宽度。

video 元素的使用可参考 video.html。

video.html 的代码如下：

```
<!DOCTYPE html>
<html>
    <head>
        <meta charset = "UTF-8">
        <title>video 的使用</title>
    </head>
    <body>
        <h1>瀑布</h1>
        <video src = "media/waterfall.mp4" type = "video/mp4" height = "300px" controls>
```

```
                    你的浏览器不支持 video 元素
            </video>
    </body>
</html>
```

在浏览器中打开 video.html,可以播放视频。

4.3 Web Storage

在 HTML5 之前,如果开发者要在客户端存储少量数据,只能使用 Cookie 实现,Cookie 通过 HTTP Headers 从服务器端返回浏览器。首先,服务器端在响应中利用 Set-Cookie header 来创建 Cookie,然后,浏览器在它的请求中通过 Cookie header 包含已经创建的 Cookie,并且将它返回服务器,从而完成客户端的验证。

Cookie 的兼容性较好,其优点主要如下:
- 可以灵活地配置 Cookie 的过期时间,可以设置 Cookie 浏览器会话结束失效,也可以设置其永久有效。
- 不需要任何服务器资源。
- Cookie 是一种基于文本的轻量级结构,包含简单的键-值对。

但是使用 Cookie 也有一些弊端,主要表现如下:
- Cookie 会被附加到 HTTP 请求中发送到服务器,无形中会增加流量。
- HTTP 请求中的 Cookie 是明文传递的,存在一定的安全问题。
- Cookie 的大小被限制为 4KB,不适用于复杂的存储需求。

关于 Cookie 的内容,本书后文有更详细的介绍。

HTML5 中提出了新的 Web 存储方案,即 Web Storage 和 Web SQL。Web Storage 可以将信息以键-值对的形式保存到客户端。Web Storage 提供了两种在客户端存储数据的方法,即 localStorage 和 sessionStorage。二者非常类似,区别仅在于生存周期不同。localStorage 是一种没有时间限制的存储方式,除非主动删除数据,否则数据可以永远有效,因此 localStorage 可用于本地持久化存储。sessionStorage 的生存周期是会话周期,存储数据在同一个会话周期内的页面可以访问,当会话结束后,数据随之失效。Web Storage 数据存储机制相比于 Cookie 有明显的优势,主要表现如下。
- 存储空间的大小一般为 5~10MB,与具体的浏览器有关。
- 内容仅存储在客户端本地,不会被发送到服务器。
- 提供了更丰富、更易用的接口,操作更加方便。

1. Web Storage 的方法

Web Storage 的方法如下。
- setItem(key,value):将数据存储到指定键对应的位置。如果值已经存在,则替换原值。
- getItem(key):根据给定的键返回相应的值。也可以将 storage 对象作为数组,通过下标访问。如果指定的键不存在,则返回 null。
- removeItem(key):删除指定键对应的值。如果没有指定的键值,则不执行任何操作。
- clear()：删除 storage 对象存储列表中的所有数据。如果 storage 对象中没有存储数据，则不执行任何操作。

2. Web Storage 的属性

Web Storage 的属性如下。
- length：获取当前 storage 对象中存储键-值对的数量。
- key(index)：获取指定位置的键值，index 从 0 开始，到 length－1 结束。

3. Web Storage 的事件

Web Storage 提供了事件通知机制，可以将数据更新通知发送给监听者。当 Web Storage 存储区域的数据真正发生变化时，会触发 storage 事件。如果当前的存储区域为空，则调用 clear()方法不会触发 storage 事件。如果通过 setItem()方法设置的键值与原键值相同，则不会触发 storage 事件。无论监听窗口本身是否有数据变化，与数据发生变化的同源的每个窗口的 window 对象都会触发 storage 事件。因此，storage 事件可用于同源的多页面之间相互通信。Web Storage 的事件对象 event 的属性如下。
- key：值发生变化（被更新或者被删除）的键。
- oldValue：更新前的键值。如果是新添加的数据，则 oldValue 为 null。
- newValue：更新后的键值。如果是新删除的数据，则 newValue 为 null。
- url：storage 事件发生的源。
- storageArea：该属性是一个引用，指向值发生改变的 localStorage 或者 sessionStorage 对象。

关于 Web Storage 需要注意以下几点：
- Web Storage 存储的键和值都只能是字符串。
- 不同的浏览器无法共享 localStorage 或 sessionStorage 中的信息。相同的浏览器的不同页面间可以共享 localStorage，但是不同页面或标签页间无法共享 sessionStorage 的信息。页面及标签页仅指顶级窗口，如果一个标签页包含多个 iframe 标签且属于同源页面，那么可以共享 sessionStorage。

localStorage 的使用示例可参考 localStorage.html。

localStorage.html 的代码如下：

```html
<!DOCTYPE html>
<html>
    <head>
        <meta charset="UTF-8">
        <title>localStorage</title>
        <script type="text/javascript">
            function save(){
                var local = document.getElementById("local").value;
                localStorage.setItem("local",local);
            }
            function read(){
                var local = localStorage.getItem("local");
                document.getElementById("localMsg").innerHTML = local;
            }
```

```html
            </script>
        </head>
        <body>
            <h1>localStorage</h1>
            <input type="text" id="local" />
            <input type="button" value="Save" onclick="save()" />
            <input type="button" value="Read" onclick="read()" />
            <p id="localMsg"/>
        </body>
</html>
```

localStorage.html 在浏览器中的显示结果如图 4-3 所示,既可以将页面上的新值保存到 localStorage 中,也可以将 localStorage 中的值读取到页面上显示。

图 4-3 localStorage.html 的显示结果

使用 sessionStorage 实现计数器的示例可参考 sessionStorage.html。

sessionStorage.html 的代码如下:

```html
<!DOCTYPE html>
<html>
    <head>
        <meta charset="UTF-8">
        <title>sessionStorage</title>
        <script>
            function count() {
                if(typeof(Storage) !== "undefined") {
                    if(sessionStorage.getItem("clickCount")) {
                        sessionStorage.setItem("clickCount", Number(sessionStorage.getItem("clickCount")) + 1);
                    } else {
                        sessionStorage.setItem("clickCount", 1);
                    }
                    document.getElementById("sessionMsg").innerHTML = "当前会话中你已单击了按钮" + sessionStorage.getItem("clickCount") + "次!";
                } else {
                    document.getElementById("sessionMsg").innerHTML = "对不起,你的浏览器不支持 sessionStorage...";
                }
            }
        </script>
```

```
    </head>
    <body>
        <p><input type="button" onclick="count()" value="Button"></p>
        <div id="sessionMsg"></div>
        <p>单击按钮,观察单击次数</p>
    </body>
</html>
```

单击按钮一次后的 sessionStorage.html 的显示结果如图 4-4 所示,重复单击按钮时,可以显示单击按钮的总次数,只要当前会话有效,单击按钮的次数可以累加。

图 4-4　sessionStorage.html 的显示结果

4.4　Web SQL

观看视频

Web Storage 通过键-值对的形式保存数据,在 HTML5 中还可以使用 Web SQL 以数据库的形式存储数据,目前主流的浏览器都已经支持 Web SQL。Web SQL API 并不是 HTML5 中规范的一部分,而是一个独立的规范,它引入了一组使用 SQL 操作客户端数据库的 API。

1. Web SQL 的方法

(1) 打开现有的数据库或者新建数据库的方法为 openDatabase(name,version,display,estimatedSize),其中,name 为数据库名字,version 为数据库版本号,display 为数据库描述,estimatedSize 为预估的数据库大小。例如:

```
var db = openDatabase("mydb", "1.0", "test Web SQL", 1024 * 1024);
```

(2) 事务处理的方法为 transaction()。

(3) 执行 SQL 语句的方法为 executeSql()。

2. 创建数据表

```
db.transaction(function(tx) {
    tx.executeSql("CREATE TABLE IF NOT EXISTS USER (id unique, name)");
});
```

3. 插入数据

静态插入数据表的记录:

```
db.transaction(function(tx) {
    tx.executeSql("INSERT INTO USER (id, name) VALUES (1, 'zhangsan')");
    tx.executeSql("INSERT INTO USER (id, name) VALUES (2, 'lisi')");
});
```

动态插入数据表的记录:

```
db.transaction(function(tx) {
    tx.executeSql("INSERT INTO LOGS (id, log) VALUES (?, ?) ", [eid, ename]);
});
```

其中,eid 和 ename 为外部变量。

4. 删除数据

静态删除记录:

```
db.transaction(function(tx) {
    tx.executeSql("DELETE FROM USER WHERE id = 1");
});
```

动态删除记录:

```
db.transaction(function(tx) {
    tx.executeSql("DELETE FROM LOGS WHERE id = ?", [id]);
});
```

其中,[]内的 id 为外部变量。

5. 修改数据

静态修改记录:

```
db.transaction(function(tx) {
    tx.executeSql("UPDATE USER SET name = 'zhanghua' WHERE id = 2");
});
```

动态修改记录:

```
db.transaction(function(tx) {
    tx.executeSql("UPDATE USER SET name = 'zhanghua' WHERE id = ?", [id]);
});
```

6. 查询数据

```
db.transaction(function(tx) {
    tx.executeSql("SELECT * FROM USER", [ ], function(tx, results) {
        var len = results.rows.length;
        msg = "<p>查询记录条数:" + len + "</p>";
        document.getElementById("result").innerHTML += msg;
        for(i = 0; i < len; i++) {
            msg = "<p><b>" + results.rows[i].id + "  " + results.rows[i].name + "</b></p>";
        }
    }, null);
});
```

使用 Web SQL 连接数据库、创建数据表、插入记录、查询记录的示例可参考 WebSQL1.html。

WebSQL1.html 的代码如下：

```
<!DOCTYPE html>
<html>
    <head>
        <meta charset="UTF-8">
        <title>WebSQL应用</title>
        <script type="text/javascript">
            var db = openDatabase("mydb", "version 1.0", "test Web SQL", 1024 * 1024);
            function save() {
                db.transaction(function(tx) {
                    tx.executeSql("CREATE TABLE IF NOT EXISTS USER(id unique,name)");
                    tx.executeSql("INSERT INTO USER(id,name) VALUES(1,'wangnana')");
                    tx.executeSql("INSERT INTO USER(id,name) VALUES(2,'limei')");
                    tx.executeSql("INSERT INTO USER(id,name) VALUES(3,'wangmingming')");
                    tx.executeSql("INSERT INTO USER(id,name) VALUES(4,'zhenglan')");
                    var msg = "完成数据插入";
                    document.getElementById("msg").innerHTML = msg;
                });
            }
            function show() {
                db.transaction(function(tx) {
                    tx.executeSql("SELECT * FROM USER", [], function(tx, results) {
                        var len = results.rows.length;
                        var i;
                        var msg;
                        msg = "查询记录数:" + len + "行<br />";
                        for(i = 0; i < len; i++) {
                            msg = msg + results.rows.item(i).id + "  " + results.rows.item(i).name + "<br />";
                        }
                        document.getElementById("msg").innerHTML = msg;
                    }, null);
                });
            }
        </script>
    </head>
    <body>
        <input type="button" value="插入数据" onclick="save()" />  
        <input type="button" value="读取数据" onclick="show()" />
        <hr />
        <div id="msg"></div>
    </body>
</html>
```

WebSQL1.html 在浏览器中的显示结果如图 4-5 所示。插入数据后显示数据的结果如图 4-6 所示。

使用 Web SQL 动态保存数据的示例可参照 WebSQL2.html。

图 4-5　WebSQL1.html 的显示结果　　　　图 4-6　显示数据的结果

WebSQL2.html 的代码如下：

```html
<!DOCTYPE html>
<html>
    <head>
        <meta charset="UTF-8">
        <title>动态保存数据</title>
        <style type="text/css">
            input {
                width: 100px;
            }
        </style>
        <script type="text/javascript">
            var db = openDatabase("mydb", "version 1.0", "test Web SQL", 1024 * 1024);
            db.transaction(function(tx) {
                tx.executeSql("CREATE TABLE IF NOT EXISTS USER(id unique,name)");
            });

            function save() {
                var id = document.getElementById("id").value;
                var name = document.getElementById("name").value;
                db.transaction(function(tx) {
                    tx.executeSql("CREATE TABLE IF NOT EXISTS USER(id unique,name)");
                    tx.executeSql("INSERT INTO USER(id,name) VALUES(?,?)", [id, name]);
                    var msg = "完成数据插入";
                    document.getElementById("msg").innerHTML = msg;
                });
            }
            function show() {
                db.transaction(function(tx) {
                    tx.executeSql("SELECT * FROM USER", [], function(tx, results) {
                        var len = results.rows.length;
                        var i;
                        var msg;
                        msg = "查询记录数:" + len + "行<br />";
                        for(i = 0; i < len; i++) {
                            msg = msg + results.rows.item(i).id + "  " + results.rows.item(i).name + "<br />";
```

```
                    document.getElementById("msg").innerHTML = msg;
                }, null);
            });
        }
    </script>
</head>
<body>
    id(1~10):<input type="number" required min="1" max="10" id="id" /><br /><br />
    name:
    <input type="text" required id="name" /><br /><br />
    <input type="button" value="保存数据" onclick="save()" />  
    <input type="button" value="读取数据" onclick="show()" />
    <hr />
    <div id="msg"></div>
</body>
</html>
```

在浏览器中打开 WebSQL2.html，没有保存数据之前读取数据的显示结果如图 4-7 所示。保存 3 条记录之后读取数据的显示结果如图 4-8 所示。

图 4-7　没有数据时的显示结果

图 4-8　保存数据之后的显示结果

依照上述例子还可以完成数据的查询和删除，感兴趣的读者可以自行完成，在此不再赘述。

注意：如果不是绝对需要，建议不要使用 Web SQL，因为它会使代码更加复杂。在大多数情况下，localStorage 和 sessionStorage 就可以完成必要的存储任务，尤其是 localStorage 能够完成对象持久化的本地存储。

小结

- HTML5 中可以通过 audio 元素在页面中插入音频，不需要任何插件的支持就可以播放音频。
- HTML5 中可以通过 video 元素在页面中插入视频，不需要任何插件的支持就可以播放视频。

- HTML5提供了Web Storage和Web SQL实现本地化数据存储。
- Web Storage提供了两种在客户端存储数据的方法,分别为localStorage和sessionStorage。
- localStorage可以实现持久化本地数据存储。
- sessionStorage存储的数据只在当前会话内有效,会话失效时,数据也随之失效。
- 使用Web SQL可以在客户端创建数据库、打开数据表、插入记录、修改记录、删除记录、查询记录等。

习题

1. 用于播放视频的HTML5元素是(　　)。
   A. <movie>　　　B. <media>　　　C. <video>　　　D. <mp3>
2. 用于播放音频的HTML5元素是(　　)。
   A. <mp3>　　　B. <audio>　　　C. <sound>　　　D. <video>
3. HTML5不支持的视频格式是(　　)。
   A. OGG　　　B. MP4　　　C. FLV　　　D. WebM
4. 下列(　　)不是HTML5特有的存储类型。
   A. localStorage　　　　　　　　B. Cookie
   C. Application Cache　　　　　D. sessionStorage
5. 下列关于HTML5中video元素的说法正确的是(　　)。
   A. 当前,video元素支持3种视频格式,即OGG、MP3、WebM
   B. source元素可以添加多个资源,浏览器将播放第一个可以识别类型的资源
   C. loop属性可以使媒体自动播放
   D. 以上说法都正确
6. Web Storage提供了哪两种本地存储的方法?二者有什么区别?
7. localStorage提供了哪些常用的方法?各有什么作用?

第5章 离线应用和Web Workers

5.1 HTML5 离线应用概述

Web 应用程序的资源都是存储在 Web 服务器上的,如果客户端无法连接网络,或者 Web 服务器不能提供服务,又或者网速较慢,那么传统的 Web 应用程序就无法运行了。目前,基于 Web 的应用程序越来越普遍,也越来越复杂,因此访问 Web 应用程序的速度就显得尤为重要。提高 Web 应用程序的访问速度有许多方法,网页缓存是其中之一,但是网页缓存仍然要依靠互联网,并且因便携性和网络性能等原因,网页缓存对移动 Web 应用程序的实际效果影响并不大。

HTML5 离线缓存又名为 ApplicationCache,是从浏览器的缓存中分出来一块缓存区,用来存储一定的资源,属于 HTML5 的新特性。HTML5 使用离线缓存机制,将构成 Web 应用程序的资源文件,例如 HTML 文件、CSS 文件、JavaScript 脚本等存储到本地缓存中,这样可以使 Web 应用程序在离线状态时也能正常工作。

Web 应用程序的离线缓存和浏览器的网页缓存有明显的区别,主要表现为以下几点。

1. 缓存目标

离线缓存的目标是整个 Web 应用程序,而浏览器的网页缓存针对的是单个网页。任何网页都具有网页缓存,而离线缓存只会保存指定的资源。

2. 安全性

离线缓存的安全性优于浏览器网页缓存。浏览器网页缓存是强制进行的。而对于离线缓存,可以指定被缓存的资源,还可以利用编程手段来控制缓存的更新,可以利用缓存对象的各种属性、状态和事件来开发 Web 应用程序。

3. 对互联网的依赖

有些网页缓存会主动保存缓存文件以加快网站的加载速度,但是必须有有效的网络连接。如果启动了网页缓存,但是没有有效的网络连接,则客户端会收到无法连接到服务器的错误提示信息。而对于离线缓存来说,可以在有网络连接时从服务器获取指定的资源;当无网络连接时,利用离线缓存的资源仍然可以访问 Web 应用程序。

5.2 ApplicationCache 对象

JavaScript 为 HTML5 的离线存储这一新特性提供了专门的接口,即 AppliationCache

API。当把缓存文件保存到本地时,如果缓存的文件有更新,需要更新本地的缓存文件。利用 ApplicationCache API 可以动态地控制缓存。新的 window.applicationCache 对象可以触发一系列与缓存状态有关的事件。applicationCache 对象和缓存宿主的关系是一一对应的,window 对象的 applicationCache 属性会返回关联 window 对象的活动文档的 ApplicationCache 对象。

HTML5 的新特性并没有得到所有浏览器的支持,离线缓存也一样。IE 9 及 IE 9 以下的浏览器目前不支持离线缓存。可以使用以下代码检测客户端的浏览器是否支持离线缓存。

```
<script type="text/javascript">
    if(window.applicationCache){
        alert("支持离线缓存");
    }
    else{
        alert("不支持离线缓存");
    }
</script>
```

5.2.1 属性

applicationCache 对象的 status 属性可以返回当前 applicationCache 的状态,它的可取值及其解释如下。

- 0:表示 uncached,即未缓存,applicationCache 对象的缓存宿主与应用缓存无关联。
- 1:表示 idle,即空闲,应用缓存已经是最新的,并且没有标记为 obsolete。
- 2:表示 checking,即检查中,applicationCache 对象的缓存宿主已经和一个应用缓存关联,并且该缓存的更新状态是 checking。
- 3:表示 downloading,即下载中,applicationCache 对象的缓存宿主已经和一个应用缓存关联,并且该缓存的更新状态是 downloading。
- 4:表示 updateready,即更新就绪,applicationCache 对象的缓存宿主已经和一个应用缓存关联,并且该缓存的更新状态是 idle,并且没有标记为 obsolete,但是缓存不是最新的。
- 5:表示 obsolete,即过期,applicationCache 对象的缓存宿主已经和一个应用缓存关联,并且该缓存的更新状态是 obsolete。

如果 Web 应用程序没有使用离线缓存,即没有指定缓存清单,则这些页面的状态就是 uncached(未缓存)。idle(空闲)是缓存清单中资源的典型状态,处于空闲状态说明应用程序的所有资源已经缓存,当前不需要更新。如果缓存曾经是有效的,但是当前状态下缓存清单已经丢失,则缓存进入 obsolete(过期)状态。

5.2.2 事件

对于不同的状态,ApplicationCache API 提供了特定的事件和回调特性,例如当缓存更新完成进入空闲状态时,会触发 cached 事件。applicationCache 缓存对象的事件如下。

- checking:当检查更新时,或者第一次下载 manifest 清单时,checking 事件第一个被触发。
- noupdate：当检查到manifest清单文件不需要更新时，触发该事件。
- downloading：第一次下载或者更新manifest清单时，触发该事件。
- progress：该事件与downloading事件类似，但downloading事件只触发一次，progress事件在清单文件下载过程中可以周期性被触发。
- cached：当manifest清单文件下载完毕及成功缓存后，触发该事件。
- updateready：此事件的含义表示缓存清单文件已经下载完毕，可通过重新加载页面读取缓存文件或者通过swapCache()方法切换到新的缓存文件。
- obsolete：当访问manifest缓存文件返回HTTP404错误（请求的资源找不到或者已经被删除）或者410错误（请求的资源已经被删除）时，触发该事件。

5.3 离线缓存的实现

观看视频

使用离线缓存需要经过以下几个步骤。

1. 配置服务器manifest文件的MIME类型

离线存储通过manifest文件来管理，需要Web服务器的支持，不同的Web服务器的配置方式不同。以Tomcat服务器为例，需要修改web.xml文件，web.xml文件一般位于Tomcat安装目录下的conf目录下，需要在web.xml文件中添加以下代码：

```
<mime-mapping>
    <extension>manifest</extension>
    <mime-type>text/cache-manifest</mime-type>
</mime-mapping>
```

注意：<extension>标签和</extension>标签中的内容必须和manifest清单文件的后缀名完全一致。

2. 编写manifest文件

离线缓存的Web应用程序中包括一个manifest清单文件，此文件实际上是一个文本文件，列出了需要离线缓存的所有资源。manifest文件的第一行必须以CACHE MANIFEST开头，注释以♯开头。例如下列代码为一个完整的manifest文件的内容。

```
CACHE MANIFEST
#version 1.0
index.html
css/my.css
image/f1.jpg
image/f2.jpg
js/min.js
NETWORK:
image/button.jpg
CACHE:
image/girl.jpg
FALLBACK:
/app/ajax/ default.html
```

manifest文件可以分为3部分，分别是CACHE MANIFEST、NETWORK和

FALLBACK。在以上代码中，第一行是必需的。如果 manifest 文件以及 manifest 文件所列出的资源无法加载，则整个缓存的更新过程无法进行，浏览器会使用最后一次成功的缓存。在 CACHE MANIFEST 下列出的资源将在首次访问后缓存到本地。在 NETWORK 下列出的文件，每次访问都需要与服务器连接，从服务器获取资源，并且不会被缓存。NETWORK 是每次都需要请求服务器加载的文件，可以使用星号来指示其他所有资源/文件都需要互联网连接。在 FALLBACK 下列出的文件指定无法建立网络连接时的回退页面，例如上述代码中如果无法访问/app/ajax/下的资源，则使用 default.html 替代其内容。CACHE、NETWORK、FALLBACK 在 manifest 中的顺序是任意的，每一部分都可以出现一次或多次。CACHE 是必需的，NETWORK 和 FALLBACK 是可选的。

3. 在页面的 html 标签中定义 manifest 属性引用 manifest 文件

manifest 属性规定了文档的缓存 manifest 的地址，Web 应用程序中每个要缓存的资源页面都要包含 manifest 属性。可以使用绝对的 URL，例如 http://www.example.com/demo.manifest；也可以使用相对的 URL，例如 demo.manifest。

5.4 离线缓存的更新

如果已经完成了 Web 服务器的配置、manifest 文件的编写、html 标签 manifest 属性的设置，则 manifest 文件中指定的资源可以实现离线缓存。但是如果 Web 应用程序的内容发生了更改，并且已上传到服务器，则客户端访问服务器时看不到最新的结果，这是因为 HTML5 的离线缓存还没有更新。更新 HTML5 的离线缓存主要有 3 种方法。

1. 清除离线缓存的资源

不同的浏览器清除离线缓存资源的方法不一定相同，有的浏览器只清除历史记录，无法清除离线缓存的资源。以 Chrome 浏览器为例，输入 chrome://appcache-internals/，可以查看本地的离线缓存，也可以进行删除。

2. 更新 manifest 文件

浏览器检测到 manifest 文件更新后，会主动更新本地缓存。假如没有更新 manifest 文件，即使对缓存清单中的资源进行了修改，浏览器依旧会顽强地从本地缓存中读取修改之前的文件。在 manifest 文件中，以＃开头的是注释行，但也可以满足其他用途。例如修改注释行中的日期和版本号是一种使浏览器重新缓存文件的办法。

3. 使用 applicationCache 对象的 update() 方法更新资源

如果要以编程的方式更新缓存，并且已经更新了 manifest 文件，则需要先调用 applicationCache.update() 方法，此操作将尝试更新用户的缓存。然后，当 applicationCache.status 处于 UPDATEREADY 状态时，调用 applicationCache.swapCache() 即可将原缓存换成新缓存。例如：

```
var appCache = window.applicationCache;
appCache.update();
…
if (appCache.status == window.applicationCache.UPDATEREADY) {
    appCache.swapCache();
}
```

以上方式只是使浏览器检查是否有新的 manifest 清单、下载指定的更新内容以及更新离线缓存。如果要向用户提供最新的资源，还需要两次重新加载资源，一次是获得新的应用缓存，另一次是刷新资源。

要避免重新加载资源的麻烦，可以使用监听器，以监听网页加载时的 updateready 事件。例如：

```
window.addEventListener("load", function(e) {
    window.applicationCache.addEventListener("updateready", function(e) {
        if (window.applicationCache.status == window.applicationCache.UPDATEREADY) {
            window.applicationCache.swapCache();
            if(confirm("服务器有更新,是否重新装载?")) {
                window.location.reload();
            }
        } else {
            console.log("manifest 没有改变");
        }
    }, false);
}, false);
```

5.5 离线缓存应用示例

观看视频

5.5.1 缓存首页

本示例为一个简单的首页缓存。首先新建 Web 应用程序 ch05，并创建首页 index.html，及其引用的样式表 my.css。配置 Tomcat 服务器的 manifest 清单文件的 MIME 类型。然后创建 manifest 文件，命名为 index.manifest。最后在 index.html 的 html 标签中添加 manifest 属性，并指明使用的 manifest 清单。使用 JavaScript 实现自动更新。全部完成以后的各文件代码如下。

index.html 的代码如下：

```
<!DOCTYPE html>
<html manifest="index.manifest">
    <head>
        <title>缓存首页</title>
        <link rel="stylesheet" type="text/css" href="css/my.css">
        <script type="text/javascript">
            window.addEventListener("load", function(e) {
                window.applicationCache.addEventListener("updateready", function(e) {
                    if (window.applicationCache.status == window.applicationCache.UPDATEREADY) {
                        window.applicationCache.swapCache();
                        if(confirm("服务器有新版本的资源,是否加载?")) {
                            window.location.reload();
                        }
                    } else {
                        console.log("manifest 没有改变");
```

```
                    }
                },false);
            },false);
        </script>
    </head>
    <body>
        <h1>这是我的首页!</h1>
    </body>
</html>
```

my.css 的代码如下:

```
@CHARSET "UTF-8";
h1{
    color:green;
}
```

index.manifest 的代码如下:

```
CACHE MANIFEST
#version 1.0
CACHE:
    index.html
    css/my.css
NETWORK:
    *
FALLBACK:
```

图 5-1 index.html 的显示结果

在 Tomcat 服务器上部署 Web 应用程序 ch05,启动 Tomcat 服务器,请求 index.html 的显示结果如图 5-1 所示。

如果停止运行 Tomcat 服务器,继续在浏览器中请求 index.html,则显示结果仍然如图 5-1 所示。如果没有使用离线缓存 index.html,则此时会显示服务器连接错误的提示。

如果要更新 index.html 或者 my.css,则需要同时更新 manifest 清单。例如将 my.css 中 h1 的 color 更改为 red,同时将 manifest 清单中的版本号更改为#version 1.1,重新请求 index.html 时会弹出对话框提示服务器有新的资源,是否重新装载,如果选择是,则会以新的样式表渲染 index.html。

5.5.2 缓存图像

与缓存首页类似,可以将 Web 应用程序中的图像等资源缓存,对应的文件代码分别如下。
image.html 的代码如下:

```
<!DOCTYPE html>
<html manifest="image.manifest">
```

```html
    <head>
        <meta charset = "UTF - 8">
        <title>缓存图像</title>
        <script type = "text/javascript">
            window.addEventListener("load", function(e) {
                window.applicationCache.addEventListener("updateready", function(e) {
                    if( window.applicationCache.status == window.applicationCache.UPDATEREADY) {
                        window.applicationCache.swapCache();
                        if(confirm("服务器有新版本的资源,是否加载?")) {
                            window.location.reload();
                        }
                    } else {
                        console.log("manifest 没有改变");
                    }
                }, false);
            }, false);
        </script>
    </head>
    <body>
        < img src = "image/back1.jpg" width = "120" />
        < img src = "image/back2.jpg" width = "120" />
    </body>
</html>
```

image.manifest 的代码如下:

```
CACHE MANIFEST
# version 1.0
CACHE:
    image.html
    image/back1.jpg
NETWORK:
    *
FALLBACK:
```

在网页 image.html 中引用的两幅图像 back1.jpg 和 back2.jpg,对 back1.jpg 进行了离线缓存,但是 back2.jpg 没有离线缓存。当 Web 服务器可以访问时,image.html 的显示结果如图 5-2 所示,此时两幅图像都可以正常显示。当 Web 服务器停止运行时,image.html 的显示结果如图 5-3 所示,此时只有第一幅图像 back1.jpg 可以正常显示,第二幅图像因为没有离线缓存,所以在离线状态不能正常访问。

图 5-2 image.html 在线状态时的显示结果　　图 5-3 image.html 离线状态时的显示结果

5.6 Web Workers

在之前的 Web 应用程序中,由于所有的处理都是单线程执行的,如果脚本的运行时间较长,则界面会一直处于停止响应的状态,因此用户的体验效果不理想。Web Workers 为网页的脚本提供了一种在后台进程中运行的方法。Web Workers 是运行在后台的 JavaScript,不会影响前台页面的性能。Web Workers 运行期间,页面的单击、选取内容等不受影响。

观看视频

5.6.1 Web Workers 概述

Web Workers 允许开发人员编写能够长时间运行而不被用户中断的后台程序,用于执行事务或者逻辑,并同时保证页面对用户的及时响应。Web Workers 为 Web 前端网页上的脚本提供了一种能在后台进程中运行的方法。一旦它被创建,Web Workers 就可以通过 postMessage()方法向任务池发送任务请求,执行完之后再通过 postMessage()方法返回消息给创建者指定的事件处理程序。Web Workers 进程能够在不影响用户界面的情况下处理任务,并且,它还可以使用 XMLHttpRequest 来处理 I/O。但是,后台进程不能对 DOM 进行操作。如果希望后台程序处理的结果能够改变 DOM,只能通过返回消息给创建者的回调函数进行处理。

利用 Web Workers 可以做以下事情:

- 可以加载一个 JavaScript 文件进行大量的复杂计算而不挂起主进程,并通过 postMessage、onMessage 进行通信。
- 可以在 Worker 中通过 importScripts(url)加载其他的脚本文件。
- 可以使用 setTimeout()、clearTimeout()、setInterval()和 clearInterval()方法。
- 可以使用 XMLHttpRequest 进行异步请求。
- 可以访问 navigator 的部分属性。
- 可以使用 JavaScript 的核心对象。

但是 Web Workers 也存在一些局限性,主要表现如下:

- 不能跨域加载 JavaScript。
- Worker 内的代码不能访问 DOM。
- 各个浏览器对 Web Workers 的实现不完全一致。
- 某些浏览器不支持 Web Workers,例如 IE 11 之前的浏览器。

5.6.2 Web Workers 成员

要使用 Web Workers 必须创建 Web Workers 对象,并传入希望执行的 JavaScript 文件。

HTML5 中的 Web Workers 分为两种不同的线程类型,一种称为专用线程(Dedicated Worker),另一种称为共享线程(Shared Worker),Shared Worker 也是 Worker,但是多个页面可以共用一个 Shared Worker 后台线程,并且可以通过该后台线程共享数据。

创建 Worker 的代码如下:

```
var worker = new Worker(url);
```
url 用于指定后台 JavaScript 脚本文件的 URL 地址。

创建 Shared Worker 的方法与创建 Worker 的方法类似,只是构造器略有不同。

```
var worker = new SharedWorker(url, [name]);
```

该方法的第一个参数用于指定后台线程文件的 URL 地址,该脚本文件中定义了后台线程要执行的处理。第二个参数可选,用于指定 Worker 的名称。当用户创建多个 Shared Worker 对象时,脚本程序将根据创建 Shared Worker 对象时使用的 url 参数与 name 参数来确定是否创建不同的线程。

Web Workers 对象发送的消息和错误信息需要使用事件监听器监听。如果要在 Web Workers 和页面之间通信,则需要通过 postMessage()函数传递。在线程调用的 JavaScript 脚本文件中,所有可用的变量、函数与类如下。

- self:表示本线程范围内的作用域。
- postMessage(message):向创建线程的源窗口发送信息。
- onmessage:获取接收消息的事件句柄。
- importScript(urls):导入其他的 JavaScript 脚本文件。
- navigator 对象:与 window.navigator 对象类似,可以用来标识浏览器的字符。
- sessionStorage 和 localStorage:在线程中可以使用的 Web Storage。
- XMLHttpRequest:在线程中可以处理 AJAX 请求。
- Web Workers:在线程中可以嵌套线程。
- setTimeout()、setInterval()、clearTimeout()和 clearInterval():在线程中可以实现定时处理。
- close:结束本线程。
- eval()、isNaN()、escape()等:可以使用的所有 JavaScript 核心函数。
- object:可以使用本地对象。
- WebSockets:可以使用 WebSockets API 向服务器发送消息和从服务器接收消息。

5.6.3 Web Workers 示例

1. 本示例使用 Web Workers 完成较烦琐的计算

1) 在主程序 computeMain.html 中创建 Worker 实例

computeMain.html 的代码如下:

```
<!DOCTYPE html>
    <head>
        <meta charset = "UTF - 8">
        <title>计算</title>
        <script type = "text/JavaScript">
            function init() {
                //创建执行运算的线程
                var worker = new Worker("js/compute.js");
                //接收从线程中传出的计算结果
                worker.onmessage = function(event) {
```

```
            //使用DIV显示计算结果
            document.getElementById("result").innerHTML += event.data + "<br />";
        };
        </script>
    </head>
    <body onload = "init()">
        <div id = "result"></div>
    </body>
</html>
```

2）在 compute.js 中调用 postMessage()方法返回计算结果

compute.js 的代码如下：

```
var i = 0;
function count(){
    for(var j = 0, sum = 0; j < 100; j++){
        for(var i = 0; i < 1000000; i++){
            sum += i;
        }
    }
    //向主线程发送消息
    postMessage(sum);
}
postMessage("计算之前的时间:" + new Date());
count();
postMessage("计算之后的时间:" + new Date());
close();
```

3）演示结果

在 Chrome 浏览器中请求 computeMain.html，其显示结果如图 5-4 所示。由于计算是在后台线程进行的，因此并没有出现停止响应的现象。

图 5-4　computeMain.html 的显示结果

2. 后台生成若干随机数，并将随机数和其中的素数发送到前台

1）主程序

primeNumberMain.html 的代码如下：

```
<!DOCTYPE html>
<html>
    <head>
```

```html
        <meta charset="UTF-8">
        <title>从随机数中选择素数</title>
    </head>
    <body>
        <h2>生成的随机数是:</h2>
        <span id="number"></span>
        <h2>其中的素数是:</h2>
        <span id="result"></span>
        <script type="text/javascript">
            //生成随机数,将结果存入字符串 str,使用分号分隔
            var array = new Array(50);
            var str = "";
            for(var i = 0; i < 50; i++) {
                array[i] = Math.floor((Math.random() * 100));
                if(i != 0)
                    str += ";";
                str = str + array[i];
            }
            document.getElementById("number").innerHTML = str;
            //将生成的随机数发送给后台线程
            var worker = new Worker("js/primeNumber.js");
            worker.postMessage(str);
            //接收后台发送的数据并显示到页面中
            worker.onmessage = function(event) {
                document.getElementById("result").innerHTML = event.data;
            }
        </script>
    </body>
</html>
```

2) 脚本文件

primeNumber.js 的代码如下:

```
onmessage = function(event) {
    var result = "";
    //接收前台传送的数据
    var str = event.data;
    //将字符串分隔成整型数组
    var array = str.split(";");
    //判断素数
    for(var i = 0; i < array.length; i++) {
        var flag = true;
        for(var j = 2; j < array[i]; j++) {
            if(array[i] % j == 0) {
                flag = false;
                break;
            }
        }
        if(flag == true && array[i] >= 2)
            result = result + array[i] + ";";
    }
    //将结果发送到前台
```

```
        postMessage(result);
        //关闭线程
        close();
}
```

3）演示结果

在浏览器中请求 primeNumberMain.html，其显示结果如图 5-5 所示，由于是生成随机数，因此每次刷新显示的结果可能不相同。

图 5-5　primeNumberMain.html 的显示结果

小结

- HTML5 离线缓存又称为 ApplicationCache，是从浏览器的缓存中分出来的一块缓存区，在此缓存区中可以存储一定的资源。
- JavaScript 为 HTML5 的离线存储这一新特性提供了专门的接口，即 ApplicationCache API。
- applicationCache 对象的 status 属性可以返回当前 applicationCache 的状态。
- 对于不同的状态，ApplicationCache API 提供了特定的事件和回调特性，例如当缓存更新完成进入空闲状态时，会触发 cached 事件。
- 使用 HTML5 的离线缓存需要 3 个步骤，分别为配置服务器 manifest 文件的 MIME 类型、编写 manifest 文件、在页面的 html 标签中定义 manifest 属性引用 manifest 文件。
- 可以通过清除离线缓存的资源、更新 manifest 文件、使用 applicationCache 对象的 update()方法更新本地缓存资源。
- Web Workers 允许开发人员编写能够长时间运行而不被中断的后台程序，用于执行事务或者逻辑，同时保证页面对用户的及时响应。
- Web Workers 可以通过 postMessage()方法向任务池发送任务请求，执行完之后再通过 postMessage()方法返回消息给创建者指定的事件处理程序。

习题

1. 创建一个 Worker 线程的方法是（　　）。
   A. new Worker(url);　　　　　　　B. create Worker(url);
   C. start Worker(url);　　　　　　D. set Worker(url);
2. Worker 线程文件中使用（　　）方法向 HTML 页面回传数据。
   A. onMessage()　　　　　　　　　B. getMessage()
   C. postMessage()　　　　　　　　D. 以上都不对
3. 什么是离线的 Web 应用程序？为什么要开发离线的 Web 应用程序？
4. 使用离线缓存需要经过几个步骤？
5. manifest 文件主要包括哪些内容？
6. 实现前台页面和后台线程互相传递数据有几种方法？

第6章 Geolocation地理位置

6.1 概述

有些 Web 应用程序需要获取用户当前的地理位置信息,例如在显示地图时标注自己的当前位置。过去,获取用户的地理位置信息需要借助第三方地址数据库或专业的开发包,例如 Google Gears API。

HTML5 中新增加了地理位置应用程序的接口,即 Geolocation API,它提供了可以准确感知浏览器用户当前位置的方法。如果浏览器支持 Geolocation API,并且设备具有定位功能,就可以直接获取当前的位置信息。Geolocation API 一般用于移动设备的地理定位,并可借助地理定位信息开发相关的 Web 应用程序。

6.1.1 地理位置的表达

浏览器的地理位置实际上就是安装浏览器的硬件设备的位置,例如经度、纬度等。例如:

```
Latitude: 39.17222, Longitude: -120.13778
```

指的是纬度是 39.17222,经度是 -120.13778,经纬度坐标既可以使用上例中的十进制来表示,也可以采用 DMS 角度格式,例如 39°20′。HTML5 Geolocation API 获取的坐标格式为十进制格式。除了纬度和经度之外,还可以获取海拔、精确度、方向、速度、时间戳等地理位置信息。

6.1.2 地理位置的来源

HTML5 的 Geolocation API 不指定哪种底层技术来实现用户的定位,位置信息的来源包括 IP 定位、GPS 定位、WiFi 定位、手机定位、自定义定位等。

1. IP 定位

在 HTML5 Geolocation API 之前,基于 IP 地址的地理定位方法是获得位置信息的唯一方式。基于 IP 的定位通过搜索用户的 IP 地址,然后通过检索用户注册的物理地址确定位置信息。这种方法在服务器端处理,不受地理位置限制,但是返回的位置信息往往不够精确。

2. GPS 定位

GPS(全球定位系统)通过卫星信号实现定位,可以提供很精确的定位,但需要专门的硬件设备,而且GPS定位需要的时间可能比较长,不适合要求快速响应的Web应用程序。

3. WiFi定位

基于WiFi的地理定位信息通过三角距离计算而来,三角距离指的是用户当前的位置到已知的多个WiFi接入点的距离。WiFi定位精确,方便在室内使用,定位简单、快捷,但是在偏远地区等WiFi接入点或者接入点较少的地方定位效果不好。

4. 手机定位

基于手机的定位是通过用户到一些基站的三角距离确定的。这种方法通常和基于WiFi的定位以及基于GPS的定位结合起来使用。手机定位精确,使用方便,但是在基站较少的偏远地区的定位效果不理想。

5. 自定义定位

除了以上方式之外,也允许用户自定义定位。用户可以输入一些表示地理位置的信息,应用程序通过信息确定地理位置。这种方法速度较快,可以获得较精确的定位,但是一旦用户信息发生变化,可能会导致定位过时和定位不准确的后果。

6.2 Geolocation API

观看视频

Geolocation API用于将用户当前的地理位置信息共享给信任的站点,这涉及用户的隐私安全问题,所以当一个站点需要获取用户当前的地理位置信息时,浏览器会提示用户"允许"或者"拒绝"。目前支持Geolocation API的浏览器包括IE 9.0+、FireFox 3.5+、Safari 5.0+、Chrome 5.0+、Opera 10.6+、iPhone 3.0+、Android 2.0+等。

在JavaScript中可以使用navigator.geolocation属性检测浏览器对获取地理位置信息的支持情况。如果navigator.geolocation不为null,则表明当前浏览器支持获取地理位置信息;否则表明不支持。例如:

```
<script type="text/javascript">
    function check(){
        if(navigator.geolocation){
            alert("你的浏览器支持获取地理位置信息!");
        }
        else{
            alert("你的浏览器不支持获取地理位置信息!");
        }
    }
</script>
```

Geolocation API位于navigator对象中,包括3个方法,分别是获取当前地理位置的getCurrentPostion()方法、监视地理位置信息的watchPosition()方法、停止获取地理位置信息的clearWatch()方法。

6.2.1 获取当前地理位置信息

获取用户当前地理位置信息的方法如下:

```
void getCurrentPosition(onSuccess[, onError[, options]]);
```

其中,第一个参数onSuccess是成功获取地理位置信息时执行的回调函数,它是该方法唯一必需的参数；第二个参数 onError 是获取地理位置信息出错时执行的回调函数，在浏览器窗口打开需要获取地理位置的页面时，浏览器会询问用户是否共享位置信息，如果拒绝共享，则会发生错误，如果无法定位地理位置或者连接超时，也会发生错误；第三个参数 options 是配置项，是一些可选参数的列表。第二个参数和第三个参数是可选的。

1. 第一个参数 onSuccess

成功获取位置信息时执行的回调函数的使用方法如下：

```
navigator.geolocation.getCurrentPosition(function(position){
});
```

处理函数中的 position 对象包含用户的地理位置信息，该对象的 coords 子对象包含用户所在的纬度和经度信息，position.coords.latitude 表示纬度，position.coords.longitude 表示经度。在 Firefox 中，position 对象还附带另一个 address 子对象，可以通过 address 子对象访问国家名、城市名甚至街道名，例如 position.address.country、position.address.region、position.address.city 等。

position 对象的属性如下。

- latitude：当前地理位置的纬度。
- longitude：当前地理位置的经度。
- altitude：当前地理位置的海拔高度。
- accuracy：获取到的经度和纬度的精度，单位为米。
- altitudeAccuracy：获取到的海拔高度的精度，单位为米。
- heading：设备的前进方向，用面朝正北方向的顺时针旋转角度表示。
- speed：设备的前进速度，以米/秒为单位。
- timestamp：获取地理位置信息时的时间。

例如 locate1.html，利用 getCurrentPosition()方法获取用户当前位置的纬度和经度。locate1.html 的代码如下：

```
<!DOCTYPE html>
<html>
    <head>
        <meta charset = "UTF-8">
        <title>获取当前地理位置</title>
        <style type = "text/css">
            div,
            input {
                font-size: 20pt;
            }
        </style>
        <script type = "text/javascript">
            function getLocation() {
                if(navigator.geolocation) {
                    navigator.geolocation.getCurrentPosition(function(position) {
                        document.getElementById("msg").innerHTML = "纬度：" + position.coords.latitude +
                            "<br />经度：" + position.coords.longitude;
                    });
```

```
            } else {
                document.getElementById("msg").innerHTML = "浏览器不支持地理定位!";
            }
        }
    </script>
</head>
<body>
    <input type="button" value="定位" onclick="getLocation()" />
    <br /><br />
    <div id="msg"></div>
</body>
</html>
```

在移动端用浏览器请求 locate1.html,当单击"定位"按钮并同意共享位置信息时,其显示结果如图 6-1 所示。

图 6-1 locate1.html 在移动端浏览器的显示结果

2. 第二个参数 onError

如果获取地理位置信息失败,则可以通过 getCurrentPosition()方法的第二个参数 onError 表示的回调函数将错误信息提示给用户。该回调函数使用 error 对象作为参数,该对象具有 code 属性和 message 属性。code 属性的可取值及含义分别如下。

- PERMISSION_DENIED:表示用户拒绝了位置服务。
- POSITION_UNAVAILABLE:表示获取不到位置信息。
- TIMEOUT:表示获取信息超时。
- UNKNOWN_ERROR:表示未知错误。

message 属性为一个包含错误信息的字符串,但是有些浏览器并不支持 message 属性。
例如 locate2.html,如果获取定位信息出错,则提示错误信息。
locate2.html 的代码如下:

```
<!DOCTYPE html>
<html>
    <head>
        <meta charset="UTF-8">
        <title>获取当前地理位置出错</title>
        <style type="text/css">
            div,
            input {
                font-size: 20pt;
            }
        </style>
```

```
            <script type="text/javascript">
                function getLocation() {
                    if(navigator.geolocation) {
                        navigator.geolocation.getCurrentPosition(function(position) {
                            document.getElementById("msg").innerHTML = "纬度:" + position.coords.latitude +
                                "<br />经度:" + position.coords.longitude;
                        }, function(error) {
                            var result = "";
                            switch(error.code) {
                                case 1:
                                    result = "位置服务被拒绝";
                                    break;
                                case 2:
                                    result = "获取不到位置信息";
                                    break;
                                case 3:
                                    result = "获取地理信息超时";
                                    break;
                                default:
                                    ;
                            }
                            document.getElementById("msg").innerHTML = result;
                        });
                    } else {
                        document.getElementById("msg").innerHTML = "浏览器不支持地理定位!";
                    }
                }
            </script>
        </head>
        <body>
            <input type="button" value="定位" onclick="getLocation()" />
            <br /><br />
            <div id="msg"></div>
        </body>
</html>
```

在 PC 端用浏览器请求 locate2.html,其显示结果如图 6-2 所示。

在移动端的浏览器请求 locate2.html,但是拒绝共享位置信息,其显示结果如图 6-3 所示。

图 6-2 PC 端的出错信息提示

图 6-3 移动端的出错信息提示

3. 第三个参数 options

getCurrentPosition()方法的第三个参数 options 表示一些可选属性的列表,可以省略。属性如下。

- enableHighAccuracy:是否要求高精度的地理位置信息。
- timeout:超时限制,单位为毫秒。
- maximumAge:对地理位置信息进行缓存的有效时间,单位为毫秒。

6.2.2 监视地理位置信息

Geolocation 对象的 watchPosition()方法用于注册监听器,在设备的地理位置发生改变的时候自动被调用,也可以选择特定的错误处理函数。该方法会返回一个 ID,如果取消监听,则可通过 Geolocation 对象的 clearWatch()方法传入该 ID 实现取消的目的。watchPosition()方法的使用方法如下:

```
watchId = navigator.geolocation.watchPosition(onSuccess[, onError[, options]]);
```

其中,onSuccess、onError、options 三个参数的含义与 getCurrentPosition()方法的参数含义相同。

6.2.3 停止获取地理位置信息

Geolocation 对象的 clearWatch()方法用于停止对当前用户的地理位置信息的监视。使用方法如下:

```
navigator.geolocation.clearWatch(watchId);
```

其中,watchId 为 watchPosition()方法的返回参数。

6.3 示例

6.3.1 使用腾讯地图定位

locate3.html 的代码如下:

```
<!DOCTYPE html>
<html>
    <head>
        <meta charset = "utf-8">
        <meta http-equiv = "X-UA-Compatible" content = "IE = edge,chrome = 1" />
        <meta name = "viewport" content = "width = device-width, initial-scale = 1.0, user-scalable = no" />
        <meta name = "format-detection" content = "telephone = no">
        <title>使用腾讯地图</title>
    </head>
    <body>
        <div id = "container"></div>
        <div id = "info"></div>
        <script src = "http://map.qq.com/api/js?v=2.exp" type = "text/javascript"></script>
        <script>
```

```javascript
var clientWidth = document.documentElement.clientWidth;
var clientHeight = document.documentElement.clientHeight;
var container = document.getElementById("container");
container.style.width = clientWidth + "px";
container.style.height = clientHeight + "px";
function getLocation() {
    var options = {
        enableHighAccuracy: true,  //是否要求高精度的地理信息,默认为false
        maximumAge: 1000           //应用程序的缓存时间
    }
    if(navigator.geolocation) {
        navigator.geolocation.getCurrentPosition(onSuccess, onError, options);
    } else {
        console.log("你的浏览器不支持获取地理位置!");
    }
}
//获取地理位置成功时
function onSuccess(position) {
    //经度
    var longitude = position.coords.longitude;
    //纬度
    var latitude = position.coords.latitude;
    //腾讯地图的中心地理坐标
    var center = new qq.maps.LatLng(latitude, longitude);
    //腾讯地图 API
    var map = new qq.maps.Map(document.getElementById("container"), {
        center: center,
        //初始化地图缩放级别
        zoom: 16
    });

    //在地图中创建信息提示窗口
    var infoWin = new qq.maps.InfoWindow({
        map: map
    });
    //打开信息窗口
    infoWin.open();
    //设置信息窗口显示区的内容
    infoWin.setContent("< div style = 'width:200px;padding:10px;'>" +
        "您在这里< br />纬度:" + latitude + "< br />经度:" + longitude);
    //设置信息窗口的位置
    infoWin.setPosition(center);
}
//获取地理位置失败时
function onError(error) {
    switch(error.code) {
        case error.PERMISSION_DENIED:
            alert("用户拒绝获取地理位置的请求");
            break;
        case error.POSITION_UNAVAILABLE:
            alert("获取不到用户的地理位置");
            break;
        case error.TIMEOUT:
```

```
                    alert("请求用户的地理位置超时");
                    break;
                case error.UNKNOWN_ERROR:
                    alert("未知错误");
                    break;
            }
        }
        window.onload = getLocation;
    </script>
</body>
</html>
```

在移动端的浏览器中请求 locate3.html,并允许获取用户的当前地理位置,其显示结果如图 6-4 所示。

注意:如果要开发更复杂的基于腾讯地图的应用,还需要在腾讯地图开发者平台上注册账号,下载 sdkjar 包或者 TencentLocationSDK,并进行相应的配置。在开发者平台上申请密钥并配置在自己的清单文件中才能获取定位所需要的相关权限。

6.3.2 距离跟踪器

对于某些 Web 应用来说,仅获取一次用户的位置信息是不能满足需求的,例如用户正在移动。随着用户的移动,页面应该不断地更新地理位置信息。应用程序可以使用 Geolocation 对象的 watchPosition() 方法进行重复性位置更新请求,当监控到用户的位置发生变化时,可以获取新的位置信息,并且可以调用相应的函数进行处理。

图 6-4 使用腾讯地图定位当前位置

对于距离跟踪来说,每当监测到新的地理位置时,就和上次保存的位置进行比较并计算距离,根据两次位置不同的经度和纬度可以计算两点之间的距离。toRadians()方法用于将角度转化成弧度。distance()方法计算地球上两点之间的距离,假设用户的位置变化都是直线移动的,此方法计算的是直线距离。

locate4.html 的代码如下:

```
<!DOCTYPE html>
<meta charset = "utf-8">
<title>距离跟踪器</title>
<head>
    <style type = "text/css">
        body {
            font-size: 16pt;
        }
    </style>
</head>
<body onload = "loadDemo()">
```

```html
<h3>距离跟踪器</h3>
<p id = "msg">该浏览器不支持HTML5 Geolocation.</p>
<h4>当前位置:</h4> 纬度:
<h4 id = "latitude"></h4> 经度:
<h4 id = "longitude"></h4> 准确度:
<h4 id = "accuracy"></h4>
<h4 id = "currentDistance">本次移动距离:0 米</h4>
<h4 id = "totalDist">总计移动距离:0 米</h4>
<h4 id = "r"></h4>
<script type = "text/javascript">
    //移动总距离
    var totalDistance = 0.0;
    //上一次的经度和纬度
    var lastLatitude;
    var lastLongitude;
    //将角度转化成弧度
    function toRadians(degree) {
        return degree * Math.PI / 180;
    }
    //计算地球上两个位置点之间的直线距离
    function distance(latitude1, longitude1, latitude2, longitude2) {
        // 地球半径,单位为千米
        var R = 6371;
        var deltaLatitude = toRadians(latitude2 - latitude1);
        var deltaLongitude = toRadians(longitude2 - longitude1);
        latitude1 = toRadians(latitude1);
        latitude2 = toRadians(latitude2);
        var a = Math.sin(deltaLatitude / 2) *
            Math.sin(deltaLatitude / 2) +
            Math.cos(latitude1) *
            Math.cos(latitude2) *
            Math.sin(deltaLongitude / 2) *
            Math.sin(deltaLongitude / 2);
        var c = 2 * Math.atan2(Math.sqrt(a), Math.sqrt(1 - a));
        var d = R * c;
        return d;
    }
    //更新提示信息
    function updateMsg(message) {
        document.getElementById("msg").innerHTML = message;
    }
    //加载监听
    function loadDemo() {
        if(navigator.geolocation) {
            updateMsg("浏览器支持HTML5 Geolocation");
            //监视用户位置变化
            navigator.geolocation.watchPosition(updateLocation, handleLocationError, {
                maximumAge: 20000
            });
        }
    }
    //更新位置信息
    function updateLocation(position) {
```

```javascript
            //获取新位置信息的经度、纬度、精确度
            var latitude = position.coords.latitude;
            var longitude = position.coords.longitude;
            var accuracy = position.coords.accuracy;
            document.getElementById("latitude").innerHTML = latitude;
            document.getElementById("longitude").innerHTML = longitude;
            document.getElementById("accuracy").innerHTML = accuracy;
            //如果accuracy太大,则提示不准确
            if(accuracy >= 500) {
                updateMsg("数据不准确,需要更准确的数据来计算本次移动距离");
                return;
            }
            //如果存在上次位置信息,则计算移动距离
            if((lastLatitude != null) && (lastLongitude != null)) {
                var currentDistance = 1000 * distance(latitude, longitude, lastLatitude, lastLongitude);
                document.getElementById("currentDistance").innerHTML =
                    "本次移动距离:" + currentDistance.toFixed(4) + " 米";
                //累加总的移动距离
                totalDistance += currentDistance;
                //提示移动距离
                document.getElementById("totalDist").innerHTML =
                    "总计移动距离:" + currentDistance.toFixed(4) + " 米";
            }
            //保存当前的位置信息
            lastLatitude = latitude;
            lastLongitude = longitude;
            updateMsg("计算移动距离成功");
        }
        //错误处理
        function handleLocationError(error) {
            switch(error.code) {
                case 0:
                    updateMsg("尝试获取您的地理位置信息时发生错误:" + error.message);
                    break;
                case 1:
                    updateMsg("用户拒绝了获取地理位置信息请求");
                    break;
                case 2:
                    updateMsg("浏览器无法获取您的地理位置信息:" + error.message);
                    break;
                case 3:
                    updateMsg("获取地理位置信息超时");
                    break;
            }
        }
    </script>
</body>
</html>
```

在移动端的浏览器首次请求 locate4.html 的显示结果如图 6-5 所示。

移动一段距离后 locate4.html 的显示结果如图 6-6 所示。

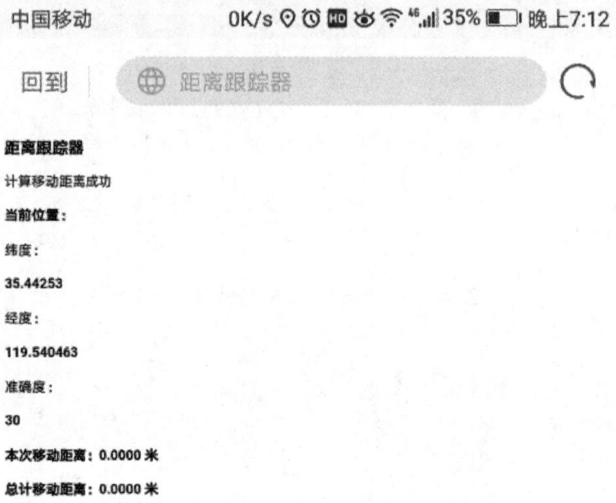

图 6-5 首次请求 locate4.html 的显示结果

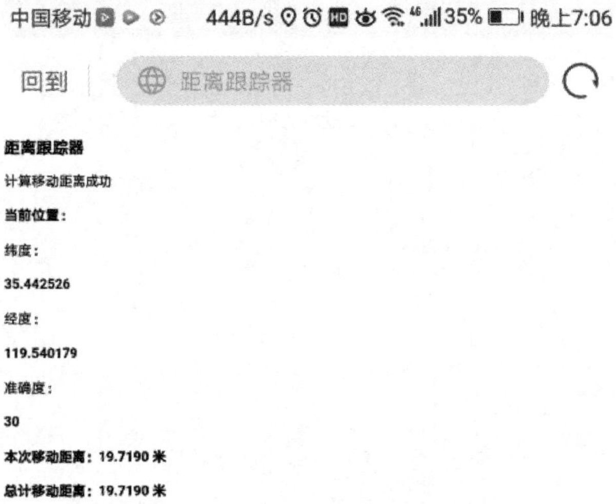

图 6-6 移动一段距离后 locate4.html 的显示结果

小结

- HTML5 中新增加了地理位置应用程序的接口,即 Geolocation API,它提供了可以准确感知浏览器用户当前位置的方法。如果浏览器支持 Geolocation API,并且设备具有定位功能,就可以直接获取当前的位置信息。
- 可以使用 Geolocation 对象的 getCurrentPosition()方法获取用户的地理位置信息。
- 可以使用 Geolocation 对象的 watchPosition()方法监视用户的地理位置信息。
- 可以使用 Geolocation 对象的 clearPosition()方法取消对用户地理位置信息的监视。
- 可以使用 Geolocation 对象结合地图实现基于 HTML5 地理定位的 Web 应用,例如距离跟踪等。

习题

1. 使用 getCurrentPosition() 方法获取当前地理位置信息,返回 error.PERMISSION-DENIED 表示(   )。
       A. 用户拒绝共享地理位置　　　　　　B. 获取地理位置失败
       C. 获取地理位置超时　　　　　　　　D. 未知错误
2. 以下代码中的 maximumAge 指的是(   )。

```
navigator.geolocation.getCurrentPosition(showPosition, showError, {
    enableHighAccuracy: true,
    timeout: 5000,
    maximumAge: 3000
});
```

    A. 指示浏览器获取高精度的位置
    B. 指定获取地理位置的超时时间
    C. 最长有效时间,在重复获取地理位置时,此参数指定多久再次获取位置
    D. 以上都不对

3. 在 HTML5 页面中插入以下代码的作用是(   )。

```
<script src = "http://maps.google.com/maps/api/js?sensor = false">
</script>
```

    A. 调取 Google 的云服务　　　　　　B. 调取 Google 的地图服务
    C. 调取应用服务接口　　　　　　　　D. 以上都不对

4. 计算机、平板电脑、手机等电子类设备可以通过哪些途径获取地理位置信息?
5. 简述 Geolocation 对象中的各属性及其含义。
6. Geolocation API 的 getCurrentPosition() 方法和 watchPosition() 方法有什么区别?

第 7 章 CSS3

7.1 CSS3 概述

观看视频

CSS(Cascading Style Sheets,层叠样式表)是一种设计网页样式及布局的技术。所谓层叠,实际上指的是将显示样式与显示内容分离。在 CSS 出现之前,网页设计是采用 HTML 标记来定义页面文档的,通过指定相应标签元素的属性值为元素设置显示样式。这种方式实现起来非常烦琐,维护困难,而且很难做到整个网站的网页风格统一。为了解决设计样式和风格的问题,1997 年,W3C 在颁布 HTML4 标准的同时也发布了样式表的第一个标准 CSS 1.0。CSS 1.0 较为全面地规定了文档的显示样式,包括选择符、样式属性、伪类、伪元素等几部分。此后,又相继发布了 CSS 2.0、CSS 2.1。从 2010 年开始,W3C 已开始对 CSS3 的研发,现在大部分的浏览器已支持 CSS3,目前 CSS3 版本已经比较成熟,CSS4 的规范仍在制定中。

使用 CSS 可以将网页的内容和显示分离,网页的内容仍然使用 HTML 实现,而网页的显示样式使用 CSS 来实现。使用 CSS 有许多优点,主要表现如下:

- CSS 结合 DIV 可以方便地控制页面布局。
- 整个网站可以统一风格,只要整个网站使用统一的 CSS 文件即可。
- 网站的风格维护起来简单,只需要更改相应的 CSS 文件,不需要更改 HTML 文件。
- 由于 HTML 文件基本上只包括内容,不包括样式,因而结构简化,体积更小,下载更快,更加灵活,可读性更强。
- 浏览器的界面更友好。

1. CSS3 的优势

CSS3 是完全向后兼容的,相对于 CSS2 来说,CSS3 具有明显的优势,主要表现如下:

1)开发与维护的成本降低

如果在 CSS2 中要实现圆角效果,则需要添加额外的 HTML 标签,并且需要结合图片完成。而在 CSS3 中新增了许多属性,其中包括边框的 border-radius 属性,可以直接实现圆角效果。如果要修改圆角效果,则只需要修改 CSS3 的相关属性值即可。

2)页面性能提高

使用 CSS3 进行开发时,减少了多余的标签嵌套及图片,减少了前台开发人员的工作量,缩短了开发过程。同时,用户需要下载的内容减少,HTTP 请求总数减少,因而加快了页面加载的速度。

2. CSS3 新增的特性

CSS3 新增了许多特性，主要如下：

- 属性选择符，例如[att^="value"]、[att$="value"]、[att*="value"]。
- RGBA 透明度。
- 多栏布局。
- 多背景图片。
- 字符串溢出。
- 块阴影与圆角阴影。
- 圆角。
- 边框图片。
- 旋转、缩放、倾斜等变形。

以上部分新特性在后文会进行详细的介绍。

7.2 CSS3 的基本语法

观看视频

CSS3 的定义是由 3 部分组成的，包括选择符(selector)、属性(properties)、属性的取值(value)。其语法如下：

```
selector{
    property1: value;
    property2: value;
    …
    propertyN: value;
}
```

其中，selector 是选择符，例如类型选择符，对应的是 HTML 标签；property 是选择符的属性；value 为选择符的属性值。多个选择符属性之间使用分号隔开。

可以使用单个选择符，也可以使用多个选择符，选择符之间用逗号隔开，即将一组属性值应用于多个选择符，例如：

```
body{
    background-color: yellow;
}
h1, h2, p{
    background-color: #00FF00;
    color: red;
}
```

上述样式表定义网页的背景色为黄色，h1、h2 及 p 的背景色为绿色，文字颜色为红色。例如 css1.html。

css1.html 的代码如下：

```
<!DOCTYPE html>
<html>
    <head>
        <meta charset="UTF-8">
        <title>类型选择符</title>
```

```html
            <style type="text/css">
                body {
                    background-color: yellow
                }
                h1,
                h2,
                p {
                    background-color: #00FF00;
                    color: red
                }
            </style>
        </head>
    <body>
        这是 body 内的文字<br />
        <h1>这是标题 1 文字</h1>
        <h2>这是标题 2 文字</h2>
        <p>这是段落文字</p>
    </body>
</html>
```

css1.html 的显示结果如图 7-1 所示。

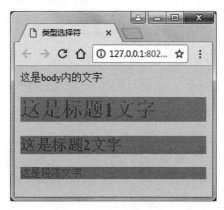

图 7-1　css1.html 的显示结果

7.3　CSS3 的使用方式

在 HTML5 页面中，使用 CSS3 主要有 4 种方法，即内嵌方式、内部样式表、使用<link>标记链接外部样式表、使用 CSS 提供的@import 标记导入样式表。

1. 内嵌方式

内嵌方式指的是将 CSS 规则混合在 HTML 标签中使用，CSS 规则作为 HTML 标签的 style 属性值。例如：

```
<a style="font-family:黑体; font-style:italic; font-size:16pt; color:red">
    这是使用样式的超链接
</a>
```

内嵌样式只对其所在的标签起作用，其他的同类标签不受影响。例如 css2.html。

css2.html 的代码如下：

```
<!DOCTYPE html>
<html>
    <head>
        <meta charset="UTF-8">
        <title>内嵌样式表</title>
    </head>
    <body>
        <a style="font-family:黑体;font-style:italic;font-size:16pt;color:red">使用内嵌样式的超链接</a>
        <br /><br />
        <a>普通的超链接</a>
    </body>
</html>
```

css2.html 的显示结果如图 7-2 所示。

内嵌样式表使用起来比较烦琐，虽然可以单独为每一个标签设置不同的样式，但是不能方便地为同类标签设置相同的样式。

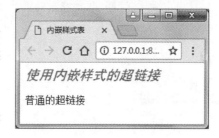

图 7-2　css2.html 的显示结果

2. 内部样式表

内部样式表指的是在 HTML 文件的 <head> 标记内定义样式规则，格式如下：

```
<style type="text/css">
    selector{
        property1: value;
        property2: value;
        …
    }
    …
</style>
```

内部样式表的使用可参照 css3.html。

css3.html 的代码如下：

```
<!DOCTYPE html>
<html>
    <head>
        <meta charset="UTF-8">
        <title>内部样式表</title>
        <style type="text/css">
            body{
                font-family: 楷体;
                font-size: 16pt;
                color: green;
            }
            a{
                font-family: 黑体;
                font-size: 14pt;
                color: #FF9600;
```

```
            }
        </style>
    </head>
    <body>
        这是正文中的字体<br />
        <p>这是段落中的文字,会继承正文字体的样式</p>
        <a>这是超链接1</a><br />
        <a>这是超链接2</a>
    </body>
</html>
```

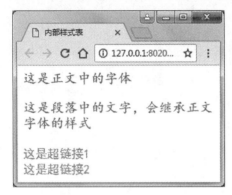

图 7-3 css3.html 的显示结果

css3.html 的显示结果如图 7-3 所示。

内部样式表的作用范围是当前的 HTML 页面,样式表中定义的选择符的格式会应用到当前文件中所有匹配的选择符上。

有些版本过低的浏览器可能不支持<style>标记,此时,浏览器会忽略<style>标记,<style>标记内的内容会以文本的形式显示到页面上。为了避免这种情况发生,可以在<style>标记之后添加"<!--",在</style>标记之前添加"-->",如果浏览器不支持<style>标记,则会忽略相应的代码。例如:

```
<style type="text/css">
    <!-- body {
        font-family: 楷体;
        font-size: 16pt;
        color: green;
    }
    -->
</style>
```

3. 使用<link>标记链接外部样式表

虽然内嵌样式表和内部样式表可以设计 HTML 页面的样式,但是当页面较多时,实现和维护都比较困难,而且也难以将多个页面的样式统一,此时,最好使用外部样式表。外部样式表是使用一个单独的文件保存样式规则,扩展名为".css",需要使用样式表的 HTML 文件链接外部样式表文件。链接样式表使用<link>标签,此标签作为<head>的子标签使用,指明当前 HTML 页面和链接的样式表之间的关系,其格式如下:

  <link href="…" rel="stylesheet" type="text/css"/>

其中:

- href 是外部样式表的路径,一般使用相对路径。
- rel 指的是被链接的文件的类型,stylesheet 表示被链接的是 CSS 文件。
- type 指的是被链接的文件的内容类型。

外部样式表的使用示例可参照 style.css 和 css4.html。

style.css 的代码如下：

```css
@CHARSET "UTF-8";
body {
    font-family: 楷体;
    font-size: 16pt;
    color: green;
}
a {
    font-family: 黑体;
    font-size: 14pt;
    color: #FF9600;
}
div {
    color: red;
    font-size: 10pt;
    font-weight: bold;
    font-family: 黑体;
    border: 1px solid #000;
}
p {
    color: blue;
    font-size: 12pt;
    font-style: italic;
}
```

css4.html 的代码如下：

```html
<!DOCTYPE html>
<html>
    <head>
        <meta charset="UTF-8">
        <title>外部样式表</title>
        <link href="css/style.css" rel="stylesheet" type="text/css" />
    </head>
    <body>
        <a>我是超链接</a>
        <div>我是DIV</div>
        <p>我是段落</p>
    </body>
</html>
```

css4.html 的显示结果如图 7-4 所示。

在使用样式表的各种方法中，外部样式表的使用最为常见，使用外部样式表有以下优点：

- 样式可以重复利用，一个外部 CSS 文件可以被多个网页使用。
- 修改、维护简单。当需要修改样式时，只需要修改 CSS 文件，不需要修改页面源代码。
- 可以有效地减少页面的代码量，提高网页的

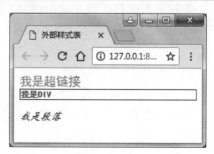

图 7-4　css4.html 的显示结果

加载速度,CSS 可以驻留在缓存中,再次使用时不需要重新加载。
- 整个网站的风格很容易统一,只要网站中的文件都链接同样的 CSS 文件即可。

4. 使用@import 标记导入样式表

除了可以使用<link>标记链接外部样式表之外,还可以使用 CSS 提供的@import 标记导入样式表,其格式如下:

```
<style type="text/css">
    @import url("…");
</style>
```

例如 css5.html。

css5.html 的代码如下:

```
<!DOCTYPE html>
<html>
    <head>
        <meta charset="UTF-8">
        <title>使用@import 标记导入样式表</title>
        <style>
            @import url("css/style.css");
        </style>
    </head>
    <body>
        <a>我是超链接</a>
        <div>我是 DIV</div>
        <p>我是段落</p>
    </body>
</html>
```

css5.html 的显示结果与 css4.html 的显示结果相同,如图 7-4 所示。

使用<link>链接样式表和使用@import 标记导入样式表的方法类似,但是二者仍有区别,主要表现为以下几点。

1) 引用资源的种类

<link>属于 XHTML 标签,@import 属于 CSS 标记。<link>标签除了可以链接 CSS 文件之外,还可以链接其他的外部资源;而@import 标记只能导入 CSS 文件。

2) 加载时间

当页面加载时,<link>链接的外部资源会同时被加载;而@import 标记导入的 CSS 文件会等到页面全部下载完成后再被加载,所以使用@import 标记导入 CSS 的页面有可能刚开始显示时并没有样式。

3) 浏览器的支持

@import 标记只有 IE 5 以上才能支持,而<link>标签无此限制。

5. 各种样式表的优先级

以上各种样式表的优先级顺序如下:

内嵌样式表 > 内部样式表 > 外部样式表 > 浏览器的默认设置

内嵌样式表的实现相对来说比较麻烦,基本上相当于使用标签的属性来定义样式。但是不会因为网速的问题导致样式无法应用,所以对于一些布局页面,建议使用内嵌样式。对于一些布局之外的其他样式,可以使用外部样式表来完成,即使样式表由于网速问题不能应用,至少不会影响页面的布局。外部样式表的维护、更新都比较方便。对于一些有特殊应用的样式,可以使用内部样式表或内嵌样式来补充。

另外,如果使用外部样式表,建议使用<link>标记来链接外部样式表。

7.4　CSS3 的继承

观看视频

CSS 的继承指的是当标签具有嵌套关系时,内部标签自动拥有外部标签的不冲突的样式的性质。利用 CSS 的继承特性,开发者可以先对整个网页的样式进行预设,在需要特别指定样式的地方再进行修改,即可达到较好的效果。继承是一种机制,它不仅允许样式应用于某个特定的元素,还可以应用于它的子元素。但是当子元素与父元素的属性样式出现冲突时,子元素的样式具有较高的优先级。

但是,在 CSS 中,有些属性不允许继承,例如 border 属性没有继承性,如果 border 属性可以继承,则某些元素的显示样式会比较奇怪,例如文字。不可继承的属性包括 border、padding、margin、width、height 等。例如 css6.html。

css6.html 的代码如下:

```html
<!DOCTYPE html>
<html>
    <head>
        <meta charset="UTF-8">
        <title>CSS 的继承</title>
        <style type="text/css">
            div {
                color: red;
                font-size: 10pt;
                font-weight: bold;
                font-family: 黑体;
                border: 1px solid #000;
            }
            p {
                color: blue;
                font-size: 12pt;
                font-style: italic;
            }
            em {
                color: green;
            }
        </style>
    </head>
    <body>
        <p>这是蓝色,12pt,斜体,默认宋体</p>
        <div>
            <p>这是蓝色,12pt,斜体,加粗,黑体</p>
        </div><br />
        <div>这是红色,10pt,加粗,黑体,有边框</div><br />
        <div>这是红色,10pt,黑体<br />
```

```
            <em>我是em元素的文字,绿色文字周围无单独边框</em></div>
    </body>
</html>
```

css6.html 的显示结果如图 7-5 所示。

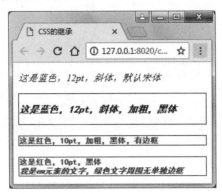

图 7-5　css6.html 的显示结果

7.5　CSS3 的元素选择符

CSS3 的选择符有很多种类,可以分为元素选择符、关系选择符、属性选择符、伪类选择符、伪元素选择符。其中元素选择符又可以分为通配选择符、类型选择符、id 选择符、类选择符。

7.5.1　通配选择符(*)

通配选择符用来选择所有元素,也可以选择某个元素下的所有元素。例如:

```
* {
    margin: 0px;
    padding: 0px;
}
```

表示所有元素的 margin 和 padding 都为 0。

例如:

```
.red * {
    font-weight: bold;
}
```

表示类 red 的所有后代元素。

但是,由于通配选择符会匹配所有的元素,会影响网页渲染的时间,因此不推荐频繁使用通配选择符,最好把所有需要统一设置的元素罗列出来,使用逗号分隔。

7.5.2　类型选择符(E)

类型选择符也称为 HTML 选择符,所有的 HTML 标签都可以作为类型选择符,类型选择符后是对应的元素的属性及属性值。一旦指定了类型选择符的样式,则相应元素会自动套用定义的样式。

如果属性的值是由多个单词组成的,则属性值必须加上引号才可以被识别,例如:

```
p{
    font-family: "Courier New";
}
```

表示将段落的字体设置成 Courier New。

类型选择符后的属性必须是对应的标签元素的有效属性,否则属性和属性值无效,例如:

```
p{
    text-align: center;
    color: red
}
```

表示将段落的对齐方式设置成居中对齐,文字颜色为红色。

7.5.3　id 选择符(E#id)

当需要为某一个元素单独设计样式时,可以使用 id 选择符。使用 id 选择符可以为元素的具体对象定义不同的模式,使用 id 选择符要先为设计样式的对象定义一个 id 属性。id 选择符是唯一的,不同的元素的 id 值是不能重复的。例如:

```
<div id="top"></div>
```

然后使用以下方式定义 top 的样式:

```
#top{
    property1: value;
    property2: value;
    …
}
```

id 选择符的使用示例可参照 css7.html。

css7.html 的代码如下:

```
<!DOCTYPE html>
<html>
    <head>
        <meta charset="UTF-8">
        <title>id 选择符</title>
        <style type="text/css">
            #top {
                color: blue;
                font-size: 18pt;
                font-family: 黑体;
                background-color: #FFB6C1;
            }
        </style>
    </head>
    <body>
        <div id="top">
            白日依山尽<br />
```

```
            黄河入海流< br />
            欲穷千里目< br />
            更上一层楼
        </div>
    </body>
</html>
```

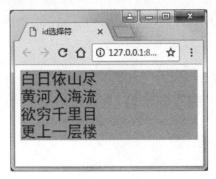

图 7-6　css7.html 的显示结果

css7.html 的显示结果如图 7-6 所示。

在实际开发中,要尽量避免使用 id 选择符,因为 id 选择符要占用元素的 id 属性,而 id 属性一般还有其他的用途,特别是使用 JavaScript 脚本进行验证时,需要使用 id 属性来唯一地标识标签对象。

7.5.4　类选择符(E.class)

如果要对页面中的元素定义不同的格式,仅使用类型选择符是不够的,还需要使用类选择符。类选择符在选择符之前需要加一个实心的圆点,表示选择符的类型是类选择符。其格式如下:

```
selector.classname{
    property1: value;
    property2: value;
    …
}
```

例如:

```
p.left{
    text-align: left;
}
p.center
{
    text-align: center;
}
```

要使用类选择符定义的样式,需要在标签中利用 class 属性指定,例如:

< p class="left">这是居左显示的段落</p>
< p class="center">这是居中显示的段落</p>

使用类选择符时,也可以不指定具体的选择符,直接使用"."加类名,或者在"."前添加"*"。这样可以使不同的选择符共享样式,提高代码的重用性。如果要对页面中的多种元素分类定义不同的格式,可以使用这种方式。其语法如下:

```
.classname{
    property1: value;
    …
    propertyN: value;
}
```

类选择符的使用示例请参照 css8.html。

css8.html 的代码如下：

```html
<!DOCTYPE html>
<html>
    <head>
        <meta charset="UTF-8">
        <title>类选择符</title>
        <style type="text/css">
            .one {
                color: red;
                font-size: 12pt;
            }
            .two {
                color: green;
                font-size: 14pt;
            }
            .three {
                color: #800080;
                font-size: 16pt;
            }
        </style>
    </head>
    <body>
        <h1 class="one">这是引用 one 类样式的标题 1</h1>
        <p class="one">这是引用 one 类样式的段落</p>
        <p class="two">这是引用 two 类样式的段落</p>
        <p class="three">这是引用 three 类样式的段落</p>
    </body>
</html>
```

css8.html 的显示结果如图 7-7 所示。

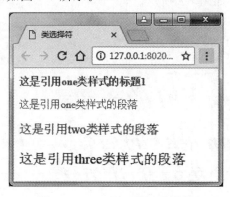

图 7-7　css8.html 的显示结果

7.6　CSS3 的关系选择符

CSS3 的关系选择符包括包含选择符、子选择符、相邻选择符、兄弟选择符等。

7.6.1　包含选择符（E F）

包含选择符也称为后代选择符，是使用空格分隔各个选择符，选择符之间必须是包含关系时才能使用样式。例如：

p em{color: green}

只有在<p>元素内部的<em>元素才会应用颜色为绿色的样式，其他的<em>元素不使用此样式。在包含选择符中，规则左边的选择符一端包括两个或多个使用空格分隔的选择符。选择符之间的空格可以理解成一种运算符，解释为"在……找到……"或者"……作为……的一部分"。例如，p em{color：green}可以理解成 p 元素后代的任何 em 元素。包含选择符的使用示例可参照 css9.html。

css9.html 的代码如下：

```
<!DOCTYPE html>
<html>
    <head>
        <meta charset = "UTF - 8">
        <title>包含选择符</title>
        <style type = "text/css">
            p em {
                color: green;
                font - size: 30pt;
            }
        </style>
    </head>
    <body>
        <p><em>em 是 h1 的子元素</em></p>
        <p><strong><em>em 是 h1 的后代,但不是 h1 的子元素</em></strong></p>
</html>
```

css9.html 的显示结果如图 7-8 所示。

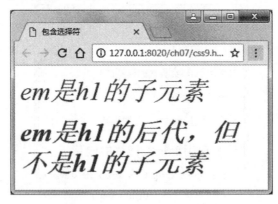

图 7-8　css9.html 的显示结果

7.6.2　子选择符（E＞F）

子选择符只能选择某元素的子元素，其中 E 为父元素，F 为子元素，其中 E＞F 表示选择 E 元素下的所有子元素 F。子选择符和包含选择符不同，包含选择符中 F 是 E 的后代元素，也包含子元素；而子选择符的 F 仅仅是 E 的子元素，其他后代元素不包含在内。例如 css10.html。

css10.html 的代码如下：

```html
<!DOCTYPE html>
<html>
    <head>
        <meta charset = "UTF-8">
        <title>子选择符</title>
        <style type = "text/css">
            p>em {
                color: green;
                font-size: 30pt;
            }
        </style>
    </head>
    <body>
        <p><em>em 是 h1 的子元素</em></p>
        <p><strong><em>em 是 h1 的后代,但不是 h1 的子元素</em></strong></p>
</html>
```

css10.html 的显示结果如图 7-9 所示。

7.6.3　相邻选择符（E+F）

相邻选择符指的是选择有相同父元素的两个相邻元素的后一个元素。例如：

```css
h1 + p {
    margin-top: 50px;
}
```

图 7-9　css10.html 的显示结果

表示的是选择紧跟在 h1 元素后出现的 p 元素，注意,并不是同时选择 h1 元素和 p 元素,而是只选择 h1 元素后面紧跟的 p 元素。如果 p 元素不与 h1 元素相邻,则不选择。例如 css11.html。

css11.html 的代码如下：

```html
<!DOCTYPE html>
<html>
    <head>
        <meta charset = "UTF-8">
        <title>相邻选择符</title>
        <style type = "text/css">
            h1 + p {
                color: red;
                font-size: 26pt;
            }
        </style>
    </head>
    <body>
        <h1>这是一级标题</h1>
        <p>这是紧跟一级标题的段落</p>
        <p>这不是紧跟一级标题的段落</p>
    </body>
</html>
```

css11.html 的显示结果如图 7-10 所示。

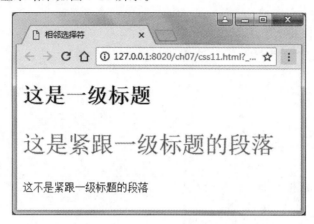

图 7-10　css11.html 的显示结果

7.6.4　兄弟选择符(E~F)

兄弟选择符指的是选择有相同父元素的后面的所有的元素。例如：

```
h1 ~ p {
    margin-top: 50px;
}
```

表示选择 h1 元素后面所有的 p 元素，不论 p 元素和 h1 元素是否相邻。例如 css12.html。css12.html 的代码如下：

```
<!DOCTYPE html>
<html>
    <head>
        <meta charset="UTF-8">
        <title>兄弟选择符</title>
        <style type="text/css">
            h1~p {
                color: red;
                font-size: 16pt;
            }
        </style>
    </head>
    <body>
        <h1>这是一级标题</h1>
        <p>一级标题后的第一个段落</p>
        <p>一级标题后的第二个段落</p>
        <p>一级标题后的第三个段落</p>
    </body>
</html>
```

css12.html 的显示结果如图 7-11 所示。

图 7-11　css12.html 的显示结果

7.7　CSS3 的属性选择符

观看视频

CSS3 的属性选择符如下。
- E[att]：选择具有 att 属性的 E 元素。
- E[att="val"]：选择具有 att 属性且属性值等于 val 的 E 元素。
- E[att~="val"]：选择具有 att 属性且属性值为使用空格分隔的字词列表，其中一个等于 val 的 E 元素（如果只有一个值且该值等于 val，则也属于此情况）。
- E[att^="val"]：选择具有 att 属性且属性值为以 val 开头的字符串的 E 元素。
- E[att$="val"]：选择具有 att 属性且属性值为以 val 结尾的字符串的 E 元素。
- E[att*="val"]：选择具有 att 属性且属性值为包含 val 的字符串的 E 元素。
- E[att|="val"]：选择具有 att 属性且属性值为以 val 开头并用连接符"-"分隔的字符串的 E 元素，如果属性值仅为 val，则也属于此种情况。

属性选择符的使用示例可参考 css13.html。

css13.html 的代码如下：

```
<!DOCTYPE html>
<html>
    <head>
        <meta charset="UTF-8">
        <title>属性选择符 E[att^="val"]</title>
        <style type="text/css">
            li[class^="a"]{
                color:orangered;
                font-size:20pt;
            }
        </style>
    </head>
    <body>
        <ul>
            <li class="ab">苹果</li>
            <li class="bc">香蕉</li>
```

```
            <li class = "ac">橘子</li>
            <li class = "bd">菠萝</li>
            <li class = "ad">樱桃</li>
        </ul>
    </body>
</html>
```

css13.html 的显示结果如图 7-12 所示。

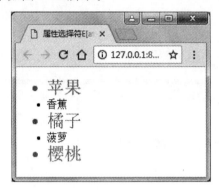

图 7-12　css13.html 的显示结果

7.8　CSS3 的伪类选择符

伪类是一种特殊的类选择符，是能够被支持 CSS 的浏览器自动识别的特殊的选择符。CSS 中的伪类最大的作用就是为不同状态的超链接定义不同的样式效果。

伪类的语法是在原有的选择符后加一个伪类，例如：

```
selector: pseudo – class{
    property1: value;
    property2: value;
    …
}
```

伪类是在 CSS 中已经定义好的，不能像类选择符一样使用别的名字，可以解释为对象在某个特殊状态下的样式。常用的伪类如下。

- :active：将样式添加到被激活的元素。
- :focus：将样式添加到被选中的元素。
- :hover：当鼠标悬浮在元素上方时，向元素添加样式。
- :link：将样式添加到未被访问的元素。
- :visited：将样式添加到已被访问过的元素。
- :first-child：将样式添加到元素的第一个子元素。
- :lang：设置元素使用特殊语言的内容的样式。

伪类的使用示例可参照 css14.html。

css14.html 的代码如下：

```html
<!DOCTYPE html>
<html>
    <head>
        <meta charset = "UTF-8">
        <title>伪类</title>
        <style type = "text/css">
            a:link {
                font-size: 14pt;
                text-decoration: underline;
                color: red
            }
            a:visited {
                font-size: 12pt;
                text-decoration: none;
                color: green
            }
            a:hover {
                font-size: 16pt;
                text-decoration: none;
                color: #FFCC00
            }
            a:active {
                font-size: 18pt;
                text-decoration: underline;
                color: blue
            }
        </style>
    </head>
    <body>
        <a href = "css13.html">超链接1</a><br /><br />
        <a href = "css13.html">超链接2</a><br /><br />
        <a href = "css13.html">超链接3</a><br /><br />
        <a href = "css13.html">超链接4</a><br />
    </body>
</html>
```

css14.html 的显示结果如图 7-13 所示。

超链接 1 和超链接 4 是还没有访问过的状态，超链接 2 和超链接 3 是已访问过的状态，当把鼠标悬停在某个超链接上时样式会发生改变。将 a 元素与伪类选择符结合使用，可以在同一个页面上做出多组不同的超链接的效果。但是使用：link 伪类时要保证 a 元素的 link 属性是有效的，否则将无法正常显示未访问过的状态样式。

在 CSS3 中新增了许多伪类，分别说明如下。

- p：first-of-type：选择属于其父元素的首个 p 元素的每个 p 元素。
- p：last-of-type：选择属于其父元素的最后 p 元素的每个 p 元素。
- p：only-of-type：选择属于其父元素唯一的 p 元素的每个 p 元素。

图 7-13　css14.html 的显示结果

- p：only-child：选择属于其父元素唯一的子元素的每个 p 元素。
- p：nth-child(n)：选择属于其父元素的第 n 个子元素的每个 p 元素。
- p：nth-last-child(n)：选择属于其父元素的倒数第 n 个子元素的每个 p 元素。
- p：nth-of-type(n)：选择属于其父元素第 n 个 p 元素的每个 p 元素。
- p：nth-last-of-type(n)：选择属于其父元素倒数第 n 个 p 元素的每个 p 元素。
- p：last-child：选择属于其父元素最后一个子元素的每个 p 元素。
- p：empty：选择没有子元素的每个 p 元素(包括文本节点)。
- p：target：选择当前活动的 p 元素。
- :not(p)：选择非 p 元素的每个元素。
- :enabled：控制表单控件的可用状态。
- :disabled：控制表单控件的禁用状态。
- :checked：单选按钮或复选框被选中。

7.9 CSS 的伪元素选择符

与伪类相似，CSS 中也定义了一些伪元素用来设置一些特殊的文字格式。伪元素通过对插入文档中的虚构元素进行触发从而实现特定的样式。伪元素主要包括以下 4 个。

- ::after：和 content 属性一起使用，设置元素后(依据元素树的逻辑结构)发生的内容。
- ::before：和 content 属性一起使用，设置元素前(依据元素树的逻辑结构)发生的内容。
- ::first-letter：设置元素内第一个字符的样式。此伪元素适用于块元素，例如<p>和<div>。块元素生成一个元素框，它会填充其父级元素的内容，即在元素框之前和之后都存在分隔符。内联元素(也称为行内元素)要使用该属性，必须先设定元素的 height 或者 width 属性，或者设定 position 属性为 absolute，或者设定 display 属性为 block(显示为块)。
- ::first-line：设置元素内第一行字符的样式。此伪元素适用于块元素。内联元素要使用该属性，设置方法与::first-letter 伪元素相同。

伪元素的使用示例如 css15.html。

css15.html 的代码如下：

```
<!DOCTYPE html>
<html>
    <head>
        <meta charset = "UTF-8">
        <title>伪元素的使用</title>
        <style type = "text/css">
            div:first-line {
                font-weight: bold;
                color: red;
                font-size: 14pt;
            }
            p:first-letter {
```

```
                color: green;
                font-size: 18pt;
            }
        </style>
    </head>
    <body>
        <div>我是div的第一行<br />我是div的第二行
        </div>
        <p>我是段落p</p>
    </body>
</html>
```

css15.html 的显示结果如图 7-14 所示。

CSS3 的标准规定,伪类使用单冒号,伪元素使用双冒号。但是由于 CSS2 中伪类和伪元素都使用单冒号,因此为了兼容性,在 CSS3 中伪元素使用单冒号或双冒号都可以。但是低版本的浏览器存在双冒号的兼容问题。

CSS3 新增加了::selection 和::placeholder 伪元素。在默认情况下,对于浏览器中显示的网页的被选中文字的显示是统一的,例如在 Windows 操作系统下,是深蓝色的背景、白色的文字,如果要修改这一样式,可以使用 CSS3 中新增加的伪元素::selection。例如 css16.html。

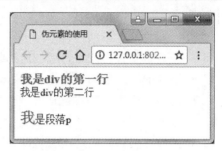

图 7-14　css15.html 的显示结果

css16.html 的代码如下:

```
<!DOCTYPE html>
<html>
    <head>
        <meta charset="UTF-8">
        <title>selection 选择符</title>
        <style type="text/css">
            p::selection{
                background:yellow;
                color:red;
            }
            /* Mozilla Firefox */
            p::-moz-selection{
                background:yellow;
                color:red;
            }
        </style>
    </head>
    <body>
        <p>
            独坐幽篁里,弹琴复长啸.<br />
            深林人不知,明月来相照.
        </p>
    </body>
</html>
```

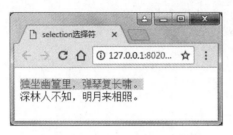

图 7-15 css16.html 的显示结果

当选中第一行文字时，css16.html 的显示结果如图 7-15 所示，被选中的文字变成了红色，背景变成了黄色。

注意：IE 9+、Opera、Google Chrome 及 Safari 中支持 ::selection 选择符。Firefox 支持替代的 ::-moz-selection。只能向 ::selection 选择符应用 color、background、cursor 及 outline 属性，应用其他属性无效。

小结

- CSS 是层叠样式表，是设计网页的布局和样式的有效手段。
- CSS 的样式规则包括选择符、属性名及属性值。
- 使用样式表的方式包括内嵌样式表、内部样式表、外部样式表，其中，外部样式表最为常见。
- 各种使用样式表的优先级从高到低依次为内嵌样式表、内部样式表、外部样式表、浏览器的默认样式。
- 选择符指明样式应用的对象，CSS3 中的选择符主要包括元素选择符、关系选择符、属性选择符、伪类选择符、伪元素选择符。
- CSS3 中还提供了伪类选择符和伪元素选择符来为特殊的对象提供不同状态下的样式。
- CSS3 中新增加了 p:first-of-type、p:last-of-type、p:only-of-type、p:only-child 等伪类。
- CSS3 中新增加了 ::selection 和 ::placeholder 伪元素。

习题

1. 下面的说法错误的是（　　）。
   A. CSS 样式表可以将网页的内容和样式分离
   B. CSS 样式表可以控制页面的布局
   C. CSS 样式表可以同时更新许多网页
   D. 使用 CSS 样式表不能制作体积更小、下载更快的网页
2. 下面（　　）不属于 CSS 的使用方法。
   A. 索引式　　　　B. 内联式　　　　C. 内嵌式　　　　D. 外部式
3. 下面（　　）方式使用 CSS 的优先级最高。
   A. 内联式　　　　B. 内嵌式　　　　C. 外部式　　　　D. 浏览器默认的样式
4. 下列关于选择符说法正确的是（　　）。
   A. 类选择符只能应用于某一类 HTML 元素
   B. id 选择符可以重复使用

C. 类选择符的优先级高于标签选择符

　　D. 标签选择符用于设置 HTML 元素的默认样式

5. 若要在外部样式表中使用 my.css，以下用法中，(　　)是正确的。

　　A. ＜link href="my.css"type="text/css"rel="stylesheet"/＞

　　B. ＜link src="my.css"type="text/css"rel="stylesheet"/＞

　　C. ＜link href="my.css"type="text/css"/＞

　　D. ＜include hef="my.css"type="text/css"rel="stylesheet"/＞

6. CSS3 的样式规则包括哪几部分？常用的 CSS3 选择符包括哪些？

7. 使用 CSS 有哪几种方法？

8. 使用＜link＞方式和使用@import 方式导入样式表有什么区别？

9. CSS3 新增的伪类有哪些？

第8章 CSS3样式属性

可以使用丰富的样式规则来为网页中的元素设计显示样式。CSS样式属性大致分为字体属性、文本属性、文本装饰属性、背景属性、边框属性、定位属性、布局属性、列表属性、光标属性等。

8.1 字体属性

在CSS中可以通过字体属性来设置网页中文字的显示结果,主要包括文字的字体、字号、样式等,常用的字体属性说明如下。

- font-style:字体样式。normal:正常;italic:斜体;oblique:倾斜。
- font-variant:文本是否为小型的大写字母。normal:正常;small-caps:小型的大写字母。
- font-weight:文本的字体的粗细。normal:正常;lighter:细体;bold:粗体;bolder:特粗体。
- font-size:文本的字号。absolute-size:根据对象字号进行调节;relative-size:相对于父元素字号进行调节;length:用长度值指定文字大小;percentage:用百分比指定文字大小。
- font-family:文本的字体,当指定多种字体时,中间用逗号分隔;当字体由多个单词组成时,使用双引号引起来。
- font-stretch:对象中的文字是否横向拉伸变形,可取 normal、ultra-condensed、extra-condensed、condensed 等值。
- font-size-adjust:对象的 aspect 值,用以保持首选字体的 x-height。

字体属性也可以使用 font 组合属性按照 font-style、font-variant、font-weight、font-size、font-family 的顺序设定。字体属性的使用示例可参照 css1.html。

css1.html 的代码如下:

```
<!DOCTYPE html>
<html>
    <head>
        <meta charset = "UTF - 8">
        <title>字体属性</title>
        <style type = "text/css">
            p {
```

```
                font-family: 楷体;
                font-size: 18pt;
                font-style: italic;
                font-weight: bold;
                color: blue;
            }
            h1 {
                font-family: 楷体;
                font-size: 20pt;
                color: red;
            }
        </style>
    </head>
    <body>
        <h1>黄鹤楼送孟浩然之广陵</h1>
        <p>
            故人西辞黄鹤楼<br />
            烟花三月下扬州<br />
            孤帆远影碧空尽<br />
            唯见长江天际流<br />
        </p>
    </body>
</html>
```

css1.html 的显示结果如图 8-1 所示。

图 8-1 css1.html 的显示结果

8.2 文本和文本装饰属性

观看视频

1. 文本属性

文本属性主要用来设置块元素内的文字的显示样式，主要包括缩进、对齐方式、行高、文字间隔、文本大小写等。文本属性说明如下。

- text-transform：文本的大小写。
- white-space：空格的处理方式。
- tab-size：制表符的长度。

- overflow-wrap：当内容超过指定容器的边界时是否断行。
- word-break：对象内文本的字内换行行为，默认为 normal，允许字内换行。
- text-align：内容的水平对齐方式。
- text-align-last：块内最后一行或者被强制打断的行的对齐方式。
- text-justify：调整文本使用的对齐方式。
- word-spacing：单词之间的最小、最大和最佳间距。
- letter-spacing：字符之间的最小、最大和最佳间距。
- text-indent：文本的缩进。
- vertical-align：内容的垂直对齐方式。
- line-height：对象的行高。

2. 文本装饰属性

文本装饰属性说明如下。

- text-decoration-line：文本装饰线条的位置。
- text-decoration-color：文本装饰线条的颜色。
- text-decoration-style：文本装饰线条的形状。
- text-decoration-skip：文本装饰线条略过的部分。
- text-underline-position：文本下画线的位置。
- text-shadow：文本的阴影及模糊效果。
- text-decoration：复合属性。

文本和文本装饰属性的应用示例可参照 css2.html。

css2.html 的代码如下：

```
<!DOCTYPE html>
<html>
    <head>
        <meta charset = "UTF-8">
        <title>文本和文本装饰</title>
        <style type = "text/css">
            div {
                text-indent: 30px;
                text-align: left;
                line-height: 25px;
                letter-spacing: 5px;
                text-decoration: underline;
                color: orangered;
            }
        </style>
    </head>
    <body>
        <div>
            故天将降大任于是人也,必先苦其心志,劳其筋骨,饿其体肤,空乏其身,行拂乱其所为,所以动心忍性,曾益其所不能.
        </div>
    </body>
</html>
```

css2.html 的显示结果如图 8-2 所示。

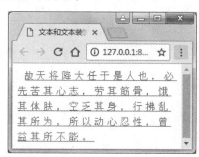

图 8-2　css2.html 的显示结果

8.3　背景属性

观看视频

CSS 中的背景属性可以用来设置 body、table 等元素的背景，主要包括背景色、背景图片、背景图片的平铺方式等。背景属性说明如下。

- background-color：背景颜色。
- background-image：背景图像。
- background-repeat：背景图像如何铺排填充。
- background-attachment：背景图像随着对象内容滚动或者固定。
- background-position：背景图像位置。
- background-origin：背景图像显示的原点。
- background-clip：背景向外裁剪的区域。
- background-size：背景图像的尺寸大小。
- background：复合属性。

背景属性的应用示例可参照 css3.html。

css3.html 的代码如下：

```
<!DOCTYPE html>
<html>
    <head>
        <meta charset="UTF-8">
        <title>背景属性</title>
        <style type="text/css">
            body {
                color: yellow;
                font-family: 黑体;
                font-size: 12pt;
                background-image: url(img/back1.jpg);
                background-repeat: repeat-y;
                background-attachment: fixed;
            }
        </style>
    </head>
    <body>
```

```
            范仲淹:苏幕遮< br /> 碧云天,黄叶地,秋色连波,波上寒烟翠.山映斜阳天接水,芳草无情,
更在斜阳外.
            < br /> 黯乡魂,追旅思.夜夜除非,好梦留人睡.明月楼高休独倚,酒入愁肠,化作相思泪.
            < br />
            < br /> 范仲淹:渔家傲
            < br /> 塞下秋来风景异,衡阳雁去无留意.四面边声连角起,千嶂里,长烟落日孤城闭.
            < br /> 浊酒一杯家万里,燕然未勒归无计.羌管悠悠霜满地,人不寐,将军白发征夫泪.
            < br />
        </body>
</html>
```

css3.html 的显示结果如图 8-3 所示。

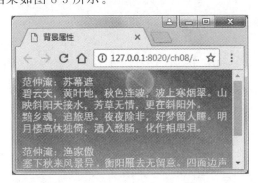

图 8-3 css3.html 的显示结果

当拖动垂直滚动条时,背景图片固定,不随文字滚动。

8.4 边框属性

利用 CSS 的边框属性可以设置对象边框的颜色、样式及宽度等。CSS3 中还增加了圆角边框、阴影、边框填充图像等新的属性。使用边框属性之前,必须先设定对象的高度及宽度,或者将对象的 position 属性设置成 absolute。

1. 边框颜色

边框颜色的属性如下。

- border-top-color:上边框的颜色。
- border-right-color:右边框的颜色。
- border-bottom-color:下边框的颜色。
- border-left-color:左边框的颜色。
- border-color:复合属性,同时设置 4 个边框的颜色。

当使用 border-color 属性时,对边框颜色赋值时可以使用以下几种方式。

- 4 个参数:按上方、右方、下方、左方的顺序赋值,例如 border-color: red green blue black。
- 一个参数:颜色作用于 4 条边框,例如 border-color: red。
- 两个参数:按照上下、左右的顺序赋值,例如 border-color: red green,表示上下边框为红色,左右边框为绿色。

- 3个参数:按照上、左右、下的顺序赋值,例如 border-color:red green blue,表示上边框为红色,左右边框为绿色,下边框为蓝色。

2. 边框样式

定义边框样式的属性如下。

- border-top-style:上边框的样式。
- border-right-style:右边框的样式。
- border-bottom-style:下边框的样式。
- border-left-style:左边框的样式。
- border-style:复合属性,同时设置4个边框的样式。

当使用 border-style 属性设置边框样式时,参数的个数及赋值方式与 border-color 类似,边框样式的可取值及其说明如表 8-1 所示。

表 8-1 边框样式的取值

边框样式	说 明
none	无边框,无论边框宽度设为多大
hidden	隐藏边框
dotted	点线边框
dashed	虚线边框
solid	实线边框
double	双线边框
groove	3D 凹槽边框
ridge	菱形边框
inset	3D 内嵌边框
outset	3D 凸边框

3. 边框宽度

定义边框宽度的属性如下。

- border-top-width:上边框的宽度。
- border-right-width:右边框的宽度。
- border-bottom-width:下边框的宽度。
- border-left-width:左边框的宽度。
- border-width:复合属性,同时设置4个边框的宽度。

使用 border-width 属性时,宽度的取值可以使用关键字或自定义的数值,参数的个数及赋值方式与 border-color 类似。边框宽度可取值为 medium、thin、thick、长度值。medium 指默认宽度;thin 指小于默认宽度;thick 指大于默认宽度。边框属性的使用可参照 css4.html。

css4.html 的代码如下:

```
<!DOCTYPE html>
<html>
    <head>
        <meta charset = "UTF - 8">
        <title>边框属性</title>
```

```
            <style type="text/css">
                div.b1 {
                    border: 2px dashed #FF9600;
                    position: absolute;
                    background-color: #33CCFF;
                    width: 250px;
                    height: 100px;
                    display: inline"
                }
                div.b2 {
                    border: 4px double red;
                    position: relative;
                    top: 10px;
                    left: 10px;
                    width: 100px;
                    height: 100px;
                    background-color: #FFCC00;
                }
            </style>
        </head>
        <body>
            <div class="b1">
            <div class="b2">春晓<br />
                春眠不觉晓<br />
                处处闻啼鸟<br />
                夜来风雨声<br />
                花落知多少</div>
            </div>
        </body>
    </html>
```

css4.html 的显示结果如图 8-4 所示。

4. 圆角边框

圆角边框是 CSS3 新增的属性，设置圆角边框的属性如下。

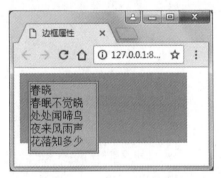

图 8-4　css4.html 的显示结果

- border-top-left-radius：对象的边框左上角圆角半径。
- border-top-right-radius：对象的边框右上角圆角半径。
- border-bottom-right-radius：对象的边框右下角圆角半径。
- border-bottom-left-radius：对象的边框左下角圆角半径。
- border-radius：复合属性。

当单独设置对象的一个角的圆角边框时，属性值为两个参数，以空格分隔，第一个参数表示圆角水平半径，第二个参数表示圆角垂直半径，如果第二个参数省略，则默认等于第一个参数。

当使用 border-radius 复合属性时，属性值可分为两部分，以"/"分隔，第一部分表示水平半径，第二部分表示垂直半径，如果第二部分省略，则默认与第一部分的参数值相同。每部分允许设置 1~4 个参数值，以水平半径为例：
- 如果提供全部 4 个参数值，将按上左、上右、下右、下左的顺序作用于 4 个角。
- 如果只提供一个参数值，将作用于全部 4 个角。
- 如果提供两个参数值，第一个用于上左、下右两个角，第二个用于上右、下左两个角。
- 如果提供三个参数值，第一个用于上左角，第二个用于上右、下左两个角，第三个用于下右角。

垂直半径的设置与水平半径类似。设置边框的一个圆角的示例可参考 css5.html。

css5.html 的代码如下：

```html
<!DOCTYPE html>
<html>
    <head>
        <meta charset = "UTF-8">
        <title>一个圆角边框</title>
        <style type = "text/css">
            div {
                height: 60px;
                width: 220px;
                display: table-cell;
                vertical-align: middle;
                text-align: center;
                border: 5px solid green;
                border-top-right-radius: 30px;
                font-size: 16pt;
            }
        </style>
    </head>
    <body>
        <div>我有一个圆角</div>
    </body>
</html>
```

css5.html 的显示结果如图 8-5 所示。

设置边框的两个圆角的示例可参考 css6.html。

css6.html 的代码如下：

```html
<!DOCTYPE html>
<html>
    <head>
        <meta charset = "UTF-8">
        <title>两个圆角边框</title>
        <style type = "text/css">
            div {
                height: 60px;
                width: 220px;
                display: table-cell;
                vertical-align: middle;
                text-align: center;
```

```
            border: 5px solid green;
            border-top-right-radius: 30px;
            border-bottom-left-radius: 30px;
            font-size: 16pt;
        }
    </style>
</head>
<body>
    <div>我有两个圆角</div>
</body>
</html>
```

css6.html 的显示结果如图 8-6 所示。

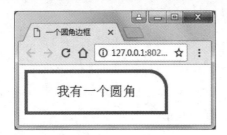

图 8-5　css5.html 的显示结果

图 8-6　css6.html 的显示结果

5. 边框阴影

边框阴影也是 CSS3 新增的样式属性，使用 box-shadow 属性设置。box-shadow 属性的使用方法如下：

```
box-shadow: h-shadow v-shadow blur spread color inset;
```

其中，各参数说明如下。

- h-shadow：必需，水平阴影的位置，允许负值。
- v-shadow：必需，垂直阴影的位置，允许负值。
- blur：可选，模糊距离。
- spread：可选，阴影尺寸。
- color：可选，阴影的颜色。
- inset：可选，将外部阴影改为内部阴影。

边框阴影的使用可参照 css7.html。

css7.html 的代码如下：

```
<!DOCTYPE html>
<html>
    <head>
        <meta charset="UTF-8">
        <title>边框阴影</title>
        <style>
            .ex li {
                margin-top: 20px;
                list-style: none;
```

```
                width: 200px;
                padding: 10px;
                background: #FFCC00;
                font-size: 14pt;
            }
            .ex .outset {
                box-shadow: 6px 6px rgba(99, 0, 255, 0.7);
            }
            .ex .outset-blur {
                box-shadow: 6px 6px 6px rgba(99, 0, 255, 0.7);
            }
            .ex .outset-ext {
                box-shadow: 6px 6px 6px 6px rgba(99, 0, 255, 0.7);
            }
            .ex .inset {
                box-shadow: 2px 2px 6px 1px rgba(99, 0, 255, 0.7) inset;
            }
        </style>
    </head>
    <body>
        <ul class="ex">
            <li class="outset">外阴影</li>
            <li class="outset-blur">外阴影模糊</li>
            <li class="outset-ext">外阴影模糊外延</li>
            <li class="inset">内阴影</li>
        </ul>
    </body>
</html>
```

css7.html 的显示结果如图 8-7 所示。

6. 图像边框

CSS3 中支持绘制图像边框，使用以下属性设置。

- border-image-source：用于指定用于绘制边框的图像的位置。
- border-image-slice：图像边界向内偏移。
- border-image-width：图像边界的宽度。
- border-image-outset：指定在边框外部绘制的量。
- border-image-repeat：用于设置图像边界的平铺方式。
- border-image：复合属性。

图 8-7　css7.html 的显示结果

border-image 属性的使用方法如下：

```
border-image: source slice width outset repeat;
```

其中，border-image 属性的值使用空格隔开，分别对应图像边框的非复合属性。绘制边框图像的示例可参考 css8.html。

css8.html 的代码如下：

```html
<!DOCTYPE html>
<html>
    <head>
        <meta charset="UTF-8">
        <title>绘制图像边框</title>
        <style type="text/css">
            div {
                width: 300px;
                height: 80px;
                border: 5px solid;
                display: table-cell;
                vertical-align: middle;
                text-align: center;
                font-size: 30pt;
                color: #FF4500;
                border-image-source: url(img/back2.jpg);
                border-image-slice: 5% 5%;
                border-image-width: 10px 10px;
                border-image-outset: 5px 5px;
                border-image-repeat: repeat;
            }
        </style>
    </head>
    <body>
        <div>绘制图像边框</div>
    </body>
</html>
```

css8.html 的显示结果如图 8-8 所示。

图 8-8　css8.html 的显示结果

边框的显示样式也可以使用 border 复合属性按照宽度、样式、颜色的顺序定义。

观看视频

8.5　定位属性

利用 CSS 定位属性可以定义元素的定位方式和元素上、下、左、右偏移的位置，也可以定义元素的叠放次序。CSS3 的定位属性如下。

- position：对象的定位方式。static：无特殊定位；relative：相对定位，对象不可层叠；absolute：绝对定位，对象可以层叠。

- z-index：对象的层叠顺序。auto：遵循父元素的定位；自定义的数值：无单位的整数值，可为负数，值较大的对象会覆盖值较小的对象。如果两个对象具有相同的 z-index 值，那么将根据在文档中声明的顺序来决定覆盖顺序。
- top：对象参照相对物顶边界向下偏移的位置。auto：无特殊定位；自定义数值：百分比或长度，只有 position 取值为 absolute 或 relative 时，此属性值才有效。right、bottom、left 属性的取值与之类似。
- right：对象参照相对物右边界向左偏移的位置。
- bottom：对象参照相对物下边界向上偏移的位置。
- left：对象参照相对物左边界向右偏移的位置。
- clip：对象的可视区域，区域外的部分是透明的。auto：自动；shape：按照形状定义显示。

8.6 布局属性

观看视频

在 HTML 中，元素的位置是依次排列的，而在 CSS 中可以利用布局属性来定义元素的排列位置。常用的布局属性有 display、float、clear、visibility 等。

1. display 属性

display 属性用来确定页面元素是否显示及显示方式，display 属性不可继承。display 属性常用的值如下。

- block：定义元素为块对象。
- inline：定义元素为内联对象，即行内元素。
- list-item：定义元素为列表项目。
- none：定义元素为隐藏对象，同时元素所占的空间也被清除。

2. float 属性

float 属性用来定义元素是否浮动及浮动的方式。可取的值如下。

- none：元素不浮动。
- left：元素浮动在左侧。
- right：元素浮动在右侧。

3. clear 属性

clear 属性用来定义不允许有浮动对象的边。可取的值如下。

- none：允许两边都可以有浮动对象。
- both：不允许有浮动对象。
- left：不允许左边有浮动对象。
- right：不允许右边有浮动对象。

4. visibility 属性

visibility 属性用来确定元素是否显示，该属性不可继承。可取的值如下。

- visible：元素可见。
- hidden：元素不可见，但元素所占空间依然存在。
- collapse：在表格元素中使用时，会隐藏表格中的行和列。在非表格元素中使用时，元素不可见。

5. overflow 属性

overflow 为复合属性,指对象处理溢出内容的方式。

6. overflow-x 属性

overflow-x 属性指明如果溢出元素内容区域的话,是否对内容的左右边缘进行裁剪。可取的值如下。

- visible:不裁剪内容,可能会显示在内容框之外。
- hidden:裁剪内容,不提供滚动机制。
- scroll:裁剪内容,提供滚动机制。
- auto:如果溢出,则应提供滚动机制。
- no-display:如果内容不适合内容框,则删除整个内容。
- no-content:如果内容不适合内容框,则隐藏整个内容。

7. overflow-y 属性

overflow-y 属性指明如果溢出元素内容区域的话,是否对内容的上下边缘进行裁剪。其取值与 overflow-x 属性类似。

定位属性和布局属性的使用示例可参照 css9.html。

css9.html 的代码如下:

```html
<!DOCTYPE html>
<html>
    <head>
        <meta charset="UTF-8">
        <title>定位属性和布局属性</title>
        <style type="text/css">
            .d1 {
                position: absolute;
                background-color: #33CCFF;
                width: 250px;
                height: 100px;
                display: inline
            }
            .d2 {
                position: relative;
                top: 10px;
                left: 10px;
                width: 100px;
                height: 100px;
                background-color: #FFCC00;
            }
            .d3 {
                position: relative;
                top: -40px;
                left: 120px;
                width: 100px;
                height: 100px;
                background-color: #FF9966
            }
```

```
            </style>
        </head>
        <body>
            <div class = "d1">
                <div class = "d2">春晓
                    <br />春眠不觉晓
                    <br />处处闻啼鸟
                    <br />夜来风雨声
                    <br />花落知多少
                </div>
                <div class = "d3">静夜思
                    <br />床前明月光
                    <br />疑是地上霜
                    <br />举头望明月
                    <br />低头思故乡
                </div>
            </div>
        </body>
</html>
```

css9.html 的显示结果如图 8-9 所示。

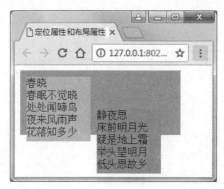

图 8-9　css9.html 的显示结果

8.7　列表属性

列表属性用于设置列表项的表现形式，常用的列表属性有 list-style-type、list-style-position、list-style-image 及 list-style。

1．list-style-type 属性

list-style-type 属性用来定义列表项的显示符号，可以继承，常用的值如下。

- disc：实心圆。
- circle：空心圆。
- square：实心方块。
- decimal：阿拉伯数字。
- lower-roman：小写罗马数字。
- upper-roman：大写罗马数字。

- lower-alpha：小写英文字母。
- upper-alpha：大写英文字母。
- none：不使用项目符号。

2. list-style-position 属性

list-style-position 属性用来定义项目符号在列表中显示的位置，可以继承，其可取的值如下。

- outside：项目符号放置在列表项文本以外。
- inside：项目符号放置在列表项文本以内。

3. list-style-image 属性

list-style-image 属性用来定义代替列表项符号的图像。

除了使用以上属性之外，还可以使用 list-style 复合属性按照 list-style-type、list-style-position、list-style-image 的顺序综合设置列表项的显示样式。

观看视频

8.8 光标属性

在 CSS 中，可以通过光标属性 cursor 来设置光标的显示图形，CSS 光标属性可取的值如表 8-2 所示。

表 8-2　CSS 光标属性

光 标 属 性	说　　明	光 标 属 性	说　　明
crosshair	十字准线	s-resize	向下改变大小
pointer|hand	手形	e-resize	向右改变大小
wait	表或沙漏	w-resize	向左改变大小
help	问号或气球	ne-resize	向上右改变大小
no-drop	无法释放	nw-resize	向上左改变大小
text	文字或编辑	se-resize	向下右改变大小
move	移动	sw-resize	向下左改变大小
n-resize	向上改变大小		

小结

- CSS3 的属性包括文本属性、字体属性、背景属性、定位属性、布局属性、边框属性、列表属性、光标属性等。
- 可以通过字体属性来指定网页中文字的显示结果，主要包括文字的字体、字号、样式等。
- 文本属性主要用来设置块元素内的文字的显示样式，主要包括缩进、对齐方式、行高、文字间隔、文本大小写等。
- 文本装饰属性可用来设置文本装饰线条的样式，也可用来设置文本阴影。
- CSS 中的背景属性可以用来设置 body、table 等元素的背景，主要包括背景色、背景图片、背景平铺方式等。
- 利用 CSS 边框属性可以设置对象边框的颜色、样式及宽度。CSS3 中还增加了圆角边框、阴影、边框填充图像等新属性。
- 利用CSS定位属性可以定义元素的定位方式和元素上、下、左、右相对于参照物的偏移位置,也可以定义元素的叠放次序。
- 在CSS中可以利用布局属性来定义元素的排列位置。

习题

1. 下列(　　)CSS属性用来设置对象的背景颜色。
   A. bgcolor　　　　　　　　B. background-color
   C. color　　　　　　　　　D. 以上都不对
2. 下列(　　)CSS属性用来设置页面上某个区域的字体。
   A. font-face　　B. face　　C. font-family　　D. size
3. 以下(　　)是CSS3的边框属性。
   A. border-image　B. border-radius　C. box-shadow　D. 以上都正确
4. 以下(　　)代码可以实现背景平铺效果。
   A. div{background-image：url(image/bg.gif);}
   B. div{background-image：url(image/bg.gif) repeat-x;}
   C. div{background-image：url(image/bg.gif) repeat-y;}
   D. div{background-image：url(image/bg.gif) no-repeat;}
5. CSS样式background-position：-5px 10px表示(　　)。
   A. 背景图片向左偏移5px,向下偏移10px
   B. 背景图片向左偏移5px,向上偏移10px
   C. 背景图片向右偏移5px,向下偏移10px
   D. 背景图片向右偏移5px,向上偏移10px
6. 可以设置页面中某个div相对页面水平居中的CSS样式是(　　)。
   A. margin：0 auto　　　　　B. padding：0 auto
   C. text-align：center　　　D. vertical-align：middle
7. 若要使<div>标签出现滚动条,则需要为该标签定义(　　)样式。
   A. overflow：hidden　　　　B. display：block
   C. overflow：scroll　　　　D. display：scroll
8. 在HTML网页中添加如下CSS样式,鼠标悬浮在链接上面时,网页中的链接呈现的颜色为(　　)。

```
body { color:red; }
a { color:black; }
a:link, a:visited { color:blue; }
a:hover, a:active { color:green; }
```

   A. 红色　　　　B. 绿色　　　　C. 蓝色　　　　D. 黑色
9. CSS3属性分为哪几类?

第9章 CSS3页面布局

9.1 概述

网页的外观是否精美,除了取决于内容及色彩搭配之外,还取决于网页的布局是否合理。网页的要素包括文字、图片、图表、菜单、动画、音频、视频等。网页设计中的布局指的是网页的各种构成要素的有效排列。

实现网页的页面布局一般有3种方法:表格布局、框架布局及DIV+CSS页面布局。

1. 表格布局

表格布局的实现方式比较简单,早期的网站大多数采用这种方式来布局。表格布局容易控制各个元素,相互影响较小,浏览器的兼容性较好。但是,表格布局也存在一些缺陷。首先,在某些浏览器(例如IE)下,表格只有在下载完成后才可以显示。当数据量比较大时,在一定程度上会影响网页的浏览速度。其次,搜索引擎难以分析结构较复杂的表格,而且网页样式的改版维护也比较麻烦。另外,在多重表格嵌套的情况下,代码可读性较差,页面下载的速度也会受到影响。

2. 框架布局

框架布局指的是利用框架来对页面空间进行有效的划分,每个区域可以显示不同的网页内容,各个区域之间互不影响。使用框架进行布局,可以使网页更整洁、清晰,网页下载的速度较快。但是如果框架使用较多,也会影响网页的浏览速度。对于内容较多、较复杂的网站,最好不要采用框架布局。另外,框架的浏览器兼容性不好,保存比较麻烦。而且HTML5中已明确不再支持框架,因此框架布局应用的范围有限。

3. DIV+CSS页面布局

对于规模较大、比较复杂的网站,大多数采用DIV+CSS方式来进行布局,也是目前比较流行的方式。DIV+CSS布局方式具有较为明显的优势,主要表现有以下几点。

1) 内容和表现相分离

HTML文件主要用来保存内容信息,网页的表现样式使用CSS实现,样式规则可以放在一个单独的CSS样式表文件中。

2) 对搜索引擎的支持更加友好

搜索引擎可以更加有效地分析只包含结构化内容的HTML文件。

3) 文件代码执行速度更快

DIV+CSS生成的HTML文件容量小,网页下载的速度快,浏览的效率更高。

4)易于维护

由于网页的表现样式通过单独的 CSS 文件实现,如果要改版,只需要修改 CSS 文件,而不用修改原 HTML 文件,因此页面样式的维护更加方便,而且也利于统一整个网站的风格。对于一些大型的网站,可以使用不同的 CSS 文件对应不同的风格,更换起来非常方便。

但是 DIV+CSS 页面布局也存在一定的不足。DIV+CSS 方式实现起来比较复杂,初学者不易掌握。DIV+CSS 方式对于元素的控制太灵活,容易出错。DIV+CSS 方式还没有解决浏览器的完全兼容问题。例如在 IE 浏览器上可以正常显示的页面,换作其他浏览器显示可能会面目全非。使用 DIV+CSS 布局的开发周期较长,开发成本较高。

9.2 盒子模型和 DIV

观看视频

在 CSS 中,页面中的所有元素都可以看成一个盒子,占据着页面上一定的空间。一个盒子模型由 content(内容)、padding(填充)、border(边框)和 margin(间隔)4 部分组成。一个盒子的实际宽度或高度如下:

content + padding + border + margin

可以通过 width 属性和 height 属性来控制每一个盒子的 content 的大小,也可以通过定义各边的 border、padding、margin 等属性的大小以实现排版要求的效果。盒子模型的示意图如图 9-1 所示。

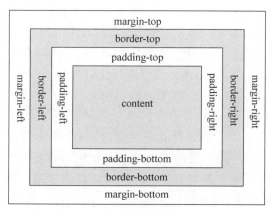

图 9-1 盒子模型的示意图

DIV 全称为 Division,代表网页内容中的一个逻辑区域。DIV 相当于一个容器,由起始标签<div>和结束标签</div>及其中的内容组成。在 DIV 内部可以嵌套各类元素,例如表格、文本、段落及 DIV 等。DIV 有许多属性,其中和定位布局有关的属性如表 9-1 所示。

表 9-1 DIV 的定位属性及说明

属 性	说 明
height	DIV 的高度
width	DIV 的宽度
margin	DIV 的外延边距,即到父容器的距离,按上、右、下、左的顺序排列
margin-left	DIV 到父容器左边框的距离
margin-right	DIV 到父容器右边框的距离

续表

属 性	说 明
margin-top	DIV 到父容器上边框的距离
margin-bottom	DIV 到父容器下边框的距离
padding	DIV 的内容与其边框之间的距离,按上、右、下、左的顺序排列
padding-left	DIV 的内容与其左边框之间的距离
padding-right	DIV 的内容与其右边框之间的距离
padding-top	DIV 的内容与其上边框之间的距离
padding-bottom	DIV 的内容与其下边框之间的距离
position	DIV 的定位方式,可取值 static｜relative｜absolute｜fixed
left	DIV 相对于文档层次中最近一个定位对象左边界的距离
top	DIV 相对于文档层次中最近一个定位对象上边界的距离
right	DIV 相对于文档层次中最近一个定位对象右边界的距离
bottom	DIV 相对于文档层次中最近一个定位对象下边界的距离
z-index	DIV 的层叠次序
overflow	DIV 的内容溢出控制,可取值 scroll｜visible｜auto｜hidden
direction	DIV 的内容流向,可取值 ltr｜rtl
display	DIV 的显示属性,可取值 block｜none｜inline｜compact
float	DIV 是否浮动及浮动的方式,可取值 left｜right｜none
clear	DIV 的浮动清除,可取值 none｜left｜right｜both

1. position 属性

position 属性的默认取值为 static,指的是不定位,DIV 按照默认的位置显示。

当 position 取值为 relative 时,指的是相对于 static 方式时 DIV 的位置偏移。

当 position 取值为 absolute 时,指的是绝对定位,是用 top、left、right、bottom 等直接定位 DIV 相对于其最近的容器的位置;如果没有明确的最近的容器,则按照相对于页面文档的位置确定。实际上,absolute 方式本质上仍然是相对定位。

当 position 取值为 fixed 时,指的是真正的绝对定位,是用 top、left、right、bottom 来指定 DIV 相对于浏览器的位置,即使用户使用滚动条来滚动页面,DIV 相对于浏览器的位置仍然不变,即在界面中 DIV 的位置是不变化的。对于目前常用的浏览器来说,除了 IE 6 之外,其他的浏览器都可以识别 fixed 值。

2. overflow 属性

overflow 属性可以指定 DIV 中溢出内容的显示方式。

当 overflow 取值为 visible 时,溢出的内容不会被截断,而是显示在 DIV 之外。

当 overflow 取值为 hidden 时,溢出的内容会被截断,而且浏览器不出现查看内容的滚动条。

当 overflow 取值为 scroll 时,溢出的内容会被截断,但是浏览器会提供查看截断内容的滚动条。

当 overflow 取值为 auto 时,由浏览器决定如何显示,如果有必要,则显示滚动条。

3. display 属性

display 属性可以控制 DIV 的显示方式。

当 display 取值为 none 时,DIV 不可见。

当 display 取值为 inline 时，DIV 可见，是行内元素，DIV 元素前后不会换行。

当 display 取值为 block 时，DIV 可见，是块级元素，DIV 元素前后会出现换行。

4. float 属性

float 属性可以定义 DIV 的浮动方式。当 float 属性取值为 none 时，DIV 不会发生任何浮动，块级元素会独占一行，其后的块级元素将会在新行中显示。此时的 display 属性相当于取值为 block，display 属性会被忽略。

当 float 属性取值为 left 时，DIV 会向左端浮动，其后的 DIV 的显示方式和浏览器有关。例如在 IE 中，其后的 DIV 在水平方向上会紧随其后。但是在 Firefox 中，其后的 DIV 在水平方向上不可见，但会显示其文字。如果对两个 DIV 都采用向左浮动，则两个 DIV 会显示在同一行内，这种方式不存在浏览器的兼容问题。

当 float 属性取值为 right 时，DIV 会向右端浮动。

5. clear 属性

div 的 clear 属性可用来清除 DIV 左右的浮动。

clear 属性的默认值为 none，指的是不清除浮动，允许 DIV 左右两边存在浮动对象。

clear 属性取值为 left 时，清除左边的浮动对象，即不允许左边出现浮动对象。

clear 属性取值为 right 时，清除右边的浮动对象，即不允许右边出现浮动对象。

clear 属性取值为 both 时，清除左右两边的浮动对象，即不允许左右两边出现浮动对象。

9.3 页面布局

一般的网页需要包括标志、站点名称、主页面内容、站点导航、子菜单、搜索区、功能区及页脚等部分。每部分可以使用一个 DIV 表示，每个 DIV 都可以使用 CSS 的定位属性使其显示在页面的合适位置，各个 DIV 组成了整个网页的结构。

观看视频

9.3.1 简单布局

1. 默认布局

DIV 的默认布局为垂直排列。每个 DIV 在默认情况下是块级元素，独占一行，DIV 前后会出现换行，例如 layout1.html。

layout1.html 的代码如下：

```
<!DOCTYPE html>
<html>
    <head>
        <meta charset = "UTF-8">
        <title>垂直排列</title>
        <style type = "text/css">
            div{
                width: 200px;
                height: 30px;
                border:1px solid gray;
            }
```

```
            .lay1 {
                background-color: #90EE90;
            }
            .lay2 {
                background-color: #FFFACD;
            }
            .lay3 {
                background-color: #F08080;
            }
        </style>
    </head>
    <body>
        <div class = "lay1"></div>
        <div class = "lay2"></div>
        <div class = "lay3"></div>
    </body>
</html>
```

layout1.html 在 Chrome 中的显示结果如图 9-2 所示。

2．水平排列

如果 DIV 要水平排列，只需要将 DIV 的 float 属性设置为 left 即可，例如 layout2.html。

layout2.html 的代码如下：

```
<!DOCTYPE html>
<html>
    <head>
        <meta charset = "UTF-8">
        <title>水平排列</title>
        <style type = "text/css">
            div{
                width: 100px;
                height: 30px;
                border:1px solid gray;
            }
            .lay1 {
                background-color: #90EE90;
                float: left;
            }
            .lay2 {
                background-color: #FFFACD;
                float: left;
            }
            .lay3 {
                background-color: #F08080;
                float: left;
            }
        </style>
    </head>
    <body>
        <div class = "lay1"></div>
```

```
            <div class = "lay2"></div>
            <div class = "lay3"></div>
    </body>
</html>
```

在 Chrome 中打开 layout2.html,显示结果如图 9-3 所示。当浏览器窗口变小时,DIV 会自动换行。

图 9-2　layout1.html 的显示结果

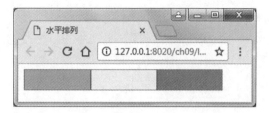

图 9-3　layout2.html 的显示结果

3. DIV 的嵌套

DIV 之间可以互相嵌套,可以通过设置 DIV 的相关属性来确定各个 DIV 之间的位置,例如 layout3.html,一个 DIV 中嵌套 3 个垂直排列的 DIV。

layout3.html 的代码如下:

```
<!DOCTYPE html>
<html>
    <head>
        <meta charset = "UTF-8">
        <title>DIV 的嵌套</title>
        <style type = "text/css">
            .container {
                width: 300px;
                height: 100px;
                background-color: #7B68EE;
                padding-top: 10px;
                padding-right: 20px;
                padding-bottom: 10px;
                padding-left: 20px;
                text-align: center;
                border:1px solid gray;
            }
            .lay1 {
                width: 200px;
                height: 30px;
                background-color: #90EE90;
                margin:auto;
            }
            .lay2 {
                width: 200px;
                height: 30px;
```

```
                    background-color: #FFFACD;
                    margin:auto;
                }
                .lay3 {
                    width: 200px;
                    height: 30px;
                    background-color: #F08080;
                    margin:auto;
                }
        </style>
    </head>
    <body>
        <div class="container">
            <div class="lay1"></div>
            <div class="lay2"></div>
            <div class="lay3"></div>
        </div>
    </body>
</html>
```

layout3.html 在 Chrome 中的显示结果如图 9-4 所示。

图 9-4　layout3.html 的显示结果

注意：在 Firefox 浏览器和 Chrome 浏览器中，text-align 属性不起作用，为了使内层的 3 个 DIV 始终居中显示，可添加其 margin 属性值为 auto。

4. 简单混合布局

通过 DIV 的嵌套也可以实现简单的混合布局。一般混合布局的网页主要分成 head、main、footer 三部分，其中 main 部分又可以分成左、右两部分，例如 layout4.html。

layout4.html 的代码如下：

```
<!DOCTYPE html>
<html>
    <head>
        <meta charset="UTF-8">
        <title>简单混合布局</title>
        <style type="text/css">
            body {
                margin: 0px;
                text-align: center;
                background-color: #FFFFFF;
```

```css
            }
            .container {
                background-color: #FFFF93;
                width: 100%;
            }
            .header {
                background-color: #FFCC99;
                width: 100%;
                margin: 0 auto;
                height: 50px;
            }
            .pagebody {
                background-color: #90EE90;
                width: 100%;
                margin: 0 auto;
                height: 120px;
            }
            .slidebar {
                background-color: orange;
                float: left;
                width: 30%;
                height: 100%;
            }
            .mainbody {
                background-color: #87CEFA;
                float: right;
                width: 70%;
                height: 100%;
            }
            .footer {
                width: 100%;
                margin: 0 auto;
                height: 20px;
                background-color: yellow;
            }
        </style>
    </head>
    <body>
        <div class="container">
            <div class="header"></div>
            <div class="pagebody">
                <div class="slidebar"></div>
                <div class="mainbody"></div>
            </div>
            <div style="clear:both"></div>
            <div class="footer"></div>
        </div>
    </body>
</html>
```

layout4.html 在 Chrome 浏览器中的显示结果如图 9-5 所示。

图 9-5 layout4.html 的显示结果

9.3.2 圣杯布局

圣杯布局是 3 列水平排列，左、右列宽度固定，中间列自适应。圣杯布局是 Kevin Cornell 在 2006 年提出的布局模型概念，在国内最早是由淘宝 UED 的工程师改进并传播开来的。它的布局要求有 3 点：

- 3 列布局，中间列宽度自适应，左、右列宽度固定。
- 中间列要在浏览器中优先展示渲染。
- 允许任意列的高度最高。

例如 layout5.html。

layout5.html 的代码如下：

```
<!DOCTYPE html>
<html>
    <head>
        <meta charset="UTF-8">
        <title>圣杯布局</title>
        <style type="text/css">
            .container {
                padding: 0 300px 0 200px;
                min-width: 300px;
            }
            .left,
            .main,
            .right {
                position: relative;
                min-height: 80px;
                float: left;
            }
            .left {
                left: -200px;
                background-color: green;
                width: 200px;
                margin-left: -100%;
            }
```

```
            .main {
                background-color: blue;
                width: 100%;
            }
            .right {
                margin-right: -200px;
                background-color: red;
                width:120px;
            }
        </style>
    </head>
    <body>
        <div class="container">
            <div class="main">main</div>
            <div class="left">left</div>
            <div class="right">right</div>
        </div>
    </body>
</html>
```

layout5.html 在 Chrome 中的显示结果如图 9-6 所示。

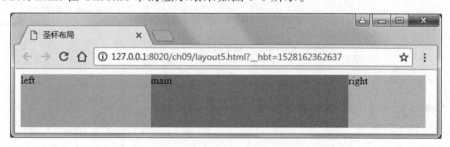

图 9-6　layout5.html 的显示结果

当浏览器窗口宽度变小时，中间栏宽度变小，为了避免窗口宽度过小时，DIV 出现换行的情况，可以设置包含 DIV 的 container 的最小宽度。

9.3.3　多栏布局

CSS3 的多栏布局支持对文本进行多列显示。目前，IE 10＋及其他所有的现代浏览器都支持此类属性。IE 浏览器不需要加前缀，Firefox 和 Chrome 虽然也可以不加前缀，但是考虑到移动端及一些用户浏览器的版本较低的问题，因此 Firefox 浏览器需要加前缀"-moz-"，Chrome 浏览器需要加前缀"-webkit-"。多列有关的属性如下。

- column-width：列宽。
- column-count：列数。
- column-gap：列与列之间的距离。
- column-rule：复合属性，列与列之间的边框。
- column-rule-width：列与列之间的边框宽度。
- column-rule-style：列与列之间的边框样式。
- column-rule-color：列与列之间的边框颜色。

- column-span：是否横跨所有列。
- column-fill：所有列高度是否统一。
- column-break-before：对象之前是否断行。
- column-break-after：对象之后是否断行。
- column-break-inside：对象内部是否断行。
- columns：复合属性，对象的列数和每列的宽度。

多栏布局的示例可参考 layout6.html。

layout6.html 的代码如下：

```html
<!DOCTYPE html>
<html>
    <head>
        <meta charset="UTF-8">
        <title>多栏</title>
        <style type="text/css">
            div {
                font-size: 10pt;
                width: 500px;
                column-rule: 2px solid green;
                -moz-column-rule: 2px solid green;
                -webkit-column-rule: 2px solid green;
                -moz-column-count: 3;
                -webkit-column-count: 3;
                column-count: 3;
                -moz-column-gap: 20px;
                -webkit-column-gap: 20px;
                column-gap: 20px;
            }
        </style>
    </head>
    <body>
        <div>
            Five score years ago, a great American, in whose symbolic shadow we stand signed the Emancipation Proclamation. This momentous decree came as a great beacon light of hope to millions of Negro slaves who had been seared in the flames of withering injustice. It came as a joyous daybreak to end the long night of captivity.
        </div>
    </body>
</html>
```

layout6.html 的显示结果如图 9-7 所示。

9.3.4 弹性伸缩布局

2009 年，W3C 提出了崭新的 Flex 布局，即弹性伸缩布局，它可以简便、完整、响应式地实现各种页面布局。但是这个布局方式还处于 W3C 的草案阶段，并且还分为旧版本、新版本及混合过渡版本 3 种不同的编码方式。

2009 年的版本为旧版本，通过 display：box 或者 display：inline-box 实现。2011 年的版本为混合版本，使用 display：flexbox 或者 display：inline-flexbox 实现。最新的版本使

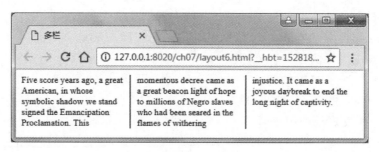

图 9-7　layout6.html 的显示结果

用 display：flex 或者 display：inline-flex 实现。目前的主流浏览器均支持最新版本，不过在 WebKit 内核的浏览器前需要使用前缀"-webkit-"。

1．容器属性

采用 Flex 布局的元素，称为 Flex 容器，简称为容器。它的所有子元素自动成为容器成员，简称为项目。容器默认存在两根轴，即水平的主轴和垂直的交叉轴。主轴的开始位置称为 main start，结束位置称为 main end，交叉轴的开始位置称为 cross start，结束位置称为 cross end。容器属性包括 flex-direction、flex-wrap、flex-flow、justify-content、align-items、align-content。

1）flex-direction

flex-direction 属性决定主轴的方向，即项目的排列方向，可取的值如下。

- row：主轴为水平方向，起点在左端。
- row-reverse：主轴为水平方向，起点在右端。
- column：主轴为垂直方向，起点在上沿。
- column-reverse：主轴为垂直方向，起点在下沿。

2）flex-wrap

默认情况下，所有项目都排在一条轴线上，flex-wrap 属性定义如果一条轴线排不下，如何换行。可取的值如下。

- nowrap：不换行。
- wrap：换行，第一行在上方。
- wrap-reverse：换行，第一行在下方。

3）flex-flow

flex-flow 属性是 flex-direction 属性和 flex-wrap 属性的简写形式，默认值为 row nowrap。

4）justify-content

justify-content 属性定义了项目在主轴上的对齐方式，对齐方式与主轴的方向有关，假设主轴的方向为从左到右。可取的值如下。

- flex-start：左对齐。
- flex-end：右对齐。
- center：居中。
- space-between：两端对齐。
- space-around：每个项目两侧的间隔相等。

5) align-items

align-items 属性定义项目在交叉轴上的对齐方式,即一般意义上的垂直对齐方式。具体的对齐方式与交叉轴的方向有关,假设交叉轴的方向为从上到下。可取的值如下。

- flex-start:与交叉轴的起点对齐。
- flex-end:与交叉轴的终点对齐。
- center:与交叉轴的中点对齐。
- baseline:与基线对齐。
- stretch:如果项目未设置高度或设为 auto,则项目将占满整个容器的高度。

6) align-content

align-content 属性定义了多根轴线的对齐方式,如果项目只有一根轴线,则此属性不起作用。可取的值如下。

- flex-start:与交叉轴的起点对齐。
- flex-end:与交叉轴的终点对齐。
- center:与交叉轴的中点对齐。
- space-between:两端对齐,轴线之间的间隔平均分布。
- space-around:每根轴线两侧的间隔相等。
- stretch:轴线占满整个交叉轴。

2. 项目属性

项目默认沿主轴排列,单个项目占据的主轴空间称为 main size,占据的交叉轴空间称为 cross size。项目属性如下。

- order:项目的排列顺序,数值越小就越靠前,默认为 0。
- flex-grow:项目的放大比例。
- flex-shrink:项目的缩小比例。
- flex-basis:在分配多余空间之前,项目占据的主轴空间。
- flex:flex-grow、flex-shrink 和 flex-basis 的简写。
- align-self:单个项目与其他项目不一样的对齐方式,可覆盖 align-items 属性。

弹性伸缩布局的使用示例可参照 layout7.html。

layout7.html 的代码如下:

```html
<!DOCTYPE html>
<html>
    <head>
        <meta charset="UTF-8">
        <title>弹性伸缩布局</title>
        <style type="text/css">
            .container{
                display:flex;
                width:500px;
                height:160px;
                border:1px solid black ;
                background-color:#90EE90;
                font-size:20pt;
                text-align:center;
```

```
                justify-content: space-between;
            }
            .item1{
                width:50px;
                height:100px;
                background-color:yellow;
                border:2px solid orange;
            }
            .item2{
                width:50px;
                height:50px;
                background-color:yellow;
                border:2px solid orange;
            }
            .item3{
                width:50px;
                height:120px;
                background-color:yellow;
                border:2px solid orange;
            }
        </style>
    </head>
    <body>
        <div class="container">
            <div class="item1">1</div>
            <div class="item2">2</div>
            <div class="item3">3</div>
            <div class="item1">4</div>
            <div class="item2">5</div>
            <div class="item3">6</div>
            <div class="item1">7</div>
        </div>
    </body>
</html>
```

layout7.html 的显示结果如图 9-8 所示。

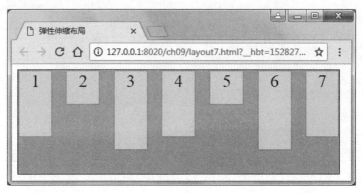

图 9-8　layout7.html 的显示结果

9.4 DIV 浮动

观看视频

当 DIV 的 float 属性取值为 left 或者 right 时，即成为浮动对象。DIV 用于网页布局时，一般都是嵌套的。如果外层的 DIV 没有设定大小，而内层的 DIV 又是浮动的，则浮动对象的物理位置会脱离文档流，因而对其父元素或者其后的元素的布局会产生影响，甚至会出现布局混乱的现象。例如 layout8.html，外层的 DIV 无法自适应高度的变化。

layout8.html 的代码如下：

```
<!DOCTYPE html>
<html>
    <head>
        <meta charset="UTF-8">
        <title>DIV无法自适应高度的变化</title>
        <style type="text/css">
            .container {
                background-color: #7B68EE;
                text-align: center;
                margin-left: auto;
                margin-right: auto;
                padding: 10px;
            }
            .lay1 {
                width: 30%;
                height: 50px;
                background-color: #90EE90;
                float: left;
            }
            .lay2 {
                width: 60%;
                height: 60px;
                background-color: #FFFACD;
                float: right;
            }
        </style>
    </head>
    <body>
        <div class="container">
            <div class="lay1"></div>
            <div class="lay2"></div>
        </div>
    </body>
</html>
```

layout8.html 的显示结果如图 9-9 所示。

以上的代码中，外层 DIV 嵌套了内层浮动的 DIV，外层 DIV 的高度无法自适应内层元素的变化。其实内层 DIV 因为设置了浮动，所以层级会提高，外层 DIV 无法再包裹内层 DIV。如果使用属性确定外层 DIV 的大小，可以使其可见，但是缺少了灵活性，不能自适应高度的变化。如果全部的元素都采用浮动，由于 DIV 的控制非常灵活，因此比较容易出现

图 9-9   layout8.html 的显示结果

混乱。要保留外层 DIV 自适应大小的特点,又要避免浮动带来的影响,可以通过清除浮动的方法来解决。

清除浮动可以消除浮动对象对其他元素的影响。一般可以采用 4 种方法来清除浮动,分别为使用空标签、使用 overflow 属性、使用:after 伪元素及浮动外部元素。

1. 使用空标签

使用空标签是最常用的清除浮动的方法,也是 W3C 推荐使用的方法。空标签可以采用块级元素,例如< div >、< p >及< br />等,在浮动元素之后添加一个空标签,并使其 clear 属性取值为 both(或者除 none 之外的其他属性值)。clear 属性值为 both,指元素的显示不受浮动层的影响,而父级元素可以包括空标签,因而父级元素不再受内层浮动对象的影响。使用空标签清除浮动实现起来非常简单,但是在文档区域增加了无意义的元素,修改了文档的结构。使用空标签消除浮动的示例可参照 layout9.html。

layout9.html 的代码如下:

```
<!DOCTYPE html>
<html>
    <head>
        <meta charset = "UTF-8">
        <title>使用空标签消除浮动</title>
        <style type = "text/css">
            .container {
                background-color: #7B68EE;
                text-align: center;
                margin-left: auto;
                margin-right: auto;
                padding: 10px;
            }
            .lay1 {
                width: 30%;
                height: 50px;
                background-color: #90EE90;
                float: left;
            }
            .lay2 {
                width: 60%;
                height: 60px;
                background-color: #FFFACD;
                float: right;
            }
```

```
            </style>
        </head>
        <body>
            <div class = "container">
                <div class = "lay1"></div>
                <div class = "lay2"></div>
                <div style = "clear:both"></div>
            </div>
        </body>
</html>
```

layout9.html 在 Chrome 浏览器中的显示结果如图 9-10 所示，改变窗口的宽度，外层 DIV 可以自适应内层元素的宽度变化。

图 9-10　layout9.html 的显示结果

2. 使用 overflow 属性

也可以把父级元素的 overflow 属性值设置成 hidden、auto 或者 scroll 来消除浮动。例如 layout10.html。

layout10.html 的代码如下：

```
<!DOCTYPE html>
<html>
    <head>
        <meta charset = "UTF - 8">
        <title>使用 overflow 属性消除浮动</title>
        <style type = "text/css">
            .container {
                background - color: #7B68EE;
                text - align: center;
                margin - left: auto;
                margin - right: auto;
                padding: 10px;
                overflow: auto;
                zoom: 1;
            }
            .lay1 {
                width: 30%;
                height: 50px;
                background - color: #90EE90;
                float: left;
            }
            .lay2 {
```

```
                width: 60%;
                height: 60px;
                background-color: #FFFACD;
                float: right;
            }
        </style>
    </head>
    <body>
        <div class="container">
            <div class="lay1"></div>
            <div class="lay2"></div>
        </div>
    </body>
</html>
```

layout10.html 在 Chrome 浏览器中的显示结果如图 9-11 所示。

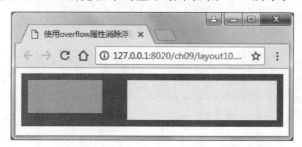

图 9-11 layout10.html 的显示结果

3. 使用:after 伪元素

:after 伪元素是在 CSS2 规范里提出来的,容器的所有子元素最后自动生成一个伪元素,并为伪元素设定样式,设定样式时使用 clear 属性消除浮动。例如 layout11.html。

layout11.html 的代码如下:

```
<!DOCTYPE html>
<html>
    <head>
        <meta charset="UTF-8">
        <title>使用伪元素消除浮动</title>
        <style type="text/css">
            .container:after {
                content: '.';
                clear: both;
                display: block;
                visibility: hidden;
                height: 0px;
            }
            .container {
                background-color: #7B68EE;
                text-align: center;
                margin-left: auto;
                margin-right: auto;
                padding: 10px;
```

```
            }
            .lay1 {
                width: 30%;
                height: 50px;
                background-color: #90EE90;
                float: left;
                zoom: 1;
                display: block;
            }
            .lay2 {
                width: 60%;
                height: 60px;
                background-color: #FFFACD;
                float: right;
                zoom: 1;
                display: block;
            }
        </style>
    </head>
    <body>
        <div class="container">
            <div class="lay1"></div>
            <div class="lay2"></div>
        </div>
    </body>
</html>
```

layout11.html 在 Chrome 浏览器中的显示结果如图 9-12 所示。

图 9-12　layout11.html 的显示结果

注意：使用伪元素消除浮动时，必须将要消除浮动的元素中的伪元素的高度设置成 0，将 visibility 设置成 hidden，否则生成的伪元素会比实际高度高出若干像素。另外，伪元素的 content 属性值是必需的，可以为空，一般设置成"."。

4. 浮动外部元素

当内部元素为浮动对象时，也可以将外部元素设置成浮动对象，这样外部元素可以包含浮动元素。但是使用这种方法需要将页面中浮动元素的所有外部元素全都设置成浮动对象，一直到 body，在实际应用中一般不推荐使用。

除了以上几种消除浮动的方法之外，还可以将父级元素的 display 设置成 table 或者 table-cell，将父级元素以 table 的形式显示以包含浮动元素。

9.5 实用技巧

在使用 DIV+CSS 进行页面布局时,有一些实用的技巧。

1. 使网页整体居中

要使最外层的 DIV 在页面上居中显示,可使用以下样式:

```
#container{
    margin: 0 auto;
    text-align: center;
}
```

其中,margin：0 auto；指的是上下边距为 0,左右为自动边距,对于 IE 6 以上的浏览器可以实现居中。text-align：center；是为了兼容 IE 6 以下版本的浏览器。

2. 颜色的表示

颜色可以使用英文单词,或者使用 6 位十六进制数表示,如果每两位的值相同,则可以使用缩写,例如"♯AABBCC"可以缩写成"♯ABC"。一般情况下,在同一个 CSS 配置中,不要同时使用全写和缩写,为了可读性好,推荐使用全写。

3. 关于上、下、左、右的属性值写法

在 CSS 中,有一些属性是区分上、下、左、右的,根据属性值个数的不同,对应上、右、下、左。例如：

padding: value1;

表示上、下、左、右的内边距都是 value1。

padding: value1 value2;

表示上、下内边距是 value1,左、右内边距是 value2。

padding: value1 value2 value3;

表示上内边距是 value1,左、右内边距是 value2,下内边距是 value3。

padding: value1 value2 value3 value4;

表示上、右、下、左内边距分别对应 value1、value2、value3、value4。

4. 度量值的单位不可省略,除非为 0

在 CSS 中,除了行高和 0 值不需要定义单位之外,其他情况都必须加上单位,在数值和单位之间不可以加多余的空格。

5. 选择符的优先级

CSS 中的类选择符可以重复使用,而 id 选择符一般只使用一次。如果页面元素同时使用了类选择符和 id 选择符,并且定义的样式出现冲突,则 id 选择符的优先级高于类选择符。

6. 默认值

CSS 中的属性一般都有默认值,例如,通常 padding 的默认值为 0,background-color 的默认值为 transparent。但是在不同的浏览器下的默认值可能不同,为了避免不兼容而造成的问题,可以使用 CSS 设定元素的属性值:

*{

```
margin: 0;
padding: 0;
}
```

以上代码将所有元素的 margin 属性值及 padding 属性值都设置成 0。

7. 超链接的样式

如果超链接的伪类在设置样式时的顺序不正确，则可能会导致超链接访问过后不能再使用:hover 样式和:active 样式，在 CSS 中声明超链接在不同的状态的样式时，应该按照:link、:visited、:hover、:active 的顺序声明。

8. IE 的双倍边距

当页面中的元素为块级元素、左浮动并且具有左外边距时，IE 会出现双倍边距的错误。例如：

```
<div style = "float: left; margin-left: 10px; width: 420px; height: 150px; border: 1 solid red">
</div>
```

在 IE 浏览器上显示时会使左外边距成为 20px，解决的办法是将元素转换成内联元素，即设置 display 属性值为 inline。

9. 高度问题

如果 DIV 设置了固定的高度，但是 DIV 里的实际内容的高度大于设置的高度，则 IE 浏览器会自动拉伸 DIV 容器。Firefox 不能自动拉伸 DIV 的高度，超出范围的内容会出现重叠的现象。为了兼容各类浏览器，可以将高度设置成自动调整，或者将 overflow 属性设置成 hidden。

9.6 CSS hack

9.6.1 主流的浏览器

目前，流行的浏览器有很多种，例如 IE、Firefox、Safari、Chrome 等。而同一种浏览器的版本也各不相同，例如 IE 7、IE 8、IE 9、IE 10 等。

1. IE

IE 浏览器是由微软公司开发的与 Windows 操作系统捆绑的 Web 浏览器，它最初是由一款商业性的专利网页浏览器 Spyglass Mosaic 衍生而来的。IE 曾经是使用最广泛的浏览器，但是市场占用率在逐年下降。目前最新的版本是 IE 11。

2. Firefox

Mozilla Firefox 中文通称为"火狐"，是一个开源的浏览器。它是由 Mozilla 基金会与开源团体共同开发的网页浏览器。Firefox 体积小，速度快。它具有标签方式，可以屏蔽弹出式窗口，自定制工具栏，进行安全保护和立体搜索。Firefox 从发行初期至今，市场占用率不断增高。根据英国防病毒公司 Sophos 的最新调查数据显示，Firefox 连续 3 年成为互联网用户最受信赖的浏览器。

3. Safari

Safari 是基于苹果 macOS X 操作系统的浏览器。Safari 在 2003 年 1 月首发了测试版，

Windows 的首个测试版在 2007 年 6 月推出。Safari 使用了苹果自己的内核,使用了 WebKit 引擎。Safari 也是 iPhone 手机、iPod Touch、iPad 平板电脑中 iOS 指定的默认浏览器。Safari 以惊人的速度渲染网页,与 Mac、iPod Touch、iPhone 及 iPad 完美兼容。

4. Chrome

Google Chrome 是由 Google 公司开发的开放源代码的浏览器。Chrome 最主要的特点是简单,速度快。它支持多标签浏览,标签之间相互独立,一个标签页面的崩溃不会影响其他的标签页面。Chrome 基于更强大的 JavaScript V8 引擎,利用内置独立的 JavaScript V8 来提高运行 JavaScript 的速度。目前,Chrome 已成为使用最广泛的浏览器,拥有最高的市场占用率。

5. Opera

Opera 是由 Opera Software 开发的一款适用于各种平台、操作系统和嵌入式网络产品的浏览器,可以在 Windows、Mac 和 Linux 三个操作系统平台上运行。Opera 浏览器速度快,体积小,比其他的浏览器拥有更好的兼容性。

9.6.2 CSS hack 的分类

由于各个浏览器对 CSS 的解析存在差异,因此可能会导致在不同的浏览器上显示的页面不相同。为了使得各个浏览器的显示页面尽量统一起来,需要针对不同的浏览器提供不同的 CSS 代码,这个过程称为 CSS hack。在声明 CSS 时,CSS 的大部分属性值可以继承和覆盖。

CSS hack 大致有 3 种表现形式,即 CSS 属性前缀法、选择器前缀法及 IE 条件注释法,实际应用中的 CSS hack 大部分是由于 IE 浏览器不同版本之间的表现差异而引入的。

1. CSS 属性前缀法

CSS 属性前缀法即 CSS 类内部 hack,指的是各个浏览器可以识别的特殊符号或标识,例如,在标准模式下,IE 6 可以识别"﹡"和"－";IE 7 可以识别"﹡",但不能识别"－";各种符号的说明如表 9-2 所示。

表 9-2　CSS hack 中的符号说明

符　号	可以识别的浏览器	举　例
\0	IE 8、IE 9、IE 10	background-color: red \0;
﹡	IE 6、IE 7	﹡background-color: black;
－	IE 6	-background-color: orange;
\9\0	IE 9、IE 10	background-color: red \9\0;
#	IE 系列	#background-color: blue;
＋	IE 7	＋background-color: blue;
!import	IE 7、IE 8、IE 9、IE 10、支持 HTML 和 XHTML 等标准的浏览器	background-color: green !important;

2. 选择器前缀法

选择器 hack 指的是将特殊符号和 CSS 的选择器结合使用。例如,﹡html.class{}可以被 IE 6 识别,﹡+html.class{}可以被 IE 7 识别。

例如:

```
body{
    background-color: red;              /* 一般浏览器背景色为红色 */
    * background-color: blue;           /* IE 浏览器的背景色为蓝色,覆盖了红色 */
    * background-color: green !import;  /* IE7 的背景色为绿色,覆盖了蓝色 */
}
```

3. IE 条件注释法

IE 条件注释法即 HTML 头部引用的条件注释,根据 IE 浏览器的版本来决定哪些 CSS 代码生效,因此这种方式只对 IE 浏览器有效。当前的 IE 浏览器的主要版本是 IE 6、IE 7、IE 8、IE 9、IE 10、IE 11,而这几个版本的 IE 对 XHTML+CSS 的解释并不完全相同。通过条件注释可以针对不同的 IE 版本分别定义。

例如:

```
<!--[if IE]-->
这里是 HTML 代码
<!--[endif]-->
```

对于以上代码,如果客户端的浏览器是 IE,则中间的 HTML 代码会生效;如果客户端的浏览器不是 IE,则会被作为注释忽略掉。

此外,还可以判断 IE 的版本号,例如:

```
<!--[if IE6]-->
这里是 HTML 代码
<!--[endif]-->
```

以上 HTML 代码只对 IE 6 浏览器有效。

如果要判断的不是 IE 的具体版本号,而是范围,则可以使用版本的比较,比较符号如表 9-3 所示。

表 9-3 判断 IE 版本时的比较符号

比 较 符 号	说　　明
lte	小于或等于
lt	小于
gte	大于或等于
gt	大于
!	不等于

例如:

```
<style type="text/css">
    body{
        background-color: red;
    }
</style>
<!--[if lte IE7]-->
    body{
        background-color: green;
    }
<!--[endif]-->
```

以上代码的作用是对于 IE 7 及 IE 7 以下的浏览器,网页的背景色为绿色;对于非 IE 浏览器及 IE 7 以上的浏览器,网页的背景色为红色。

注意：<!--[if ! IE]-->…<!--[endif]-->在非 IE 浏览器下会作为注释被忽略掉，实际上不起作用。

小结

- 在 CSS 中，页面中的所有元素都可以看成一个盒子，占据着页面上的一定空间。
- DIV 全称为 Division，代表网页内容中的一个逻辑区域。DIV 相当于一个容器，由起始标签<div>和结束标签</div>及其中的内容组成。在 DIV 内部可以嵌套各类元素。
- 一般的网页需要包括标志、站点名称、主页面内容、站点导航、子菜单、搜索区、功能区及页脚等部分。每部分可以使用一个 DIV 表示。各个 DIV 组成了整个网页的结构。
- CSS3 的多栏布局支持对文本进行多列显示。
- 2009 年，W3C 提出了崭新的 Flex 布局，即弹性伸缩布局，它可以简便、完整、响应式地实现各种页面布局。
- 可以通过消除浮动的方法来消除浮动对象对其他元素的影响。一般可以采用 4 种方法来消除浮动，分别为使用空标签、使用 overflow 属性、使用：after 伪元素及浮动外部元素。
- 各个浏览器对 CSS 的解析存在差异，因此可能会导致在不同的浏览器上显示的页面不相同。为了使得各个浏览器的显示页面尽量统一起来，需要针对不同的浏览器提供不同的 CSS 代码，这个过程称为 CSS hack。

习题

1. DIV 和 span 有什么区别？
2. Web 标准由几部分构成？
3. 使用表格布局和 DIV＋CSS 布局有何不同？
4. 改变元素的外边距使用_____属性，改变元素的内边距使用_____属性。
5. 合理的页面布局是实现结构与表现分离，结构使用_____实现，表现使用_____实现。
6. 当元素的 float 属性和 margin 属性同时使用时，如何解决 IE 6 的双倍边距问题？
7. 在 IE 6 浏览器下怎样定义高度为 1px 的容器？
8. 为什么在 Firefox 下，文本无法撑开容器的高度？
9. 如何在 IE 和 Firefox 中实现嵌套的 DIV 居中？
10. 请使用 CSS 实现以下效果：页面上有排列在同一行的 3 个 DIV，两边的 DIV 的宽度固定为 180px，中间的 DIV 为自适应宽度。3 列的高度都可以被内容撑开。

第10章 JavaScript基础

10.1 JavaScript 的简介

JavaScript 是 Netscape 公司与 Sun 公司共同开发的脚本语言,用于为网页添加交互功能,如校验数据、响应用户的操作等。JavaScript 是基于对象和事件驱动的客户端脚本语言,它是一种动态、弱类型、基于原型的语言,内置支持类。JavaScript 的主要目的是解决服务器端语言遗留的速度问题,特别是客户端的数据校验由 JavaScript 完成,以减轻服务器端的负担,可以提高网页浏览的速度。

JavaScript 的功能很强大,可以实现数学计算、表单验证、表单特效等,但是 JavaScript 的功能仅限于客户端使用,和服务器端不能进行交互,因而并不是真正的动态网页设计技术。

JavaScript 与 Java 除了名称和命名规范有些类似之外,本质上是不同的。Java 是一种面向对象的高级程序设计语言,而 JavaScript 只是基于对象的客户端脚本语言。JScript 是由微软公司开发的另一种活动脚本语言,与 JavaScript 并无本质的关联。

10.1.1 JavaScript 的语言特点

JavaScript 是基于对象和事件驱动并具有安全性能的脚本语言。可以使用 JavaScript 并结合 HTML 语言、Java 语言小程序一起在 Web 网页中连接多个对象,实现交互效果。JavaScript 具有以下几个特点。

1. 是一种解释执行的脚本语言

JavaScript 是一种客户端执行的脚本语言,采用小程序段式的编程方式。正如其他的脚本语言一样,JavaScript 是一种解释型的语言,不用预先经过编译,而是在程序运行过程中被逐行地解释执行。

2. 基于对象

JavaScript 是一种基于对象的语言,可以使用已经创建的对象,但是它与面向对象的语言不同。JavaScript 只能使用已经定义好的对象或已经创建好的对象,并不支持类的继承和重载等。在 JavaScript 中,有许多功能来自对象的方法与脚本相互作用。

3. 简单、弱类型

JavaScript 的语法类似于 C、Java 语言,是基本语句和控制语句简单而紧凑的设计。JavaScript 是弱类型的脚本语言,变量不经声明即可使用,也并没有使用严格的数据类型。

4．相对安全

JavaScript 是一种相对安全的脚本语言，它不允许脚本访问本地硬盘，也不能将数据存入服务器，不允许对网络文档进行修改和删除，只能通过浏览器实现信息的浏览和交互，可以有效地防止数据的丢失。

5．动态性

使用 JavaScript 可以实现一些与服务器无关的动态交互效果，可以直接对用户或客户的输入做出响应。JavaScript 采用事件驱动的方式进行，HTML 中的控件的相关事件触发时可以自动执行 JavaScript 脚本或函数。

6．只需要浏览器支持

JavaScript 的运行只需要客户端浏览器的支持。目前，几乎所有的客户端浏览器都支持 JavaScript。如果客户端的浏览器不支持 JavaScript 或用户禁用 JavaScript，那么浏览器在运行 HTML 页面时会忽略 JavaScript。

7．嵌套在 HTML 中

JavaScript 可以通过引用或嵌套的方式插入 HTML 中，JavaScript 可以弥补 HTML 的缺陷。JavaScript 中的大部分对象都与 HTML 中的标签相对应，只有当 HTML 文件执行时，JavaScript 才会被执行。

10.1.2　JavaScript 的基本结构

JavaScript 加入网页中有两种方法：直接加入网页中，或者引用到 HTML 文件中。

1．使用<script>标签直接加入网页中

将 JavaScript 脚本直接加入网页中是常用的方法，例如：

```
<script type = "text/javascript">
    <!--
        JavaScript 语句
    -->
</script>
```

W3C 建议使用新的标准<script type="text/javascript">，不推荐使用 language 属性。<!--和-->是使不支持 JavaScript 脚本的浏览器忽略 JavaScript 脚本。本书后续的代码中全部省略了<!--和-->。由于几乎所有浏览器默认的脚本语言都是 JavaScript，因此也可以直接使用<script></script>标签引用 JavaScript 脚本。从理论上讲，JavaScript 脚本可以插入 HTML 文件的任何部分。放置在 body 部分的脚本当浏览器载入网页的时候，就会执行。例如 js1.html。

js1.html 的代码如下：

```
<!DOCTYPE html>
<html>
    <head>
        <meta charset = "UTF-8">
        <title>插入 body 中的 JavaScript</title>
    </head>
    <body>
        <script type = "text/javascript">
            document.write("欢迎学习 Web 编程基础!");
```

```
        </script>
    </body>
</html>
```

图 10-1　js1.html 的显示结果

js1.html 的显示结果如图 10-1 所示。

document 对象的内容将会在后续章节中介绍。

如果是不需要一载入网页就执行的脚本,可以放置在 head 部分,当某事件被触发时,再调用相应的 JavaScript 脚本。例如 js2.html。

js2.html 的代码如下:

```
<!DOCTYPE html>
<html>
    <head>
        <meta charset = "UTF - 8">
        <title>插入 head 中的 JavaScript</title>
        <script type = "text/javascript">
            function show() {
                alert("我是警告框!");
            }
        </script>
    </head>
    <body>
        <input type = "button" value = "弹出警告框" onclick = "show()" />
    </body>
</html>
```

js2.html 在浏览器中执行后,显示结果如图 10-2 所示,单击"弹出警告框"按钮后的显示结果如图 10-3 所示。

图 10-2　js2.html 的显示结果

图 10-3　弹出的警告框

alert 是 window 对象的方法,window 对象的内容将会在后续章节中介绍。

2. 将脚本引用到 HTML 文件中

对于较长或复用性较高的 JavaScript 脚本,可以将其保存成扩展名为 .js 的文件,然后在 HTML 文件中进行引用。例如 hello.js 及 js3.html。

hello.js 的代码如下:

```
document.write("欢迎学习 Web 编程基础!");
```

js3.html 的代码如下:

```
<!DOCTYPE html>
<html>
    <head>
        <meta charset = "UTF-8">
        <title>引用外部 JS 文件</title>
    </head>
    <body>
        <script type = "text/javascript" src = "js/hello.js"></script>
    </body>
</html>
```

js3.html 的显示结果如图 10-1 所示。在引用外部的 JavaScript 文件时,为了避免中文乱码问题,应将引用的 JavaScript 文件和引用 JavaScript 的 HTML 文件的编码统一设置成支持中文的编码,或者在引入 JavaScript 时,指明支持中文的编码,例如< script type = "text/javascript"src= "js/hello.js"charset= "UTF-8"> </script >。

相比于其他使用 JavaScript 脚本的方式,引用外部 JavaScript 文件有许多优势:可以更好地利用代码的复用,减少代码的冗余;容易维护,如果需要修改 JavaScript,只需要修改外部的 JavaScript 文件,不需要修改引用 JavaScript 的 HTML 文件。

10.2 JavaScript 的语法

与其他的语言类似,JavaScript 也有其自身的数据类型、表达式及流程控制语句。JavaScript 的语法与 Java 有些类似。

观看视频

10.2.1 数据类型

JavaScript 是弱类型的脚本语言,变量不经声明即可使用,在使用的过程中也可以更改数据类型。JavaScript 中支持的数据类型如表 10-1 所示。

表 10-1　JavaScript 的数据类型

数 据 类 型	说　　明
布尔类型	true 或 false
字符串类型	以单引号或双引号引起来的 0 个或多个字符
数值类型	以浮点型表示整型和浮点型数据
函数类型	一种特殊的对象数据类型,可作为参数传递
null	空值,与 0 不同
对象类型	一组数据和功能的集合,例如 String、Date、Math 等
undefined	未声明,未赋值,或者使用了并不存在的属性

10.2.2 常量

常量指的是一旦经过赋值就不能改变的值,JavaScript 中的常量包括以下几种类型。

- 整型常量:又称为字面值,不能改变的数据,可以使用十六进制、八进制或十进制表示其值,例如 0x3AF。
- 浮点型常量:由整数部分和小数部分组成,例如 13.567。

- 布尔值常量：只有两种状态，true 或 false。
- 字符串常量：由单引号或双引号引起来的若干个字符，引号不能嵌套。
- 空值：null 表示空值，无值。
- 特殊字符：在 JavaScript 中以 '/' 开头的不可显示的特殊字符，一般为控制字符。

10.2.3 变量

变量指的是程序中已经命名的存储单元，在程序的执行过程中，可以修改其中的值，主要作用是为数据提供临时的存储空间。

1. 变量的命名

JavaScript 中变量的命名规则与其他语言类似，需要遵循以下规则：

- 变量名必须以字母或下画线开头，后面可以是数字、字母或下画线。
- 变量名中不能包含不允许使用的特殊字符，例如空格及用于定义运算符的符号等。
- 变量名严格区分大小写。
- 变量名不能使用关键字或保留字。
- 变量名最好包含变量的类型信息。

JavaScript 中的关键字如表 10-2 所示，保留字如表 10-3 所示。

表 10-2 JavaScript 中的关键字

关 键 字	关 键 字	关 键 字	关 键 字	关 键 字
break	case	catch	continue	default
delete	do	case	finally	for
function	if	in	instanceof	new
return	switch	this	throw	try
typeof	var	void	while	with

表 10-3 JavaScript 中的保留字

保 留 字	保 留 字	保 留 字	保 留 字	保 留 字
abstract	boolean	byte	char	class
const	debugger	double	enum	export
extends	final	float	goto	implements
import	int	interface	long	native
package	private	protected	public	short
static	super	synchronized	throws	transient
volatile				

2. 变量的声明

使用 var 关键字声明变量，例如：

```
var v1;
```

多个变量之间使用逗号分隔，例如：

```
var v1, v2;
```

也可以在声明的同时进行赋值，例如：

```
var v1 = 3, v2;
```

JavaScript 的语句结尾处可以加分号,已加分号的多条语句可以位于同一行上;如果每条语句都独占一行,那么结尾处的分号也可以省略。例如:

```
var v1
var v2 = 5
```

为了使脚本的可读性较好,一般不建议省略分号。

3．变量的类型

JavaScript 是弱类型的脚本语言,变量声明时可以不指定变量类型,而且在使用的过程中也可以随时更改变量的类型。例如:

```
var v1 = "hello!";
v1 = 356;
```

先为 v1 赋一个字符串类型的值,再为 v1 赋一个数值类型的值,这种使用方法在 JavaScript 中是允许的。

4．变量的作用域

变量的作用域指的是变量的有效范围,JavaScript 中的变量分为全局变量和局部变量。

1) 全局变量

全局变量指的是在函数之外声明的变量,其作用范围是从变量定义之处开始,直至全部的脚本结束,包括其后的文档、函数、脚本等。例如 js4.html。

js4.html 的代码如下:

```
<!DOCTYPE html>
<html>
    <head>
        <meta charset = "UTF-8">
        <title>全局变量</title>
    </head>
    <body>
        <script type = "text/javascript">
            var g = "Hello!"
            document.write("函数外访问全局变量:g = " + g + "<br />");
            function my() {
                document.write("函数内访问全局变量:g = " + g + "<br />");
            }
            //调用函数
            my();
        </script>
    </body>
</html>
```

js4.html 的显示结果如图 10-4 所示。

2) 局部变量

局部变量指的是在函数内部声明的变量,其作用范围是从声明之处开始,至本函数结束。如果在函数内部的局部变量和函数外部的全局变量重名,那么在函数内使用变量时,会优先使用局部变量,即在函数内部,局部变量的优先级要高于同名的全局变量,例如 js5.html。

js5.html 的代码如下:

```
<!DOCTYPE html>
<html>
    <head>
        <meta charset="UTF-8">
        <title>全局变量和局部变量</title>
    </head>
    <body>
        <script type="text/javascript">
            var v = "Global Hello";
            function my() {
                var v = "Local Hello";
                document.write("函数内访问v=" + v + "<br />");
                v = "Changed Local Hello";
                document.write("函数内访问更改之后的v=" + v + "<br />");
            }
            document.write("函数外访问v=" + v + "<br />");
            my();
            document.write("函数外访问v=" + v + "<br />");
        </script>
    </body>
</html>
```

js5.html 的显示结果如图 10-5 所示。

图 10-4 js4.html 的显示结果

图 10-5 js5.html 的显示结果

可见,在函数内更改变量的值时,也导致了全局变量值的变化。实际上,在函数内部声明变量时,由于没有使用关键字 var,因此不能作为声明新的局部变量,而认为是对全局变量的修改或者是声明全局变量。一般情况下,函数并不知道全局变量作用域中定义的变量。如果函数使用的是全局变量,而不是局部变量,那么可能改变程序其他部分所依赖的全局变量的值。因此,要正确地使用局部变量,必须在声明变量时加上关键字 var,而声明全局变量时,可以省略 var 关键字。为了避免不必要的麻烦,建议在声明变量时,不论声明的是全局变量还是局部变量,都要加上关键字 var。在 js5.html 中,如果在函数内声明 v 时加上关键字 var,则其显示结果如图 10-6 所示,局部变量的使用不影响全局变量。

图 10-6 更改之后的 js5.html 的显示结果

10.2.4 注释

JavaScript 中添加注释的方法类似于 Java 语言,可以通过"//"添加单行注释,也可以通过"/*"及"*/"添加多行注释。在多行注释中可以嵌套单行注释,但是单行注释中不能嵌套多行注释。注释内容在 HTML 文件执行时会被忽略,可以通过浏览器中的查看源代码查看。

10.2.5 运算符

JavaScript 的运算符包括赋值运算符、算术运算符、比较运算符、逻辑运算符、条件运算符、位移运算符及字符串运算符。

1. 赋值运算符

赋值运算符用于为变量赋值,JavaScript 的赋值运算符如表 10-4 所示。

表 10-4 JavaScript 的赋值运算符

赋值运算符	说 明
=	普通赋值,将右边的值赋值给左边的变量
+=	自加
-=	自减
*=	自乘
/=	自除
%=	自取模
<<=	自左移一位
>>=	自右移一位
|=	自或运算
&=	自与运算

2. 算术运算符

算术运算符主要用于进行数值运算,例如加、减、乘、除、加 1、减 1 等运算。JavaScript 的算术运算符如表 10-5 所示。

表 10-5 JavaScript 的算术运算符

算术运算符	说 明
+	两个数相加
-	两个数相减
*	两个数相乘
/	两个数相除
%	取模
++	递增加或加 1
--	递增减或减 1

3. 比较运算符

比较运算符用于将两个数值、字符串或者逻辑变量按照一定的规则进行比较,并以逻辑值(true 或 false)来表示比较结果。JavaScript 的比较运算符如表 10-6 所示。

表 10-6 JavaScript 的比较运算符

比较运算符	说 明
<	比较左边的值是否小于右边的值
>	比较左边的值是否大于右边的值

续表

比较运算符	说　　明
<=	比较左边的值是否小于或等于右边的值
>=	比较左边的值是否大于或等于右边的值
==	比较左右两边的值是否相等
===	比较左右两边的值是否严格相等
!=	比较左右两边的值是否不相等
!==	比较左右两边的值是否严格不相等

其中,"=="指的是值是否相等,在比较之前会先进行类型转换,如果类型转换后值相等,则会返回 true,否则会返回 false。"==="在比较之前不会进行类型转换,如果不是同一类型,则返回 false;如果是同一类型,但值不相等,则返回 false;如果是同一类型,并且值也相等,则返回 true。二者的使用示例可参照 js6.html。

js6.html 的代码如下:

```
<!DOCTYPE html>
<html>
    <head>
        <meta charset = "UTF-8">
        <title>相等与严格相等</title>
    </head>
    <body>
        <script type = "text/javascript">
            var x = 265;
            var y = "265";
            var z = 265;
            document.write("265 == &quot;265&quot;的结果是:" + (x == y) + "<br />");
            document.write("265 === &quot;265&quot;的结果是:" + (x === y) + "<br />");
            document.write("265 === 265 的结果为:" + (x === z) + "<br />");
        </script>
    </body>
</html>
```

js6.html 的运算结果如图 10-7 所示。

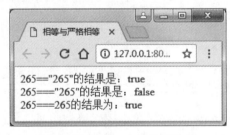

图 10-7　js6.html 的显示结果

4. 逻辑运算符

逻辑运算符主要用于表达式运算,其操作数和返回值都是逻辑值,如表 10-7 所示。

表 10-7　JavaScript 的逻辑运算符

逻辑运算符	说　明
&&	逻辑与运算,左右两边都为 true 时,返回 true;否则返回 false
||	逻辑或运算,左右两边都为 false 时,返回 false;否则返回 true
!	逻辑非运算,当操作数为 true 时,返回 false;当操作数为 false 时,返回 true

5. 条件运算符

JavaScript 的条件运算符是三目运算符,是根据条件执行两个语句中的一个,使用方法如下:

condition ? 语句 1 : 语句 2;

如果 condition 成立,则执行语句 1;如果 condition 不成立,则执行语句 2。条件运算符的使用示例可参照 js7.html。

js7.html 的代码如下:

```html
<!DOCTYPE html>
<html>
    <head>
        <meta charset = "UTF-8">
        <title>条件运算符</title>
    </head>
    <body>
        <script type = "text/javascript">
            var n = window.prompt("请输入成绩:(0-100)");
            var s = parseInt(n);
            var r = s >= 60 ? "恭喜,你及格了!" : "你没有及格或者输入的数据不合法!";
            alert(r);
        </script>
    </body>
</html>
```

在浏览器中执行 js7.html,输入符合要求的数值,会给出相应的提示。

6. 位移运算符

JavaScript 的位移运算符包括 |、&、<<、>>、~、^、>>>、<<<等,其中,>>>及<<<指的是无符号位移运算符。

7. 字符串运算符

可使用"＋"实现数值类型的相加运算,也可以使用"＋"来连接字符串,如果一个表达式中既有数值又有字符串,则表达式从左到右进行判断,一旦出现字符串,则后续的操作符都被认为是字符串进行连接。例如 js8.html。

js8.html 的代码如下:

```html
<!DOCTYPE html>
<html>
    <head>
        <meta charset = "UTF-8">
        <title>运算符＋的使用</title>
    </head>
```

```
<body>
    <script type="text/javascript">
        var s1 = 3 + 4 + 5 + 6;
        var s2 = 3 + 4 + 5 + "6";
        var s3 = 3 + 4 + "5" + "6";
        var s4 = 3 + "4" + 5 + 6;
        var s5 = "3" + 4 + 5 + 6;
        document.write("3 + 4 + 5 + 6 = " + s1 + "<br />");
        document.write("3 + 4 + 5 + &quot;6&quot; = " + s2 + "<br />");
        document.write("3 + 4 + &quot;5&quot; + &quot;6&quot; = " + s3 + "<br />");
        document.write("3 + &quot;4&quot; + 5 + 6 = " + s4 + "<br />");
        document.write("&quot;3&quot; + 4 + 5 + 6 = " + s5 + "<br />");
    </script>
</body>
</html>
```

js8.html 的显示结果如图 10-8 所示。

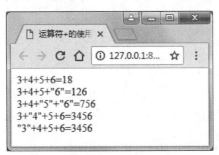

图 10-8　js8.html 的显示结果

JavaScript 中的运算符较多,各种运算符的优先级如表 10-8 所示。

表 10-8　JavaScript 运算符的优先级

运 算 符	说　　明
.、[]、()	字段访问、数组下标、函数调用及表达式分组
++、--、~、!、delete、new、typeof、void	自增、自减、按位非、逻辑非、删除对象、创建对象、返回类型、未定义值
*、/、%	乘、除、取模
+、-、+	加、减、字符串连接
<<、>>、>>>	移位
<、<=、>、>=、instanceof	小于、小于或等于、大于、大于或等于、类型判断
==、!=、===、!==	等于、不等于、严格相等、非严格相等
&	按位与
^	按位异或
|	按位或
&&	逻辑与
||	逻辑或
?:	条件
=	赋值
,	多重求值

10.2.6 流程控制

JavaScript 通过流程控制语句来执行程序流,程序流由若干语句组成。正常情况下,程序中的语句是按照书写顺序执行的,这种结构称为顺序结构。除了顺序结构之外,在程序设计语言中还有选择结构和循环结构。

1. 选择结构

选择结构也可以称为条件-分支结构,根据条件的成立与否执行相应的语句结构。在 JavaScript 中提供了两种选择结构语句:if-else 语句和 switch 语句。

1) if-else 语句

if-else 语句有 3 种格式。第一种格式如下:

```
if(condition){
    statements;
}
```

如果 condition 成立,则执行 statements 语句,否则不执行。condition 一般是条件表达式,可以返回 true 或 false。

第二种格式如下:

```
if(condition){
    statements1;
}
else{
    statements2;
}
```

如果 condition 成立,则执行 statements1 语句,否则执行 statements2 语句。

第三种格式如下:

```
if(condition1){
    statements1;
}
else if(condition2){
    statements2;
}
else if(condition3){
    statements3;
}
…
else{
    statements4;
}
```

如果 condition1 成立,则执行 statements1 语句;如果 condition2 成立,则执行 statements2 语句;如果 condition3 成立,则执行 statements3 语句;如果上述条件都不成立,则执行 statements4 语句。if-else 语句的使用示例可参照 js9.html。

js9.html 的代码如下:

```
<!DOCTYPE html>
<html>
```

```
<head>
    <meta charset="UTF-8">
    <title>选择结构</title>
    <script type="text/javascript">
        function getmax() {
            var first = parseInt(form1.first.value);
            var second = parseInt(form1.second.value);
            if(isNaN(first)) {
                alert("第一个数不是数值类型!");
                form1.first.value = "";
            } else if(isNaN(second)) {
                alert("第二个数不是数值类型!");
                form1.second.value = "";
            } else {
                var max = (first >= second ? first : second);
                document.write("两个数之间较大的数为:" + max);
            }
        }
    </script>
</head>
<body>
    <form name="form1">请输入第一个数(数值类型):<input type="text" name="first" />
    <br />请输入第二个数(数值类型):
        <input type="text" name="second" /><br />
        <input type="button" onclick="getmax()" value="选择较大值" />  
        <input type="reset" value="重填" /></form>
</body>
</html>
```

在浏览器中运行 js9.html,并输入合法的数据,可以选择出较大的值;如果输入的数据不以数字开头,则会提示输入的值不是数值类型。if-else 语句允许嵌套,即可以将一个 if-else 语句作为另一个 if-else 语句的一条语句来使用,例如 js10.html。

js10.html 的代码如下：

```
<!DOCTYPE html>
<html>
    <head>
        <meta charset="UTF-8">
        <title>判断年份是不是闰年</title>
    </head>
    <body>
        <script type="text/javascript">
            var str = prompt("请输入一个年份", "");
            var year = parseInt(str);
            if(isNaN(year)) {
                alert("年份必须是数值!");
            } else {
                if(year % 100 == 0) {
                    if(year % 400 == 0) {
                        document.write(year + "是闰年!");
                    } else {
```

```
                    document.write(year + "不是闰年!");
                }
            } else if(year % 4 == 0) {
                document.write(year + "是闰年!");
            } else {
                document.write(year + "不是闰年!");
            }
        }
        </script>
    </body>
</html>
```

在浏览器中运行 js10.html,并输入 2012,显示结果如图 10-9 所示。

2) switch 语句

JavaScript 还提供了另一种选择结构 switch 语句。switch 语句可以从多种情况中选择一种情况,执行对应的语句。switch 语句可以由 if-else 语句来完成,但是 switch 语句的结构更清晰,可读性好,便于维护。switch 语句由一个控制表达式和若干个 case 表述的语句组成,其语法如下:

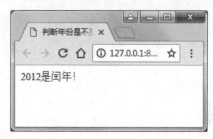

图 10-9　js10.html 的显示结果

```
switch(expression){
case value1:
    statements1;
    break;
case value2:
    statements2;
    break;
…
case valueN:
    statementsN;
    break;
[default:
    defaultStatements;]
}
```

switch 语句把表达式的返回值与 case 子句中的值进行比较,一旦匹配,便执行对应的 case 语句之后的所有语句,一直到遇到 break 为止。如果没有 break 语句,则会执行到 default 之前。如果多个 case 需要执行同样的语句,则可以在一个 case 子句中使用逗号分隔表达式的值,也可以在多个 case 子句中使用一个 statements 子句,case 之间不需要加 break。expression 表达式的值可以是任意的数据类型,例如数值类型、字符串类型、布尔类型或对象类型。但是各个 case 子句的值应该是互不相同的。default 子句是可选的,如果所有的 case 子句都不执行,则会执行 default 子句。switch 语句的使用示例可参照 js11.html。

js11.html 的代码如下:

```html
<!DOCTYPE html>
<html>
    <head>
        <meta charset="UTF-8">
        <title>switch语句</title>
    </head>
    <body>
        <script type="text/javascript">
            var day = new Date().getDay();
            switch(day) {
                case 0:
                    title = "今天是星期日!";
                    break;
                case 1:
                    title = "今天是星期一!";
                    break;
                case 2:
                    title = "今天是星期二!";
                    break;
                case 3:
                    title = "今天是星期三!";
                    break;
                case 4:
                    title = "今天是星期四!";
                    break;
                case 5:
                    title = "今天是星期五!";
                    break;
                default:
                    title = "今天是星期六!"
            }
            document.write(title);
        </script>
    </body>
</html>
```

js11.html 的显示结果与客户端浏览器的时间有关，如图 10-10 所示。

2. 循环结构

循环结构也称为迭代结构，可以使语句反复执行指定的次数，或者使语句反复执行直到满足指定的条件为止。JavaScript 中提供的循环结构有以下 4 种：

- for 语句。
- for-in 语句。
- while 语句。
- do-while 语句。

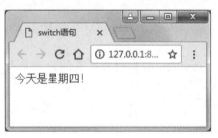

图 10-10　js11.html 的显示结果

1）for 语句

for 语句是常用的循环语句，一般用于已知语句重复执行的次数的情况，其语法结构如下：

```
for(initial-condition; condition; increment){
    statements;
}
```

其中：

- initial-condition 指的是初始化操作，一般为给计数器赋初值。
- condition 指的是 statements 语句执行的条件，如果 condition 成立，则 statements 执行；否则 statements 不执行。
- increment 为增量语句，指的是两次循环之间的计数器的变化。

for 语句在执行时，首先执行 initial-condition，然后根据 condition 判断是否执行 statements，如果不执行，则退出 for 语句；如果执行，则执行完 statements 之后，执行 increment 语句，再根据 condition 判断是否重复执行。

initial-condition 允许为空，表示没有初始化操作，但分号不能省略。condition 也允许为空，分号不能省略，表示循环无穷尽执行。increment 也允许为空，分号不能省略，表示没有增量语句，计数器值不更改。例如：

```
for(; ; ){…}
```

initial-condition 及 increment 允许为用逗号分隔的多个语句，例如：

```
for(int i=1, int j=2; i<50&&j<100; i=i+1, j=j+3) { statements; }
```

注意：for 循环中的 condition 条件与其他语句中的 condition 条件类似，如果 condition 返回的值为 null、0、""、false、undefined、NaN，则不执行 for 循环的语句块；如果 condition 返回的值为非 null 对象、true、非空字符串，则执行 for 循环的语句块。

for 语句的使用示例可参照 js12.html。

js12.html 的代码如下：

```
<!DOCTYPE html>
<html>
    <head>
        <meta charset="UTF-8">
        <title>输出九九乘法表</title>
    </head>
    <body>
        <font size="-1" color="blue">
            <script type="text/javascript">
                var i, j;
                for(i = 1; i < 10; i++) {
                    for(j = 1; j <= i; j++) {
                        document.write(j + "*" + i + "=" + i * j);
                        if(i * j < 10) {
                            document.write("  ");
                        }
                        document.write("  ");
                    }
                    document.write("<br />");
                }
```

```
        </script>
      </font>
   </body>
</html>
```

js12.html 的显示结果如图 10-11 所示。

图 10-11　js12.html 的显示结果

2) for-in 语句

for-in 语句用于遍历数组或者对象的属性，通过对数组或者对象的属性进行循环操作完成。其语法结构如下：

```
for(Element in Object){
    statements;
}
```

一般不要使用 for-in 语句遍历数组，除了性能上的原因之外，可能还会有一些意料不到的 bug，建议使用 for 语句遍历数组，使用 for-in 语句遍历对象的属性，例如 js13.html。

js13.html 的代码如下：

```
<!DOCTYPE html>
<html>
    <head>
        <meta charset="UTF-8">
        <title>for-in 遍历对象的属性</title>
    </head>
    <body>
        <script type="text/javascript">
            var student = new Object();
            student.name = "王明明";
            student.no = "20120156";
            student.address = "山东济南";
            student.mobile = "13612345678";
            for(e in student) {
                document.write(e + " : " + student[e] + "<br />");
            }
        </script>
    </body>
</html>
```

js13.html 的显示结果如图 10-12 所示。

3) while 语句

当循环的次数不确定时,可使用 while 语句或者 do-while 语句。while 语句是经常使用的循环语句,它的作用是当某条件满足时,循环执行一段代码,直到条件不再满足为止。其语法结构如下:

```
while(condition){
    statements;
}
```

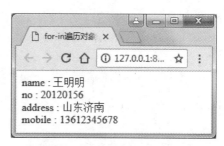

图 10-12　js13.html 的显示结果

首先判断 condition 条件是否成立,如果成立,则循环执行 statements;否则结束 while 循环,执行 while 语句之后的语句。例如 js14.html,使用 while 语句输出 1～100 的 3 的倍数。

js14.html 的代码如下:

```html
<!DOCTYPE html>
<html>
    <head>
        <meta charset="UTF-8">
        <title>while 语句-输出 1～100 的 3 的倍数</title>
    </head>
    <body>
        <script type="text/javascript">
            var i = 1;
            var k = 0;
            while(i <= 100) {
                if(i % 3 == 0) {
                    document.write(i + "   ");
                    k++;
                    if(k % 5 == 0)
                        document.write("<br />");
                }
                i++;
            }
        </script>
    </body>
</html>
```

js14.html 的显示结果如图 10-13 所示。

4) do-while 语句

do-while 语句和 while 语句类似,其语法结构如下:

```
do{
    statements;
} while(condition);
```

图 10-13　js14.html 的显示结果

首先,do-while 语句执行一次 statements,然后判断 condition 是否成立。如果成立,则循环执行 statements；如果不成立，则结束 do-while 语句，执行其后的语句。

在 do-while 语句中，不论 condition 是否成立，statements 都至少会执行一次。但在 while 语句中，statements 可能一次也不会执行。do-while 的使用示例可参照 js15.html。

js15.html 的代码如下：

```html
<!DOCTYPE html>
<html>
    <head>
        <meta charset="UTF-8">
        <title>使用 do-while 计算 1~100 的和</title>
    </head>
    <body>
        <script type="text/javascript">
            var i = 1;
            var sum = 0;
            do {
                sum += i;
                i++;
            } while (i <= 100);
            document.write("1~100 的和是" + sum);
        </script>
    </body>
</html>
```

图 10-14　js15.html 的显示结果

js15.html 的显示结果如图 10-14 所示。

3. 转移语句

为了更好地控制程序的流程，在 JavaScript 中，除了提供了选择结构和循环结构的语句之外，还提供了转移语句，主要包括 break 语句、continue 语句和 return 语句。

1) break 语句

break 语句可用于 switch 语句和 for 语句等循环语句中。当用于 switch 语句中时，中止 switch 语句，执行 switch 语句后的语句；如果在 switch 语句中的各个 case 中没有 break 语句，则某一 case 成立时，其后所有的 case 也会执行，所以在 switch 语句中，一般都要使用 break 语句。当用于循环语句中时，中止循环，跳出最近的循环语句，执行循环语句之后的语句。break 语句的使用示例可参照 js16.html。

js16.html 的代码如下：

```html
<!DOCTYPE html>
<html>
    <head>
        <meta charset="UTF-8">
        <title>寻找 100 以内的第 10 个素数</title>
    </head>
    <body>
        <script type="text/javascript">
            var k = 0;
```

```
                for(var i = 2; i <= 100; i++) {
                    var flag = 1;
                    for(j = 2; j < i; j++) {
                        if(i % j == 0) {
                            flag = 0;
                            //如果找到除1和本身之外的公因子,i不是素数,不用再判断其他的公
                            //因子
                            break;
                        }
                    }
                    if(flag == 1) {
                        k++;
                    }
                    if(k == 10) {
                        document.write("100以内的第10个素数是:" + i);
                        //找到第10个素数,不用再判断其他的数
                        break;
                    }
                }
        </script>
    </body>
</html>
```

js16.html 的显示结果如图 10-15 所示。

2) continue 语句

continue 语句用于 for、while、do-while、for-in 语句中,用于结束本次循环,忽略本次循环还没有执行的语句,根据条件判断确定是否继续下次循环,一般与 if 语句一起使用。continue 语句不用于 switch 语句中。使用 continue 语句的目的是简化代码,如果不能简化代码,则没有必要使用。continue 语句的使用示例可参照 js17.html。

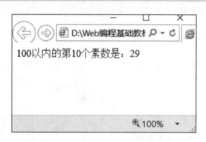

图 10-15 js16.html 的显示结果

js17.html 的代码如下:

```
<!DOCTYPE html>
<html>
    <head>
        <meta charset = "UTF-8">
        <title>输出20以内不能被3、5、7整除的整数</title>
    </head>
    <body>
        <script type = "text/javascript">
            for(var i = 1; i <= 20; i++) {
                if(i % 3 == 0 || i % 5 == 0 || i % 7 == 0) {
                    continue;
                }
                document.write(i + " ");
            }
        </script>
    </body>
</html>
```

图10-16 js17.html的显示结果

js17.html的显示结果如图10-16所示。

continue语句只是结束本次循环,根据条件判断确定是否终止整个循环;而break语句是结束最近的整个循环,不再进行条件判断。

3) return语句

return语句一般在函数中使用,可以使用return表达式的格式返回任意类型的函数值,返回的函数值可以用变量接收,相关示例可参照10.3.1节中的js21.html;也可以直接使用return语句退出函数,但不返回任何类型的值,即返回null类型的值。在大多数情况下,如果事件处理函数返回false,可以防止默认的事件行为。例如,默认情况下,当单击一个<a>元素时,页面会跳转到其href属性指定的资源,但是使用return false时,不会跳转。例如:

< a href = "…"onclick = "return false;">这里是超链接</a>

return false相当于终止符,而return true相当于执行符。可以结合表单验证的JavaScript代码来使用return语句,例如js18.html。

js18.html的代码如下:

```
<!DOCTYPE html >
<html >
    <head >
        <meta charset = "UTF-8">
        <title > return用于检验表单</title >
        <script type = "text/javascript">
            function check() {
                if(form1.name.value == "") {
                    alert("用户名不能为空!");
                    return false;
                }
                if(form1.password.value == "") {
                    alert("密码不能为空!");
                    return false;
                }
            }
        </script >
    </head >
    <body >
        < form name = "form1" action = "js18_ok.jsp" method = "post" onsubmit = "return check();">
            用户名:< input type = "text" name = "name" /><br /><br />密码:
            < input type = "password" name = "password" /><br /><br />
            < input type = "submit" value = "提交" />  
            < input type = "reset" value = "重置" />
        </form >
    </body >
</html >
```

js18_ok.jsp的代码如下:

```
<%@ page language = "java" contentType = "text/html; charset = UTF - 8"
    pageEncoding = "UTF - 8" %>
<!DOCTYPE html >
< html >
    < head >
        < meta charset = "UTF - 8">
        < title>显示用户名和密码</title >
    </head >
    < body >
        用户名:
        <% = request.getParameter("name") %>< br />密码:
        <% = request.getParameter("password") %>
    </body >
</html >
```

以本机为服务器部署项目 ch10,以 http://localhost：8080/ch10/js18.html 的方式访问 js18.html,当用户名或密码为空时,提示相关信息,表单不提交；如果用户名和密码都不为空,则表单提交给 js18_ok.jsp 处理,显示输入的信息。表单的 onsubmit＝"return check()" 不能替换成 onsumbit＝"check()",如果替换,则即使用户输入的信息不能通过校验,表单仍然会提交。因为表单的 onsubmit 属性会默认返回 true。js18.html 的显示结果如图 10-17 所示。

提交之后的显示结果如图 10-18 所示。

图 10-17　js18.html 的显示结果

图 10-18　提交之后的显示结果

10.3　JavaScript 函数

在完成一些特定功能的脚本时,可以将其编写为一个函数。将脚本组织成函数,便于代码重复利用,另外,也可以避免函数中的脚本在页面载入时执行,函数中的脚本只有在事件被激活或者函数被调用时才会执行。函数可以放置在页面的任何部分,通常放置在< head > 部分,也可以引用外部的 JavaScript 文件。在 JavaScript 中,函数分为内置函数和用户自定义函数。

观看视频

10.3.1　内置函数

内置函数是 JavaScript 中已经定义好的函数,可以直接使用。内置函数又分为常用函数、数组函数、日期函数、数学函数、字符串函数。其中,常用函数如表 10-9 所示。

表 10-9　JavaScript 的常用内置函数

函　数　名	说　明
alert()	显示一个警告对话框，包括一个 OK 按钮
confirm()	显示一个确认对话框，包括 OK、Cancel 按钮
prompt()	显示一个输入对话框，提示等待用户输入
escape()	将字符串转换成 Unicode 码
eval()	计算表达式的结果
isNaN()	判断参数是否不是数值类型
parseFloat()	将字符串转换成浮点型数值
parseInt()	将字符串转换成整型数值
unescape()	解码由 escape 函数编码的字符

其中，alert()、confirm()、prompt()函数是 window 对象的方法，window 对象将在后续章节中讲解。其他函数是 Global 对象的函数，也称为全局函数。Global 对象称为全局对象，它存在的目的是将全局函数组织在一起。实际上，Global 对象从不直接使用，不能使用 new 操作符来创建。它在 JavaScript 引擎被初始化时创建，具有属性、方法和全局对象，并且可以立即使用。内置函数中的其他几种函数将在后续章节中详细介绍。

1. alert()

alert()函数用于弹出警告对话框，通常用于一些对用户的提示信息。其语法如下：

```
alert(value);
```

其中，value 为提示框的显示内容，可以是任何数据类型，value 显示的是正常的内容，而不是在 HTML 页面上输出的内容，如果中间出现换行必须使用"\n"，而不能使用 HTML 中的
 标签。例如：

```
alert("这是第一行\n这是第二行");
```

显示的结果为包含两行文字的提示框。

2. confirm()

confirm()函数用于显示确认对话框，包含一个 OK 按钮和一个 Cancel 按钮。其语法如下：

```
confirm(value);
```

其中，value 为提示信息，当用户单击 OK 按钮时，会返回 true；当用户单击 Cancel 按钮时，会返回 false。例如 js19.html。

js19.html 的代码如下：

```
<!DOCTYPE html>
<html>
    <head>
        <meta charset = "UTF-8">
        <title>confirm 函数的使用</title>
        <script type = "text/javascript">
            if(confirm("你确定要离开本页面吗?") == true) {
                alert("你单击了 OK 按钮!");
            } else {
```

```
                alert("你单击了 Cancel 按钮!");
            }
        </script>
    </head>
    <body>
    </body>
</html>
```

js19.html 的演示略。

3. prompt()

prompt()函数用于弹出输入对话框,用来接收用户输入的信息。对话框包括 OK 按钮、Cancel 按钮及文本输入框。其语法如下:

prompt(string1, string2);

其中,string1 是输入对话框的提示信息,string2 为文本输入框的初始参数值,此值可以修改,也可以省略,默认初始参数值为 null。如果单击了 OK 按钮,则文本输入框的内容会作为返回值;如果单击了 Cancel 按钮,则将返回 null 值。例如 js20.html。

js20.html 的代码如下:

```
<!DOCTYPE html>
<html>
    <head>
        <meta charset="UTF-8">
        <title>prompt 函数的使用</title>
        <script type="text/javascript">
            var name = prompt("请输入你的姓名","李明明");
            if(name != null) {
                document.write("欢迎您," + name);
            } else {
                document.write("欢迎您,无名氏");
            }
        </script>
    </head>
    <body>
    </body>
</html>
```

js20.html 的演示略。

4. parseFloat()

parseFloat()函数用于将字符串参数转换成浮点型的数据,其语法如下:

parseFloat(string);

5. parseInt()

parseInt()函数用于将字符串参数转换成整型的数据,其语法如下:

parseInt(string[, radix]);

其中,第一个参数为待转换的字符串;第二个参数可选,指转换时使用的进制。如果没有指定第二个参数,则根据字符串的格式确定,如果无法根据字符串的格式确定,则按十进制转换。

6. isNaN()

isNaN()函数用于判断参数是否不是数值类型的数据,如果参数不是数值,则返回false,否则返回true。以上几个方法及return语句返回函数值的使用示例可参照js21.html。

js21.html的代码如下：

```html
<!DOCTYPE html>
<html>
    <head>
        <meta charset="UTF-8">
        <title>计算圆的面积</title>
        <script type="text/javascript">
            function area(r) {
                return 3.14 * r * r;
            }
            var radius = prompt("请输入圆的半径", "0");
            if(!isNaN(radius)) {
                if(parseFloat(radius) >= 0) {
                    document.write("圆的面积为:" + area(radius));
                } else {
                    alert("请输入大于或等于零的值!");
                }
            } else {
                alert("请输入数字!");
            }
        </script>
    </head>
    <body>
    </body>
</html>
```

在浏览器中打开js21.html,输入非负的数值,可以计算出圆的面积。

10.3.2 用户自定义函数

除了使用JavaScript的内置函数之外,用户也可以定义自己的函数。自定义函数的创建有3种方法,分别为使用关键字function构造、使用Function构造方法、使用函数直接量构造。

1. 使用关键字function构造

使用关键字function构造的格式如下：

```
function funcName([param1][, param2…]){
    statements;
}
```

其中,funcName为函数的名称；param1、param2、…为参数列表,参数可以是任何类型。定义函数时需要注意以下事项：

- 各个函数名不可以重复,并且区分大小写。
- 函数名的命名规则和变量的命名规则相同。

- 参数可以使用变量、常量或者表达式。
- 函数如果有多个参数,则多个参数之间使用逗号隔开。
- 函数如果有返回值,则使用 return 语句返回,如果没有 return 语句,则函数将返回一个 undefined 值。
- 自定义函数不会自动执行,必须调用才会执行。

2. 使用 Function 构造方法

使用构造方法可以构造一个匿名函数。其格式如下:

```
var result = new Function(['param1'][, 'param2']…, 'statements');
```

其中,param1、param2、…为字符串类型的参数列表,Function 的最后一个参数为函数体语句,如果有多条语句,则中间使用分号隔开。例如:

```
var result = new Function('x', 'y', 'return x + y');
```

这种方法使用起来不方便,在实际开发中很少使用。

3. 使用函数直接量(字面值)构造

函数直接量是一个表达式,它可以定义匿名函数。使用函数直接量的方法和使用 function 关键字定义非常类似,但是使用直接量定义函数不用定义函数名,而且是将函数用作表达式,而不是语句。其格式如下:

```
var result = function([param1][, param2, …]){statements};
```

这种方式允许为函数指定一个名称,以利于递归程序的调用。例如:

```
var result = function funcName([param1][, param2, …]){statements};
```

注意:使用 Function 构造方法创建的函数语句由字符串声明,表达不方便,而函数直接量定义函数使用的是标准的 JavaScript 语法,并且函数直接量只被解析一次,但是作为字符串传递给 Function 构造方法的 JavaScript 代码在每次执行时都会被解析和编译,并创建一个新的函数对象,所以当需要频繁地调用 Function 构造方法时的效率比较低。使用 Function 构造方法允许在运行时动态地创建和编译 JavaScript 代码,但是函数直接量定义的函数不允许。使用 Function 构造方法创建的函数并不遵循典型的作用域,而是被作为顶级函数。

注意:HTML 文件是文本文件,执行时按照文件内容的顺序依次加载,如果在文件的某一位置调用 JavaScript 函数,则函数必须出现在调用位置以前。如果函数和页面上的控件的事件结合起来,则函数调用时,页面的控件必须可以成功加载。

小结

- JavaScript 是基于对象和事件驱动的客户端脚本语言,它是一种动态、弱类型、基于原型的语言,内置支持类。
- JavaScript 的运算符包括赋值运算符、算术运算符、比较运算符、逻辑运算符、条件运算符、位移运算符及字符串运算符。
- JavaScript 通过流程控制语句来执行程序流,程序流由若干条语句组成。除了顺序结构之外,还有选择结构和循环结构。

- 选择结构也可以称为条件-分支结构,根据条件的成立与否执行相应的语句体。在JavaScript中提供了两种选择结构语句,即if-else语句和switch语句。
- 循环结构也称为迭代结构,可以使语句反复执行指定的次数,或者使语句反复执行直到满足指定的条件为止。
- JavaScript中提供的循环结构有for语句、for-in语句、while语句、do-while语句。
- JavaScript的函数包括内置函数和自定义函数。

习题

1. 下列(　　)不是JavaScript的特点。
   A. 解释执行　　　　　　　　B. 在客户端的浏览器执行
   C. 基于对象　　　　　　　　D. 面向对象

2. 下列JavaScript代码的输出结果是(　　)。

```
var n = parseInt("100Hello World!");
document.write(n);
```

   A. NaN　　　　　　　　　　B. 100Hello World!
   C. 100　　　　　　　　　　D. 出现运行错误

3. 可以在下列哪个HTML元素中添加JavaScript脚本?(　　)
   A. <script>　　　　　　　　B. <javascript>
   C. <js>　　　　　　　　　　D. <scripting>

4. 除了一些常见的运算符之外,JavaScript还提供了一些特殊的运算符,以下不属于JavaScript特殊运算符的是(　　)。
   A. delete　　　B. size　　　C. new　　　D. typeof

5. 在HTML文件中使用外部的JavaScript文件my.js,下面的语法正确的是(　　)。
   A. <language="JavaScript" src="my.js">
   B. <script language="JavaScript" src="my.js"></script>
   C. <script type="text/javascript"></script>
   D. <language src="my.js">

6. JavaScript脚本语言有什么特点?

7. JavaScript的数据类型有哪几种?

8. 在页面中如何使用JavaScript脚本?

9. JavaScript中的选择结构有哪些语句?循环结构有哪些语句?

10. JavaScript中的转移语句有哪些?各有什么用法?

第11章 JavaScript对象

对象是客观世界中存在的实体,对象有自己的特性、状态和行为。对象的状态由具有当前值的属性组成,对象的行为由方法组成。JavaScript是基于对象的脚本语言,而不是完全的面向对象的编程语言。在JavaScript中可以使用的对象主要有以下几类:

- JavaScript的核心对象,例如Date和Math。
- 用户自定义的对象。
- 由浏览器根据Web页面的内容自动提供的对象,又称为宿主对象,例如document对象。
- 服务器上的固有对象。

本章主要讲解前两种,其余的对象将会在后续章节中介绍。

11.1 JavaScript的核心对象

观看视频

JavaScript的核心对象主要有以下几种:

- 数组对象Array。
- 字符串对象String。
- 日期对象Date。
- 数学对象Math。

11.1.1 数组对象

数组对象用来在单一的变量名中存储一系列的值。数组是在编程语言中经常使用的一种数据结构,可以用来存储一系列的值。对于强类型的高级程序设计语言来说,数组中的元素类型必须是相同的,但在JavaScript中,同一个数组中可以存储不同数据类型的元素。

1. 创建数组

Array对象表示数组,创建数组的方法有以下几种:

var array = new Array();

创建一个空数组,长度为0。或者:

var array = new Array(size);

创建一个大小为size的数组。或者:

var array = new Array(element0, element1, …);

创建一个数组并赋值。或者使用字面值：

```
var array = [2, 4, 6, 8, 10];
```

数组的长度是可变的，即使创建了固定长度的数组，仍然可以在长度之外存储元素，数组的长度会随之改变。

2. 访问数组

通过索引可以访问数组元素，索引值为 0～length－1（假设数组的长度为 length）。例如：

```
var array = new Array(2, 3, 5);
document.write(array[1]);              //输出结果为 3
```

3. 数组的属性

数组对象包括 3 个属性，分别为 length、prototype、constructor。

1) length 属性

length 属性表示数组的长度，即数组中包括的元素的个数。数组的索引从 0 开始，至 length－1。数组的 length 属性是可读写的，当 length 属性变得更大时，数组中已有的元素值不发生变化，其他部分为 undefined 类型的数据。当 length 属性变得更小时，数组中索引大于新的 length－1 的元素值会全部丢失，成为 undefined 类型。例如 js1.html。

js1.html 的代码如下：

```html
<!DOCTYPE html>
<html>
    <head>
        <meta charset="UTF-8">
        <title>数组对象的长度属性</title>
    </head>
    <body>
        <script type="text/javascript">
            var array = new Array("A", "B", "C", "D");
            document.write("初始的数组元素为:");
            printArray(array);
            array.length = 7;
            document.write("length 变大的数组元素为:");
            printArray(array);
            array.length = 3;
            document.write("length 变小的数组元素为:");
            printArray(array);
            document.write("array[5] = " + array[5]);
            function printArray(array) {
                for(var i = 0; i < array.length; i++) {
                    document.write(array[i] + " ");
                }
                document.write("<br />");
            }
        </script>
    </body>
</html>
```

js1.html 的显示结果如图 11-1 所示。

除了显式地修改 length 的属性外,修改数组中的元素值也有可能会引起 length 值的变化。例如:

```
var array = new Array();      //数组长度为 0
array[5] = 10;                //数组长度变为 6
```

2) prototype 属性

prototype 属性是所有 JavaScript 对象共有的属性,用于将新定义的属性或者方法添加到对象中,对象的实例可以调用添加的属性或方法。为对象添加方法的语法如下:

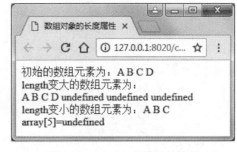

图 11-1 js1.html 的显示结果

```
Array.prototype.methodName = functionName;
```

或者:

```
Array.prototype.methodName = function([param1][, param2]…){
    statements;
}
```

其中,methodName 为添加以后的对象的方法名,functionName 是定义的函数的方法名。第一种方式可以添加已经定义好的函数。第二种方法可以在添加的同时定义函数。param 为参数列表,statements 为函数体语句。

为对象添加属性的语法如下:

```
Array.prototype.property = propertyName;
```

例如 js2.html,将数组的打印输出以及返回数组中的最大值的方法利用 prototype 属性添加到 Array 对象中。

js2.html 的代码如下:

```html
<!DOCTYPE html>
<html>
    <head>
        <meta charset = "UTF-8">
        <title>Array 对象的 prototype 属性</title>
        <script type = "text/javascript">
            function array_max() {
                var i, max = this[0];
                for(i = 1; i < this.length; i++) {
                    if(max < this[i]) {
                        max = this[i];
                    }
                }
                return max;
            }
            function array_print() {
                for(var i = 0; i < this.length; i++) {
                    document.write(this[i] + " ");
                }
                document.write("<br />");
```

```
                }
                //将 array_max 和 array_print 方法添加到 Array 对象中
                Array.prototype.max = array_max;
                Array.prototype.print = array_print;
                //验证 max 和 print 方法
                var array = new Array(32, 8, -12, 156, 78);
                document.write("数组元素值为:");
                array.print();
                document.write("数组中最大的元素值为:" + array.max());
        </script>
    </head>
    <body>
    </body>
</html>
```

js2.html 的显示结果如图 11-2 所示。

3) constructor 属性

constructor 属性返回对创建此对象的数组函数的引用,其语法为 Array.constructor。constructor 属性的使用示例可参照 js3.html。

js3.html 的代码如下:

```
<!DOCTYPE html>
<html>
    <head>
        <meta charset = "UTF-8">
        <title>Array 对象的 constructor 属性</title>
        <script type = "text/javascript">
            var a = new Array();
            if(a.constructor = Array) {
                document.write("array is Array");
            } else if(a.constructor = Boolean) {
                document.write("a is Boolean");
            }
        </script>
    </head>
    <body>
    </body>
</html>
```

js3.html 的显示结果如图 11-3 所示。

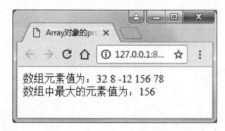

图 11-2　js2.html 的显示结果

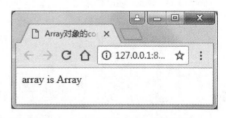

图 11-3　js3.html 的显示结果

4. 数组的方法

Array 对象提供了一些数组常用的方法，如表 11-1 所示。

表 11-1 Array 对象的常用方法

方　　法	说　　明
concat()	连接两个或更多的数组，并返回结果
join()	通过指定的分隔符进行分隔，将数组所有的元素连接成一个字符串
pop()	删除并返回数组的最后一个元素
push()	向数组的末尾添加一个或多个元素，并返回新的长度
reverse()	颠倒数组中元素的顺序
shift()	删除并返回数组中的第一个元素
slice()	从某个已有的数组返回选定的元素
sort()	对数组的元素进行排序
splice()	插入、删除或者替换数组中的元素
toSource()	返回该对象的源代码
toString()	将数组转换成字符串，并返回结果
toLocaleString()	将数组转换成本地数组，并返回结果
unshift()	向数组的开头添加一个或更多元素，并返回新的长度
valueOf()	返回数组对象的原始值

1) sort()方法

Array 对象的 sort()方法如果没有参数，则按照字符编码的升序对数组中的元素进行排序，即使是整型的数据，也按照字符的编码顺序排序。如果要对数值型的数据进行排序，则需要设置 sort()方法的参数，例如 js4.html。

js4.html 的代码如下：

```
<!DOCTYPE html>
<html>
    <head>
        <meta charset = "UTF-8">
        <title>Array 对象的方法</title>
        <script type = "text/javascript">
            var array = new Array();
            //初始化数组
            initArray();
            document.write("排序之前的数组:<br />" + array + "<br />");
            document.write("按升序排序的数组:<br />" + array.sort(sortNumberAsc) + "<br />");
            document.write("按降序排序的数组:<br />" + array.sort(sortNumberDesc) + "<br />");
            document.write("按字符编码排序的数组:<br />" + array.sort())
            function sortNumberAsc(a, b) {
                if(a < b) {
                    return -1;
                } else if(a == b) {
                    return 0;
                } else {
                    return 1;
                }
            }
```

```
                function sortNumberDesc(a, b) {
                    if(a < b) {
                        return 1;
                    } else if(a == b) {
                        return 0;
                    } else {
                        return -1;
                    }
                }
                function initArray() {
                    while(true) {
                        var a = prompt("请输入数值,要结束时请输入非数值数据,例如'abc'", "");
                        if(isNaN(a)) {
                            break;
                        } else {
                            //将输入的值保存到数组的最后一个位置
                            array.push(parseFloat(a));
                        }
                    }
                }
            </script>
        </head>
        <body>
        </body>
    </html>
```

图 11-4 js4.html 的显示结果

请求 js4.html,并输入相应的数据 21.3,9,89, 45,112,543,abc,显示结果如图 11-4 所示。

2) splice()方法

Array 对象的 splice()方法可以实现在数组中插入、删除或者替换元素的功能。其语法格式如下:

splice(index, n, value1, value2, …);

其中,index 参数是必需的,指的是在数组中插入、删除或者替换元素的位置。n 值也是必需的,规定删除的元素的个数,可以取 0。value1、value2 等为插入数组中的新元素,从 index 所指的下标开始插入元素。

当参数只有 index 和 n 时,实现的是删除元素的功能。例如:

```
var array = new Array(1, 2, 3, 4, 5);
array.splice(1, 2);
document.write(array);
```

输出的结果为:1,4,5。

当参数 n=0,并且给出了插入数组中的新元素时,实现的是插入元素的功能。例如:

```
var array = new Array(1, 2, 3, 4, 5);
array.splice(1, 0, 6, 7, 8);
document.write(array);
```

输出的结果为：1,6,7,8,2,3,4,5。

当参数 n>0，并且给出了插入数组中的新元素时，实现的是替换元素的功能。例如：

```
var array = new Array(1, 2, 3, 4, 5);
array.splice(1, 2, 6, 7, 8);
document.write(array);
```

输出的结果为：1,6,7,8,4,5。

JavaScript 中的 Array 对象还提供了很多其他方法，可以方便地对数组对象进行操作，其中 pop() 和 push() 类似于栈，可以在数组的末尾删除或添加元素；shift() 和 unshift() 类似于队列，可以在数组的首部删除或添加元素。

另外，在 JavaScript 中只有一维数组，不能直接定义多维数组，例如以下方式是错误的：

```
var array = new Array(2,3);
```

但是多维数组可以通过一维数组的嵌套定义来实现。例如：

```
var array = new Array((1,2,3),(4,5,6));         //定义二维数组
alert(array[1][1]);                              //显示元素 5
```

11.1.2　字符串对象

字符串对象是 JavaScript 中比较常用的一种数据类型，它封装了一个字符串，并且提供了相应的方法，例如连接字符串、获取子串、分割字符串等。JavaScript 中的字符串是不可变的，原始的字符串值不可修改，例如 String.toLowerCase()，返回的字符串是全新的字符串。

1. 创建字符串

创建字符串有多种方法，可以使用字面值定义字符串。例如：

```
var str1 = "Welcome to China!";
```

创建类型为 String 的变量，也可以使用单引号。

也可以使用 new 运算符调用 String 的构造方法来创建字符串，返回一个新建的字符串对象，类型为 object。例如：

```
var str2 = new String("Welcome to China!");
```

也可以省略 new 运算符，直接调用 String 的构造方法，返回的类型为 String。例如：

```
var str3 = String("Welcome to China!");
```

2. 字符串的属性

String 对象的属性类似于 Array 对象的属性，有 length、prototype 以及 constructor，用法也类似。String 的 length 属性返回的是字符的数目，不是编码的长度，汉字被认为是一个字符，例如 js5.html。

js5.html 的代码如下：

```
<!DOCTYPE html>
<html>
    <head>
        <meta charset = "UTF-8">
```

```
            <title>Array对象的length属性</title>
            <script type="text/javascript">
                var str1 = "I love China!";
                var str2 = "我爱中国!";
                var str3 = "I love 中国!";
                document.write(str1 + "<br />长度为" + str1.length + "<br />");
                document.write(str2 + "<br />长度为" + str2.length + "<br />");
                document.write(str3 + "<br />长度为" + str3.length);
            </script>
        </head>
        <body>
        </body>
</html>
```

js5.html的显示结果如图11-5所示。

图11-5 js5.html的显示结果

3. 字符串的方法

JavaScript提供了丰富的对字符串进行操作的方法,如表11-2所示。

表11-2 String对象的方法

方　　法	说　　明
charAt()	返回指定位置的字符
concat()	连接字符串
indexOf()	检索子串的位置
split()	按照指定的分隔符,将字符串分割成字符串数组
substring()	按照索引号取子串
toLowerCase()	将字符串转换成小写并返回
toUpperCase()	将字符串转换成大写并返回
replace()	替换字符串
anchor()	创建锚点

1) charAt()

charAt()方法是根据索引号返回字符串中的一个字符,语法格式为:

string.charAt(index); //index为索引号,有效值为0~length-1,汉字作为一个字符来处理

charAt()的使用示例可参照js6.html。

js6.html的代码如下:

```
<!DOCTYPE html>
<html>
    <head>
        <meta charset = "UTF-8">
        <title>String 对象的 charAt()方法</title>
        <script type = "text/javascript">
            var str1 = "www.baidu.com";
            document.write(str1 + "<br />");
            document.write("charAt(5) = " + str1.charAt(5) + "<br />");
            var str2 = "I love 中国";
            document.write(str2 + "<br />");
            document.write("charAt(8) = " + str2.charAt(8));
        </script>
    </head>
    <body>
    </body>
</html></html>
```

js6.html 的显示结果如图 11-6 所示。

2) concat()

concat()方法用于连接多个字符串,并返回连接后的结果,其语法如下:

string.concat(str1, str2, …); //可包含一个或多个参数

concat()方法的使用示例可参照 js7.html。

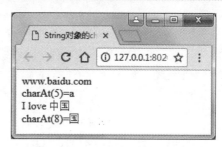

图 11-6 js6.html 的显示结果

js7.html 的代码如下:

```
<!DOCTYPE html>
<html>
    <head>
        <meta charset = "UTF-8">
        <title>String 对象的 concat()方法</title>
        <script type = "text/javascript">
            var str1 = "Hello,";
            var str2 = "Welcome to ";
            var str3 = "China!";
            document.write(str2.concat(str3) + "<br />");
            document.write(str1.concat(str2, str3));
        </script>
    </head>
    <body>
    </body>
</html>
```

js7.html 的显示结果如图 11-7 所示。

3) indexOf()

indexOf()方法是查询子串在字符串中出现的位置索引,有效值为 0～length－1,length 为字符串的长度;如果不存在子串,则返回值－1。其格式如下:

string.indexOf(substring, startpos);

//查找 string 中 substring 在 startpos 之后第一次出现的位置

或者：

string.indexOf(substring);
//查找 string 中 substring 第一次出现的位置

indexOf()的使用示例可参照 js8.html。

js8.html 的代码如下：

```html
<!DOCTYPE html>
<html>
    <head>
        <meta charset = "UTF-8">
        <title>String对象的indexof()方法</title>
        <script type = "text/javascript">
            var str = "I love 中国,Welcome to China!";
            document.write(str + "<br />");
            document.write("str.indexOf('中国') = " + str.indexOf("中国") + "<br />");
            document.write("str.indexOf('e') = " + str.indexOf("e") + "<br />");
            document.write("str.indexOf('Beijing') = " + str.indexOf("Beijing"));
        </script>
    </head>
    <body>
    </body>
</html>
```

js8.html 的显示结果如图 11-8 所示。

图 11-7　js7.html 的显示结果

图 11-8　js8.html 的显示结果

4) split()

split()方法用于按照指定的分隔符,将一个字符串分割成字符串数组。其语法格式如下：

string.split(separator, howmany);

其中,separator 是分隔符,是必需的参数,可以用字符串或正则表达式表示。howmany 是返回字符串的长度,可选。如果设置了该参数,则返回的字符串数组的长度不会大于此参数。如果没有设置,则返回整个字符串被分割后的结果。

如果使用空字符串作为分隔符,则字符串会被分割成单个字符。string.split()执行的操作和 Array.join()操作是相反的。split()的使用示例可参照 js9.html。

js9.html 的代码如下：

```
<!DOCTYPE html>
<html>
    <head>
        <meta charset = "UTF-8">
        <title>String 对象的 split()方法</title>
        <script type = "text/javascript">
            var str = "Welcome to China!";
            document.write(str + "<br />");
            document.write(str.split(" ") + "<br />");
            document.write(str.split("") + "<br />");
            document.write(str.split("", 5));
        </script>
    </head>
    <body>
    </body>
</html>
```

js9.html 的显示结果如图 11-9 所示。

5) substring()

substring()方法用于返回字符串的子串,可以返回指定的两个下标之间的字符,格式如下:

string.substring(start, end);

图 11-9　js9.html 的显示结果

start 和 end 是非负的整数,一般 start≤end,则返回下标位置为 start 至 end－1 之间的字符。如果 start＞end,则在提取子串之前,会先交换两个参数的值。另外,也可以返回指定的位置至字符串末尾的字符。格式如下:

string.substring(start);

substring()方法的使用可参照 js10.html。

js10.html 的代码如下:

```
<!DOCTYPE html>
<html>
    <head>
        <meta charset = "UTF-8">
        <title>String 对象的 substring()方法</title>
        <script type = "text/javascript">
            var str = "Welcome to China!";
            document.write(str + "<br />");
            document.write("str.substring(2,9) = " + str.substring(2, 9) + "<br />");
            document.write("str.substring(9,2) = " + str.substring(9, 2) + "<br />");
            document.write("str.substring(7) = " + str.substring(7) + "<br />");
        </script>
    </head>
    <body>
    </body>
</html>
```

js10.html 的显示结果如图 11-10 所示。

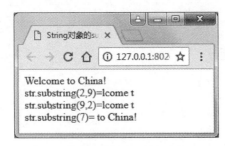

图 11-10 js10.html 的显示结果

6) anchor()

anchor() 方法用于在 HTML 页面中创建锚。其语法格式如下:

string.anchor(anchorname);

例如:

var str = "Welcome to China!";
document.write(str.anchor("anchor1"));

以上 JavaScript 语句的执行结果与以下 HTML 代码的输入结果相同:

< a name = "anchor1"> Welcome to China!</a>

4. 转义字符

在 JavaScript 中,如果要输出一些特殊字符,例如双引号、单引号,或者要输出一些无法通过键盘直接输入的字符,例如退格等,需要使用转义字符。JavaScript 中常用的转义字符如表 11-3 所示。

表 11-3 JavaScript 中常用的转义字符

转义字符	表示方法
单引号	\'
双引号	\"
反斜杠	\\
换行符	\n
回车符	\r
制表符	\t
退格符	\b
换页符	\f
& 符号	\&

换行符\n 一般与 alert() 方法结合使用,在 document.write() 中一般使用< br />。转义字符的使用示例可参照 js11.html。

js11.html 的代码如下:

```
<!DOCTYPE html>
<html>
    <head>
        <meta charset = "UTF - 8">
        <title>转义字符的使用</title>
        <script type = "text/javascript">
            document.write("You \& me are good friends!< br />");
            document.write("目标文件在 C:\\program 目录下< br />");
            document.write("str = \"Welcome to China!\"");
        </script>
    </head>
    <body>
    </body>
</html>
```

js11.html 的显示结果如图 11-11 所示。

11.1.3 日期对象

在 JavaScript 中提供了 Date 对象,用于处理和日期相关的内容。通过 Date 对象可以获取系统时间、设置系统时间等。Date 对象也具有 prototype 和 constructor 属性。

图 11-11　js11.html 的显示结果

1．创建日期

创建日期的方法有多种。

1）无参数

可以使用以下语句表示系统当前的日期和时间：

var date = new Date();

2）字符串类型参数

可以使用字符串类型参数指定日期和时间以及具体的格式,例如：

var date = new Date("MM/dd/yyyy HH:mm:ss");

3）整型参数

可以使用整型参数创建距离 JavaScript 内部定义的起始时间 1970 年 1 月 1 日的某一毫秒数的日期和时间。例如：

var date = new Date(milliseconds);

4）构造函数

可以使用构造函数创建日期,参数可以为 2~7 个,依次按照 year、month、day、hours、minutes、seconds、milliseconds 匹配。例如：

var date = new Date(year, month);
var date = new Date(year, month, day);
var date = new Date(year, month, day, hours);
var date = new Date(year, month, day, hours, minutes);
var date = new Date(year, month, day, hours, minutes, seconds);
var date = new Date(year, month, day, hours, minutes, seconds, milliseconds);

2．日期对象的属性和方法

Date 对象的 prototype 属性的用法类似于 Array 对象。Date 对象提供了丰富的日期获取类、设置类、输出类以及解析类方法,其中比较常用的方法如表 11-4 所示。

表 11-4　Date 对象的方法

方　　法	说　　明
getDate()	获取一月中的哪一天(1~31)
getDay()	获取一星期中的哪一天(0~6,星期天为 0)
getFullYear()	获取 4 位数表示的年份
getYear()	获取年份
getHours()	获取一天中的哪一小时(0~23)
getMinutes()	获取一小时中的哪一分(0~59)

续表

方　　法	说　　明
getSeconds()	获取一分的哪一秒(0～59)
getMilliseconds()	获取毫秒(0～999)
getMonth()	获取一年中的哪一月(0～11)
getTime()	获取以毫秒表示的时间戳
setDate(date)	设置一月中的某一天
setDay(day)	设置一星期中的某一天
setYear(year)	设置年
setHours(hours)	设置一天中的某一小时
setMinutes(minutes)	设置一小时中的某一分
setSeconds(seconds)	设置一分中的某一秒
setMilliseconds(milliseconds)	设置一分中的某一毫秒
setMonth(month)	设置一年中的某一月
setTime(milliseconds)	以毫秒(距离1970年1月1日凌晨)设置日期

Date 对象的使用示例可参照 js12.html。

js12.html 的代码如下：

```html
<!DOCTYPE html>
<html>
    <head>
        <meta charset="UTF-8">
        <title>Date 对象的使用</title>
        <script type="text/javascript">
            var date = new Date();
            document.write("现在是" + date.getFullYear() + "年" + (date.getMonth() + 1) +
                "月" + date.getDate() + "日   ");
            var day = date.getDay();
            switch(day) {
                case 0:
                    d = "星期天";
                    break;
                case 1:
                    d = "星期一";
                    break;
                case 2:
                    d = "星期二";
                    break;
                case 3:
                    d = "星期三";
                    break;
                case 4:
                    d = "星期四";
                    break;
                case 5:
                    d = "星期五";
                    break;
                default:
```

```
                    d = "星期六";
                }
                document.write(d + " ");
                if(date.getHours() < 10) {
                    document.write("0");
                }
                document.write(date.getHours() + ":");
                if(date.getMinutes() < 10) {
                    document.write("0");
                }
                document.write(date.getMinutes() + ":");
                if(date.getSeconds() < 10) {
                    document.write("0");
                }
                document.write(date.getSeconds());
        </script>
    </head>
    <body>
    </body>
</html>
```

js12.html 的显示结果和客户端的当前时间有关,如图 11-12 所示。

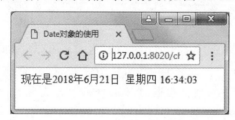

图 11-12 js12.html 的显示结果

利用 Date 对象实现客户端动态时钟的用法可参照 js13.html。

js13.html 的代码如下:

```
<!DOCTYPE html>
<html>
    <head>
        <meta charset = "UTF-8">
        <title>利用 Date 实现动态时钟</title>
        <script type = "text/javascript">
            function showTime() {
                var date = new Date();
                var str;
                str = date.getFullYear() + "-" + (date.getMonth() + 1) + "-" + date.getDate() + " ";
                str += full(date.getHours()) + ":" + full(date.getMinutes()) + ":" + full(date.getSeconds());
                document.getElementById("time").innerHTML = str;
            }
            function full(n) {
                if(n < 10) {
                    n = "0" + n;
```

```
                }
                return n;
            }
            window.setInterval("showTime()", 1000);
        </script>
    </head>
    <body>
        <div id="time"></div>
    </body>
</html>
```

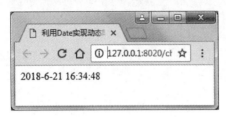

图 11-13　js13.html 的显示结果

js13.html 的显示结果如图 11-13 所示，时间会动态变化。

注意：尽量不要在 setInterval() 方法调用的函数中使用 document.write() 方法，因为 setInterval() 调用的函数执行 document.write() 输出非 HTML 标签的内容时，会重新生成页面，此时页面中已不包含 JavaScript 脚本，因而不能重复执行，可通过更改 DIV 的 innerHTML 来实现。

11.1.4　数学对象

JavaScript 中提供了 Math 对象，Math 对象包含一些常用属性和方法，Math 对象与 Array 对象、String 对象、Date 对象不同，没有构造函数，因此不能创建 Math 对象。如果要使用 Math 对象的属性或方法，则直接通过 Math.属性名或者 Math.方法名调用。

1．Math 对象的属性

对于数学运算中经常使用的一些常量值，Math 对象提供了一系列的属性，如表 11-5 所示。

表 11-5　Math 对象的属性

属 性 名	说　　明
E	自然对数的底数（约等于 2.718）
LN2	2 的自然对数
LN10	10 的自然对数
LOG2E	以 2 为底 E 的对数
LOG10E	以 10 为底 E 的对数
PI	圆周率（约等于 3.14159）
SQRT1_2	2 的平方根的倒数
SQRT2	2 的平方根

2．Math 对象的方法

Math 对象的方法如表 11-6 所示。

表 11-6　Math 对象的方法

方 法 名	说　　明
sin(x)/cos(x)/tan(x)	返回 x 的正弦/余弦/正切值
asin(x)/acos(x)/atan(x)	返回 x 的反正弦/反余弦/反正切值

续表

方 法 名	说 明
abs(x)	返回 x 的绝对值
ceil(x)	返回大于或等于 x 的最小整数
floor(x)	返回小于或等于 x 的最大整数
exp(x)	返回 E 的 x 次幂
log(x)	返回以 e 为底 x 的对数
max(x,y,…)/min(x,y,…)	返回 x,y,… 的最大值/最小值
pow(x,y)	返回 x 的 y 次幂
random()	返回 0~1 的随机数
round(x)	返回 x 四舍五入之后的整数
sqrt(x)	返回 x 的平方根

random()方法用于随机产生一个大于或等于 0、小于 1 的浮点数，通过合适的运算可以产生任意范围内的数值，例如，要产生大于或等于 1、小于 end 的任意整数，可以使用

parseInt(Math.random() * end + 1)

要产生大于或等于 begin、小于 end 的任意整数，可以使用

parseInt(Math.random() * (end - begin + 1) + begin)

random()方法的使用示例可参照 js14.html。

js14.html 的代码如下：

```html
<!DOCTYPE html>
<html>
    <head>
        <meta charset="UTF-8">
        <title>random()方法的使用</title>
        <script type="text/javascript">
            var array1 = new Array();
            var array2 = new Array();
            for(var i = 0; i < 5; i++) {
                //产生值为 1~50 的随机整数
                array1[i] = parseInt(Math.random() * 50 + 1);
                //产生值为 60~90 的随机整数
                array2[i] = parseInt(Math.random() * 31 + 60);
            }
            document.write("array1 为:" + array1 + "<br />");
            document.write("排序后:" + array1.sort(sortNumberAsc) + "<br />");
            document.write("array2 为:" + array2 + "<br />");
            document.write("排序后:" + array2.sort(sortNumberAsc));
            function sortNumberAsc(a, b) {
                if(a < b) {
                    return -1;
                } else if(a == b) {
                    return 0;
                } else {
                    return 1;
                }
            }
```

```
        </script>
    </head>
    <body>
    </body>
</html>
```

js14.html 的随机显示结果如图 11-14 所示。刷新页面,随机数会发生变化。

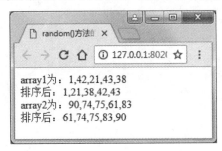

图 11-14 js14.html 的显示结果

11.2 JavaScript 自定义对象

在 JavaScript 中,除了内置的 Array、String、Date 等对象之外,还可以创建自定义对象。对象是一种特殊的数据类型,可以具有一系列的属性和方法。

11.2.1 使用原型添加属性和方法

所有的内置对象和用户的自定义对象都具有只读的 prototype 属性,通过 prototype 属性可以为对象添加属性或方法,添加的属性或方法可被所有的对象实例共享。其格式如下:

```
object.prototype.method = function(){…}
object.prototype.property = property;
```

例如 js15.html,利用原型添加判断字符串是否为回文串的方法。

js15.html 的代码如下:

```
<!DOCTYPE html>
<html>
    <head>
        <meta charset = "UTF-8">
        <title>利用原型为 String 对象添加方法</title>
        <script type = "text/javascript">
            String.prototype.isPalindrome = function() {
                var flag = true;
                for(var i = 0; i < this.length / 2; i++) {
                    if(this.charAt(i) != this.charAt(this.length - i - 1)) {
                        flag = false;
                        break;
                    }
                }
                return flag;
            }
```

```
                var str1 = "Welcome to China!";
                document.write(str1 + ":<br />" + str1.isPalindrome() + "<br />");
                var str2 = "abcdefgfedcba";
                document.write(str2 + ":<br />" + str2.isPalindrome());
            </script>
        </head>
        <body>
        </body>
    </html>
```

js15.html 的显示结果如图 11-15 所示。

注意：String 对象的 isPalindrome() 方法是在运行的过程中添加的，此方法只对当前页面的 String 对象有效。如果希望其他的网页也可以使用 String 对象的此方法，可以将 JavaScript 脚本放在单独的 JS 文件中加以引用。

图 11-15　js15.html 的显示结果

11.2.2　创建自定义对象

在 JavaScript 中创建自定义对象有以下 4 种方法：
- JSON 方法。
- 构造函数方法。
- 原型方法。
- 混合方法。

1. JSON 方法

JSON（JavaScript Object Notation，JavaScript 对象表示法）是一种轻量级的数据交换格式，采用完全独立于语言的文本格式，是理想的数据交换格式，特别适合用于 JavaScript 与服务器的数据交互。JSON 是 JavaScript 的原生格式，在 JavaScript 中处理 JSON 数据不需要任何特殊的 API 或者工具包。JSON 可读性好，易编写，同时利用机器解析与生成。JSON 与 XML 类似，但是比 XML 更小、更快、更易解析。利用 JSON 可以在 JavaScript 代码中创建对象，可以在服务器端程序中按照 JSON 的格式创建字符串，并且可以在 JavaScript 中把字符串解析为 JavaScript 对象。

1）创建 JSON 格式的对象

利用 JSON 格式创建对象的格式如下：

```
var jsonobject = {
    propertyname : value,                    //对象内的属性
    functionname : function(){statements;}   //对象内的方法
};
```

其中，jsonobject 是创建的 JSON 对象的名称；propertyname 是对象的属性名称；functionname 是对象的方法名称。

JSON 的语法规则为一对大括号括起多个"名称/值"集合（也可以理解成数组），各个"名称/值"之间使用逗号分隔。使用 JSON 格式创建对象的示例可参照 js16.html。

js16.html 的代码如下：

```html
<!DOCTYPE html>
<html>
    <head>
        <meta charset = "UTF - 8">
        <title>创建JSON格式的对象</title>
        <script type = "text/javascript">
            var user = {
                username: "王明明",
                age: 20,
                info: {
                    tel: 1234567,
                    mobile: 13666666666
                },
                address: [{
                        city: "beijing",
                        postcode: "100000"
                    },
                    {
                        city: "shanghai",
                        postcode: "200000"
                    }
                ],
                show: function() {
                    document.write("username:" + this.username + "<br />");
                    document.write("age:" + this.age + "<br />");
                    document.write("info.tel:" + this.info.tel + "<br />");
                    document.write("info.mobile:" + this.info.mobile + "<br />");
                    document.write("address:" + "<br />");
                    document.write("city:" + this.address[0].city + ",postcode:" + this.address[0].postcode + "<br />");
                    document.write("city:" + this.address[1].city + ",postcode:" + this.address[1].postcode + "<br />");
                }
            };
            user.show();
        </script>
    </head>
    <body>
    </body>
</html>
```

图 11-16 js16.html 的显示结果

上述代码创建了一个名称为 user 的 JSON 对象,包含 4 个属性和一个方法,JSON 格式使用花括号保存对象,使用方括号保存数组。JSON 定义对象时,允许嵌套定义,例如上述 user 对象的 address 属性是由两个 JSON 对象组成的数组。js16.html 的显示结果如图 11-16 所示。

2) 解析 JSON 格式的字符串

JSON 最常见的用法之一是从 Web 服务器上读取 JSON 数据,将 JSON 数据转换成 JavaScript

对象,然后在网页中使用该对象。例如可以使用 eval() 函数解析符合 JSON 格式的字符串。

eval() 函数使用的是 JavaScript 编译器,可解析 JSON 文本,然后生成 JSON 对象,但是必须把文本包含在括号中,把字符串强制转换成普通的 JavaScript 对象,才可以避免语法错误。例如:

```
var u = eval('(' + user + ')');
```

如果被解析的字符串是数组格式,则不必使用圆括号进行强制转换。

js17.html 的代码如下:

```html
<!DOCTYPE html>
<html>
    <head>
        <meta charset="UTF-8">
        <title>解析JSON格式的字符串</title>
        <script type="text/javascript">
            var user = '{username:"王明明",' +
                'age:20,' +
                'show:function(){' +
                'document.write("username:" + this.username + "<br />");' +
                'document.write("age:" + this.age);' +
                '}' +
                '}';
            var u = eval('(' + user + ')');
            u.show();
        </script>
    </head>
    <body>
    </body>
</html>
```

js17.html 的显示结果如图 11-17 所示。

2. 构造函数方法

可以设计一个构造函数,然后通过调用构造函数来创建对象。构造函数可以带有参数,也可以不带参数。其语法格式如下:

图 11-17 js17.html 的显示结果

```
function funcName ([param1 [, param2 [, param3 … ]]]){
    this.property1 = value1|param1;
    …
    this.methodName = function(){};
    …
};
```

其中:

- funcName 是构造函数的名称,funcName 前必须加上 function 关键字。
- param 是参数列表。
- property1 为对象的属性,可以包含多个属性,中间用分号隔开。
- methodName 为对象的方法,可以包含多个属性,中间用分号隔开。

- methodName 必须写在构造函数体之内。

使用构造函数创建对象的示例可参照 js18.html。

js18.html 的代码如下：

```html
<!DOCTYPE html>
<html>
    <head>
        <meta charset="UTF-8">
        <title>使用构造函数创建对象</title>
        <script type="text/javascript">
            function User(name, age, address, mobile, email) {
                this.name = name;
                this.age = age;
                this.address = address;
                this.mobile = mobile;
                this.email = email;
                this.show = function() {
                    document.write("name:" + this.name + "<br />");
                    document.write("age:" + this.age + "<br />");
                    document.write("address:" + this.address + "<br />");
                    document.write("mobile:" + this.mobile + "<br />");
                    document.write("email:" + this.email + "<br />");
                }
            };
            var u1 = new User("王明明", 20, "山东", "13666666666", "wangmingming@163.com");
            var u2 = new User("李娜", 20, "山东", "13888888888", "lina@163.com");
            u1.show();
            u2.show();
        </script>
    </head>
    <body>
    </body>
</html>
```

图 11-18　js18.html 的显示结果

js18.html 的显示结果如图 11-18 所示。

在 js18.html 的代码中，创建一个名为 User 的构造函数，此函数中包括 5 个属性和一个方法。通过 new 调用构造函数的方式创建名为 u1 和 u2 的 User 类型的对象，然后调用 show()方法显示其相关信息。创建对象时使用的语句为：

var u1 = new User(…);

不要使用：

User u1 = new User(…);

上述方式在 JavaScript 的语法中是不允许的。

3. 原型方法

使用原型方法也可以创建对象，即通过原型向对象添加必要的属性和方法。这种方法添加的属性和方法属于对象,每个对象实例的属性值和方法都是相同的,可以再通过赋值的方式修改需要修改的属性或方法。使用原型方法创建对象的实例可参照js19.html。

js19.html的代码如下:

```html
<!DOCTYPE html>
<html>
    <head>
        <meta charset="UTF-8">
        <title>使用原型方法创建对象</title>
        <script type="text/javascript">
            function User() {};
            User.prototype.name = "王明明";
            User.prototype.age = 20;
            User.prototype.address = "山东";
            User.prototype.mobile = "13666666666";
            User.prototype.email = "wangmingming@163.com";
            User.prototype.show = function() {
                document.write("name:" + this.name + "<br />");
                document.write("age:" + this.age + "<br />");
                document.write("address:" + this.address + "<br />");
                document.write("mobile:" + this.mobile + "<br />");
                document.write("email:" + this.email + "<br />");
            };
            var u1 = new User();
            u1.show();
            var u2 = new User();
            u2.name = "李娜";
            u2.mobile = "13888888888";
            u2.email = "lina@163.com";
            u2.show();
        </script>
    </head>
    <body>
    </body>
</html>
```

js19.html的显示结果如前文的图11-18所示。

4. 混合方法

使用构造函数可以为对象的实例指定不同的属性值,每当创建一个对象时,都会调用一次内部方法。而对于原型方式,因为构造函数没有参数,所有的被创建的对象的属性值都相同,要想创建属性值不同的对象,只能通过赋值的方式覆盖原有的值。在实际的应用中,一般采用构造方法和原型方法相混合的方式。对于对象共有的属性和方法可以使用原型方法,对于对象的实例所有的属性可以使用构造方法。例如上例中的User对象的5个属性可以通过构造方法声明,而所有的对象共享的show()方法可以使用原型方法声明,具体代码可参照js20.html。

js20.html的代码如下:

```html
<!DOCTYPE html>
<html>
```

```html
<head>
    <meta charset = "UTF-8">
    <title>使用混合方式(构造方法和原型方法)创建对象</title>
    <script type = "text/javascript">
        //使用构造方法声明属性
        function User(name, age, address, mobile, email) {
            this.name = name;
            this.age = age;
            this.address = address;
            this.mobile = mobile;
            this.email = email;
        };
        //使用原型方法声明方法
        User.prototype.show = function() {
            document.write("name:" + this.name + "<br />");
            document.write("age:" + this.age + "<br />");
            document.write("address:" + this.address + "<br />");
            document.write("mobile:" + this.mobile + "<br />");
            document.write("email:" + this.email + "<br />");
        }
        var u1 = new User("王明明", 20, "山东", "13666666666", "wangmingming@163.com");
        var u2 = new User("李娜", 20, "山东", "13888888888", "lina@163.com");
        u1.show();
        u2.show();
    </script>
</head>
<body>
</body>
</html>
```

js20.html 的显示结果如前文的图 11-18 所示。

小结

- JavaScript 是一种基于对象的客户端脚本语言。
- JavaScript 中的对象由一系列的属性和方法构成。
- JavaScript 中的对象包括核心对象和用户自定义对象。
- 核心对象主要包括 Array、String、Date、Math 等,每种对象都提供了属性和常用的方法,可以方便地进行操作。
- 使用 Array 对象可以方便地操作数组。
- 使用 String 对象可以方便地操作字符串。
- 使用 Date 对象可以方便地获取系统时间,并且可以完成一些与日期时间相关的操作。
- 使用 Math 对象可以使用一些常见的数学属性值,并且可以完成部分数学运算。
- JavaScript 支持用户自定义对象,可以使用 JSON 方式、构造函数方式、原型方式以及混合方式来创建对象。在实际的开发中,混合方式采用得最多。

习题

1. JavaScript 中字符串对象的(　　)方法可以将其按分隔符分隔成字符串集合并创建字符串数组。

   A. trim()　　　　B. split()　　　　C. mid()　　　　D. replace()

2. 以下代码的输出结果是(　　)。

```
var s1 = 15;
var s2 = "I am a student";
if(isNaN(s1))
    document.write(s1);
if(isNaN(s2))
    document.write(s2);
```

   A. 15　　　　　　　　　　　　　B. I am a student

   C. null　　　　　　　　　　　　 D. 无输出

3. 下面关于 JavaScript 中数组的说法中,不正确的是(　　)。

   A. 数组的长度必须在创建时给定,之后便不能改变

   B. 由于数组是对象,因此创建数组需要使用 new 运算符

   C. 数组内元素的类型可以不同

   D. 数组可以声明时同时进行初始化

4. 以下代码的输出结果是(　　)。

```
var student = new Object();
student.study = function(){window.alert("上课了");}
study();
```

   A. 输出"上课了"

   B. 程序出错。不能在实例化对象之后,再添加方法

   C. 程序出错。study()方法不能直接调用,应该使用 student 来调用

   D. 程序出错。给 student.study 赋值时,右边的函数必须包含名字

5. 在 JavaScript 中如何实现 2000 毫秒之后调用函数 show()的功能?如何实现每隔 2000 毫秒调用一次函数 show()的功能?

6. 为 Array 对象添加一个原型方法 del(x),当数组中存在 x 时,删除 x。

7. 将用户输入的字符串反向输出到页面上,并且将其中的小写字母转换成大写字母。

8. 创建一个 Person 对象,使用构造方法创建 name、age、gender 属性,使用原型方法添加 country 属性,并设置为 China,使用原型方法添加 show()方法,用于输出其各属性的值。

9. 使用 JavaScript 完成一个抽奖程序,当单击页面上的"开始抽奖"按钮时,在 1~36 中选取 7 个互不相同的数字,输出到页面上。如果其中包含 28,则显示一等奖;如果其中包含 18,则显示二等奖;如果其中包含 8,则显示三等奖;其他情况显示没有中奖。

第 12 章 DOM编程

12.1 BOM 和 DOM 概述

浏览器对象模型（Browser Object Model，BOM）是用于描述对象与对象之间层次关系的模型，该模型提供了独立于内容的、可以与浏览器窗口进行交互的对象结构。BOM 也可以称为窗口对象模型（Window Object Model），当浏览器打开一个网页文件时，window 对象对应着浏览器窗口本身。浏览器对象模型的层次结构如图 12-1 所示。

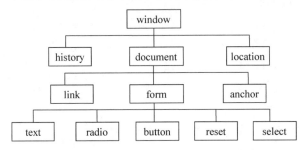

图 12-1　浏览器对象模型的层次结构

JavaScript 是一种基于对象的脚本语言。在 JavaScript 中涉及的对象可分为 3 类：核心对象、用户自定义对象以及宿主对象等。核心对象和用户自定义对象在本书的前文已经介绍过了。宿主对象是执行 JavaScript 脚本的环境提供的对象。对于嵌入网页中的 JavaScript 来说，其宿主对象是浏览器提供的预先定义好的对象，所以又称为浏览器对象。不同的浏览器提供的宿主对象及其实现方法可能不同。图 12-1 中所涉及的对象都是宿主对象，例如 window、document、history 以及 location 等。

文档对象模型（Document Object Model，DOM）是一种用于 HTML 和 XML 文档的编程接口。它为文档提供了一种结构化的表示方法，可以改变文档的内容和呈现方法，DOM 可以把网页、脚本以及其他的编程语言联系起来。

DOM 可以看作是 HTML 页面的模型，是一套对文档的内容进行抽象和概念化的方法。在 DOM 中，HTML 的每个标签元素被作为一个对象。JavaScript 通过调用 DOM 中的属性、方法可以对网页中的标签元素进行控制。例如读取页面中文本框的值、设置文本框的值等。

为了避免各种不同的浏览器提供的 DOM 对象不同所带来的操作不便，Netscape、IE 以及其他的浏览器制造商与 W3C 一同推出了标准化的 DOM，并于 1998 年 10 月完成了 DOM Level 1。W3C 对 DOM 的定义是：一个与系统平台和编程语言无关的接口，程序和脚本可以通过这个接口动态地对文档的内容、结构和样式进行访问和修改。标准化的 DOM 在独立性和适用范围等各方面都远远超过了各个浏览器专有的 DOM。

12.2 JavaScript 事件

观看视频

JavaScript 采用了事件驱动的响应机制，用户在网页上的交互操作会触发相应的事件。当事件发生时，系统可以调用 JavaScript 中指定的事件处理函数进行处理。事件可以被 JavaScript 侦测到。网页中的每个元素都可以产生某些可以触发 JavaScript 函数的事件。例如，当单击网页上的某个按钮时，此按钮的 onClick 事件发生，可以触发某个函数。JavaScript 中的事件分为一般事件、页面相关事件、表单相关事件、数据绑定事件等。一般事件如表 12-1 所示。

表 12-1　JavaScript 中的一般事件

事　　件	说　　明
onClick	鼠标单击事件，多用在某个对象控制的范围内的鼠标单击
onDblClick	鼠标双击事件
onMouseDown	鼠标上的按钮被按下
onMouseUp	鼠标上的按钮被按下，松开时激发的事件
onMouseOver	当鼠标移动到某对象范围的上方时触发的事件
onMouseOut	当鼠标离开某对象范围时触发的事件
onMouseMove	当鼠标移动时触发的事件
onKeyPress	当键盘上的某个键被按下并且释放时触发的事件
onKeyDown	当键盘上的某个键被按下时触发的事件
onKeyUp	当键盘上的某个键被释放时触发的事件

页面相关事件如表 12-2 所示。

表 12-2　JavaScript 中的页面相关事件

事　　件	说　　明
onAbort	图片在下载时被用户中断触发的事件
onBefore	当前页面的内容将要改变时触发的事件
onError	当前页面因为某种原因而出现错误时触发的事件
onLoad	当前页面内容加载到浏览器时触发的事件
onMove	浏览器窗口移动时触发的事件
onResize	浏览器窗口的大小发生改变时触发的事件
onScroll	浏览器窗口的滚动条位置发生变化时触发的事件
onStop	浏览器的停止按钮被按下时或者正在下载的文件被中断时触发的事件
onUnload	当前页面刷新或者浏览器在本页面打开其他资源时触发的事件

表单相关事件如表 12-3 所示。

表 12-3　JavaScript 中的表单相关事件

事　　件	说　　明
onBlur	当前元素失去焦点时触发的事件
onChange	当前元素失去焦点并且元素的内容发生改变时触发的事件

事件	说明
onFocus	当前元素获得焦点时触发的事件
onReset	重置表单时触发的事件
onSubmit	提交表单时触发的事件

观看视频

12.3 window 对象

window 对象是最主要的宿主对象,也是最顶层的宿主对象,是其他宿主对象的父对象。window 对象对应浏览器窗口本身。如果网页中包含框架集,则每个框架对应一个 window 对象,并且原网页也对应一个 window 对象。只要打开了浏览器窗口,无论该窗口中是否有打开的网页,当遇到 body、frameset 或者 frame 时,都会自动创建 window 对象的实例。

12.3.1 window 对象的属性

window 对象有很多属性,其中常用的属性如表 12-4 所示。

表 12-4 window 对象常用的属性

属性	说明
name	当前窗口的名称,可读写属性
parent	如果当前窗口有父窗口,则表示其父窗口,只读属性
opener	产生当前窗口的窗口对象,只读属性
self	当前窗口对象,只读属性
top	当前窗口的最顶层窗口对象,只读属性
status	浏览器状态栏中显示的内容,可读写属性
defaultstatus	浏览器状态栏中显示的默认内容,可读写属性

status 属性用于临时改变状态栏的内容,而 defaultstatus 一般用于定义浏览器状态栏的默认显示内容。例如 js1.html,当鼠标移动到超链接上方时,浏览器的状态栏显示欢迎信息。

js1.html 的代码如下:

```
<!DOCTYPE html>
<html>
    <head>
        <meta charset = "UTF-8" />
        <title>window 对象的 defaultStatus 属性和 status 属性</title>
        <script type = "text/javascript">
            window.defaultStatus = "这是状态栏的默认信息!";
            function change() {
                window.status = "当把鼠标移到图像上方时,状态栏显示的信息!";
            }
        </script>
    </head>
    <body>
        <a href = "" onMouseOver = "change();return true">
            <img src = "image/flower1.jpg" width = "200" border = "0" />
```

```
            </a>
        </body>
</html>
```

当把鼠标移到图像上方时,浏览器的地址栏的信息会发生变化。

12.3.2　window 对象的方法

window 对象的方法很多,可以分为窗体控制方法、对话框方法、时间等待与间隔方法。

1. 窗体控制方法

窗体控制方法如表 12-5 所示。

表 12-5　窗体控制方法

方　　法	说　　明
moveBy(x,y)	从当前位置水平移动窗体 x 个像素,垂直移动窗体 y 个像素
moveTo(x,y)	移动窗体左上角到相对于屏幕左上角的(x,y)点
resizeBy(w,h)	相对于窗体当前的大小,宽度调整 w 个像素,高度调整 h 个像素
resizeTo(w,h)	把窗体宽度调整为 w 个像素,高度调整为 h 个像素
scrollTo(x,y)	窗体中若有滚动条,将横向滚动条移动到相对于窗体宽度为 x 个像素的位置,将纵向滚动条移动到相对于窗体高度为 y 个像素的位置
scrollBy(x,y)	窗体中若有滚动条,将横向滚动条移动到相对于当前滚动条的 x 个像素的位置,将纵向滚动条移动到相对于当前纵向滚动条高度为 y 个像素的位置
focus()	使窗体或控件获取焦点
blur()	使窗体或控件失去焦点
open()	打开(弹出)一个新的窗体
close()	关闭窗体

1) focus()和 blur()

focus()和 blur()分别为窗体或控件获取焦点和失去焦点,例如 js2.html,使用焦点变化来验证表单中内容文本框值的合法性。

js2.html 的代码如下:

```
<!DOCTYPE html>
<html>
    <head>
        <meta charset = "UTF - 8" />
        <title>使用 window 的 focus 方法和 blur 方法</title>
        <script type = "text/javascript">
            function checkValue(txt) {
                if(txt.value == "") {
                    alert(txt.name + "的内容不能为空!");
                }
            }
        </script>
        <style type = "text/css">
            input {
                background - color: #FFFFFF;
                width: 90%;
                float: left;
```

```html
                    border: 1px ridge blue;
                }
                table {
                    border: 1px solid green;
                    font-size: 12px;
                    background-color: #E5EEF5;
                    width: 250px;
                }
                td {
                    text-align: left;
                }
        </style>
    </head>
    <body>
        <form action="#" method="post">
            <table>
                <tr>
                    <td>内容:</td>
                    <td><input type="text" onBlur="checkValue(this)" onMouseMove="this.focus();this.select()" value="这是内容文本框" name="context"/></td>
                </tr>
                <tr>
                    <td>用户名:</td>
                    <td><input type="text" name="name" required/></td>
                </tr>
                <tr>
                    <td>密码:</td>
                    <td><input type="password" name="password" required/></td>
                </tr>
                <tr>
                    <td>联系方式:</td>
                    <td><input type="text" name="mobile" required/></td>
                </tr>
                <tr>
                    <td colspan="2">
                        <input type="submit" />
                    </td>
                </tr>
            </table>
        </form>
    </body>
</html>
```

图 12-2　js2.html 的显示结果

当鼠标移到内容文本框时,文本框的内容会自动被选中,如图 12-2 所示。

当用户名、密码、联系方式等文本框失去焦点时,会验证相应的信息,如果信息为空,则会给出相应的提示。

在 HTML5 中可以直接使用表单控件的 required 属性在提交表单时进行非空校验,本例中的用户名、密码、联系方式都通过此方式验证。

2) open()

open()方法用于打开一个新窗口,其语法格式如下:

window.open(url, name, features, replace);

其中,各参数说明如下。

- url:可选的字符串,声明了要在新窗口显示的文档的 URL。如果省略此参数,或者它的值是空字符串,则新窗口不显示任何文档。
- name:可选的字符串,该字符串声明了新窗口的名称。此名称可用作相关标签的 target 属性值。如果该参数指定了一个已经存在的窗口,则 open()方法不会再创建一个新窗口,而是返回对指定窗口的引用。这种情况下 features 参数将被忽略。
- features:可选字符串,声明了新窗口要显示的标准浏览器的特征。如果省略了该参数,新窗口将以标准特征显示。如果有多个特征值,则中间使用逗号隔开。新窗口的特征如表 12-6 所示。
- replace:可选布尔值,规定了装载到窗口的 URL 是否在窗口的浏览历史中替换已有条目。如果 replace 的值为 true,则 URL 替换浏览历史的已有条目;如果 replace 的值为 false,则 URL 在浏览历史中创建新的条目。

表 12-6 窗口特征

特 征 名	说 明
channelmode	是否使用 channel 模式显示窗口。默认为 no,可选值为 yes|no|1|0
directories	是否添加目录按钮。默认为 yes,可选值为 yes|no|1|0
fullscreen	是否使用全屏模式显示浏览器,默认为 no。处于全屏模式的窗口必须同时也处于 channel 模式,可选值为 yes|no|1|0
height	窗口文档显示区的高度,单位为像素
width	窗口文档显示区的宽度,单位为像素
left	窗口的 X 坐标,单位为像素
top	窗口的 Y 坐标,单位为像素
location	是否显示窗口的地址栏,默认为 yes,可选值为 yes|no|1|0
menubar	是否显示窗口的菜单栏,默认为 yes,可选值为 yes|no|1|0
resizable	是否可调节窗口的尺寸,默认为 yes,可选值为 yes|no|1|0
scrollbars	是否显示滚动条,默认为 yes,可选值为 yes|no|1|0
status	是否显示状态栏,默认为 yes,可选值为 yes|no|1|0
titlebar	是否显示标题栏,默认为 yes,可选值为 yes|no|1|0
toolbar	是否显示工具栏,默认为 yes,可选值为 yes|no|1|0

open()方法的使用示例可参照 js3.html。在 js3.html 中单击相应按钮时,打开一个新的窗口,新窗口打开的文档为 new.html。

new.html 的代码如下:

```
<!DOCTYPE html>
<html>
    <head>
        <meta charset = "UTF-8" />
        <title>一个新窗口</title>
```

```
        </head>
        <body onLoad = "setTimeout('self.close()',5000)">
            这是一个新的窗口!<br /> 5秒后窗口会自动关闭!
        </body>
</html>
```

js3.html 的代码如下:

```
<!DOCTYPE html>
<html>
    <head>
        <meta charset = "UTF-8" />
        <title>window 的 open()方法和 close()方法</title>
        <script type = "text/javascript">
            function openNew() {
                window.open("new.html", "new", "height = 200, width = 200, status = yes, toolbar = no, menuba = yes, location = yes, resizable = yes");
            }
        </script>
    </head>
    <body>
        <input type = "button" value = "打开新窗口" onClick = "openNew()" />
    </body>
</html>
```

js3.html 的显示结果如图 12-3 所示。

当单击"打开新窗口"按钮时的显示结果如图 12-4 所示,5秒之后,新窗口自动关闭。

图 12-3　js3.html 的显示结果

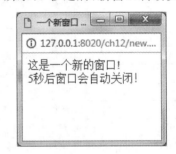

图 12-4　打开的新窗口

2. 对话框方法

对话框方法如表 12-7 所示。

表 12-7　对话框方法

方　　法	说　　明
alert(str)	弹出一个对话框(包含 OK 按钮)
prompt(str1,str2)	弹出消息对话框(包含 OK 按钮、Cancel 按钮与文本输入框)
confirm(str)	弹出消息对话框(包含 OK 按钮与 Cancel 按钮)

3. 时间等待与间隔方法

时间等待与间隔方法如表 12-8 所示。

表 12-8　时间等待与间隔方法

方　　法	说　　明
setTimeout(codes,millisec)	指定的毫秒数后执行指定的代码
clearTimeout(timeout)	取消指定的 setTimeout 方法将要执行的代码
setInterval(codes,millisec)	间隔指定的毫秒数重复地执行指定的代码
clearInterval(interval)	取消指定的 setInterval 方法将要执行的代码

1) setTimeout()方法和 clearTimeout()方法

setTimeout()方法可以实现指定的毫秒数后执行指定的代码,其语法格式如下:

```
setTimeout(codes, millisec);
```

其中,各参数说明如下。

- codes 是必需的,可以是 JavaScript 代码串,也可以是 JavaScript 函数名。
- millisec 也是必需的,指等待的毫秒数。

注意:setTimeout()方法只能使 codes 执行一次。如果要执行多次,可以循环调用,也可以使用 setInterval()方法。

setTimeout()方法的使用示例可参照 js4.html,实现一个计时器。

js4.html 的代码如下:

```html
<!DOCTYPE html>
<html>
    <head>
        <meta charset = "UTF - 8" />
        <title>使用 window 的 setTimeout()实现计时器</title>
        <script type = "text/javascript">
            var count = 0;

            function timeCount() {
                document.getElementById("time").value = timeChange(count);
                count++;
                setTimeout("timeCount()", 1000);
            }
            function timeChange(second) {
                var h = 0,
                    m = 0,
                    s = 0;
                s = second;
                if(second > 3600) {
                    h = parseInt(second / 3600);
                    second = second - h * 3600;
                }
                if(second > 60) {
                    m = parseInt(second / 60);
                    second = second - m * 60;
                    s = second;
                }
                return full(h) + ":" + full(m) + ":" + full(s);
            }
            function full(t) {
```

```
            if(t < 10) {
                t = "0" + t;
            }
            return t;
        }
    </script>
    <style type = "text/css">
        input {
            background-color: #FFFFFF;
            width: 80px;
            border: 1px ridge #000000;
        }
    </style>
</head>
<body>
    <input type = "button" value = "开始计时" onClick = "timeCount()" />  
    <input type = "text" id = "time" />
</body>
</html>
```

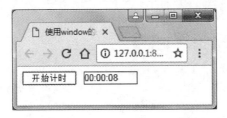

图 12-5 js4.html 的显示结果

js4.html 的显示结果如图 12-5 所示,单击"开始计时"按钮,会显示计时的时间。

clearTimeout(timeout)方法用于取消用 setTimeout()方法设定的计时对象,参数 timeout 为计时器的名称。其使用示例可参照 js5.html,在 js4.html 的基础上添加停止计时的功能。

js5.html 的代码如下:

```
<!DOCTYPE html>
<html>
    <head>
        <meta charset = "UTF-8" />
        <title>使用 window 的 clearTimeout()停止计时器</title>
        <script type = "text/javascript">
            var count = 0;
            var timeout;
            function timeCount() {
                document.getElementById("time").value = timeChange(count);
                count++;
                timeout = setTimeout("timeCount()", 1000);
            }
            function timeChange(second) {
                var h = 0,
                    m = 0,
                    s = 0;
                s = second;
                if(second > 3600) {
                    h = parseInt(second / 3600);
                    second = second - h * 3600;
                }
```

```
                    if(second > 60) {
                        m = parseInt(second / 60);
                        second = second - m * 60;
                        s = second;
                    }
                    return full(h) + ":" + full(m) + ":" + full(s);
                }
                function stopCount() {
                    clearTimeout(timeout);
                }
                function full(t) {
                    if(t < 10) {
                        t = "0" + t;
                    }
                    return t;
                }
            </script>
            <style type = "text/css">
                input {
                    background - color: #FFFFFF;
                    width: 80px;
                    border: 1px ridge #000000;
                }
            </style>
        </head>
        <body>
            < input type = "button" value = "开始计时" onClick = "timeCount()" />  
            < input type = "text" id = "time" />  
            < input type = "button" value = "停止计时" onClick = "stopCount()" />
        </body>
    </html>
```

在浏览器中打开 js5.html,单击"开始计时",会显示计时的时间;单击"停止计时",计时会停止;再单击"开始计时",会继续计时。其显示结果如图 12-6 所示。

2) setInterval()方法和 clearInterval()方法

setInterval()方法可以根据指定的周期(以毫秒计)来调用 JavaScript 代码或函数。其使用格式如下:

图 12-6 js5.html 的显示结果

```
setInterval(codes, millisec);
```

其中,codes 和 millisec 参数的含义与 setTimeout()方法的参数相同。

clearInterval()方法可以取消由 setInterval()方法指定的计时对象。其语法格式如下:

```
clearInterval(interval);
```

其中,interval 为计时对象的名称。

setInterval()方法和 clearInterval()方法的使用示例可参照 js6.html,实现与 js5.html 功能相同的计时器。

js6.html 的代码如下:

```html
<!DOCTYPE html>
<html>
    <head>
        <meta charset = "UTF-8" />
        <title>使用window的setInterval()方法和clearInterval()方法实现计时器</title>
        <script type = "text/javascript">
            var count = 0;
            var interval;
            function timeCount() {
                document.getElementById("time").value = timeChange(count);
                count++;
            }
            function beginCount() {
                interval = setInterval("timeCount()", 1000);
            }
            function timeChange(second) {
                var h = 0,
                    m = 0,
                    s = 0;
                s = second;
                if(second > 3600) {
                    h = parseInt(second / 3600);
                    second = second - h * 3600;
                }
                if(second > 60) {
                    m = parseInt(second / 60);
                    second = second - m * 60;
                    s = second;
                }
                return full(h) + ":" + full(m) + ":" + full(s);
            }
            function stopCount() {
                clearInterval(interval);
            }
            function full(t) {
                if(t < 10) {
                    t = "0" + t;
                }
                return t;
            }
        </script>
        <style type = "text/css">
            input {
                background-color: #FFFFFF;
                width: 80px;
                border: 1px ridge #000000;
            }
        </style>
    </head>
    <body>
        <input type = "button" value = "开始计时" onClick = "beginCount()" />  
        <input type = "text" id = "time" />  
        <input type = "button" value = "停止计时" onClick = "stopCount()" />
    </body>
</html>
```

在浏览器中打开js6.html,其实现的功能与js5.html相同,其显示结果与图12-6相同。可见,对于setInterval()方法来说,不需要递归调用,只需要指定调用的函数名及间隔的时间即可。

12.4 document 对象

当创建了一个网页并把它加载到浏览器中时,网页文档就被转换成一个文档对象document。在DOM中,一个document对象被表示为一棵树,也称为节点树。文档是节点构成的集合,节点主要包括元素节点(Element Node)、文本节点(Text Node)、属性节点(Attribute Node)以及层叠样式表(CSS)等。元素节点指的是包含在HTML文件中的标签元素。文本节点指的是包含在元素节点内部的文本,但是不一定所有的元素节点都包含文本节点。属性节点一般被放置在元素节点的起始标签内部,所有的属性节点都被包含在元素节点内部,元素节点也不一定包含属性节点。如果没有属性节点,则元素节点的显示样式由CSS或者浏览器的默认样式决定。CSS也是DOM中的一类节点,CSS决定了元素节点的显示样式。document对象的层次结构如图12-7所示。

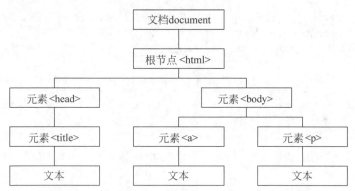

图12-7 document对象的层次结构图

1. document 对象的属性

document对象提供了一系列的只读或可读写的属性,如表12-9所示。

表12-9 document 对象的属性

属性	说明
title	设置或获取文档的标题
bgColor	设置或获取文档的背景色
fgColor	设置或获取文档的前景色
linkColor	设置或获取文档的链接的颜色
alinkColor	设置或获取文档的活动链接的颜色
vlinkColor	设置或获取文档的已访问过的链接的颜色
URL	设置或获取文档的URL
charset	设置或获取文档的字符集
cookie	设置或获取与当前文档相关的cookie
domain	获取当前文档的域名,只读属性

续表

属 性	说 明
lastModified	获取当前文档最后修改的日期时间,只读属性
referrer	获取载入当前文档的 URL,只读属性
fileSize	获取当前文档的大小,只读属性
body	获取当前文档的主体子对象,只读属性

1) bgColor 属性

在 JavaScript 中,可以通过修改 bgColor 的属性值来更改当前文档的背景颜色。例如 js7.html。

js7.html 的代码如下:

```html
<!DOCTYPE html>
<html>
    <head>
        <meta charset = "UTF-8" />
        <title>document 对象的 bgColor 属性</title>
    </head>
    <body bgColor = "orange">
        <input type = "button" value = "把背景色改为红色" onClick = "document.bgColor = 'red';" />
        <br /><br />
        <input type = "button" value = "把背景色改为绿色" onClick = "document.bgColor = 'green';" />
        <br /><br />
        <input type = "button" value = "把背景色改为蓝色" onClick = "document.bgColor = 'blue';" />
        <br /><br />
    </body>
</html>
```

js7.html 的显示结果如图 12-8 所示,当单击相应按钮时,文档的背景色会发生相应的改变。

2) linkColor、alinkColor 与 vlinkColor 属性

linkColor、alinkColor 与 vlinkColor 可以设置超链接在不同的状态下的颜色,其使用示例如 js8.html 所示。

js8.html 的代码如下:

```html
<!DOCTYPE html>
<html>
    <head>
        <meta charset = "UTF-8" />
        <title>document 的 linkColor、alinkColor 与 vlinkColor 属性</title>
        <script type = "text/javascript">
            document.linkColor = "red";
            document.alinkColor = "green";
            document.vlinkColor = "blue";
        </script>
    </head>
    <body>
        <a href = "#">超链接 1</a><br />
        <a href = "#">超链接 2</a><br />
```

```
            < a href = " ♯ ">超链接 3 </a><br />
            < a href = " ♯ ">超链接 4 </a>
     </body>
</html>
```

在 IE 浏览器中打开 js8.html,当链接 1 与链接 3 被访问过,链接 2 被激活时的显示结果如图 12-9 所示。

图 12-8 js7.html 的显示结果

图 12-9 js8.html 的显示结果

注意：各个浏览器对 document 的 linkColor、alinkColor、vlinkColor 的兼容性并不好,因此应尽量避免直接使用这几个属性,可以使用 CSS 中的伪类选择器来代替。

3) Cookie 属性

Cookie 是某些站点在客户端的本地硬盘上存储的一些很小的文本文件,JavaScript 中提供了对 Cookie 比较全面的访问。每个 Cookie 都是 Cookie 名＝Cookie 值的一个键值对,Cookie 本身是一个字符串,多组键值对之间使用分号加空格分隔。例如：

```
name1 = value1; name2 = value2; name3 = value3;
```

每个 Cookie 都有失效日期,一旦到了失效日期,Cookie 就会被删掉。在 JavaScript 中虽然不能直接删掉 Cookie,但是可以通过设定失效日期的办法来间接删掉 Cookie。

每个站点或网页都有自己的 Cookies,而这些 Cookies 也只能由当前的站点和网页来访问,其他的站点或网页在未经授权的情况下不能访问。Cookies 一般都有规定的大小,一旦超过了规定的大小,最早的 Cookie 会被删除,以便存储新的 Cookie。

设置 Cookie 的方法如下：

```
document.cookie = sCookie;
```

其中,sCookie 是要保存的 Cookie 的值,主要包括以下内容：

- 键值对,每个 Cookie 都有包含实际信息的键值对,读取时可以按照名字匹配。
- expires 为过期时间,一旦到达过期时间,Cookie 就会被删除。如果没有设定过期时间,则浏览器关闭后立即过期。过期时间是 UTC 格式,可以利用 Date.toGMTString()方法来创建此格式的时间。
- path 为路径,在此路径下的页面才可以访问 Cookie,一般设为"/",表示同一个站点下的所有页面都可以访问 Cookie。
- domain 为域,每个 Cookie 都可以包含域,域可以使浏览器确定哪些 Cookie 需要被提交。如果不指定域,则域值为设定 Cookie 的页面的域。

- secure 为安全性，指定 Cookie 是否只能通过 HTTP 访问。如果设置了 secure 值，则只有使用 HTTP 才能访问 Cookie。

例如，以下为设置 Cookie 的一段代码：

```
var date = new Date();
date.setMonth(date.getMonth() + 1);                    //一个月后过期
document.cookie = "username = " + encodeURI("username") + ";expires = " + date.toGMTString() + "; path = /";
```

2. document 对象的方法

document 对象的方法如表 12-10 所示。

表 12-10　document 对象的方法

方　　法	说　　明
write()	向文档页面输出内容
writeln()	分行向文档页面输出内容
getElementById()	根据 id 返回文档的第一个对象的引用
getElementsByName()	根据 name 返回文档的对象集合
getElementsByTagName()	根据标签名返回文档的对象集合

1) getElementById()方法

getElementById()方法用于通过元素的 id 访问该元素，这是在 DOM 编程中经常使用的方法。如果在页面中存储多个 id 值相同的元素，此方法会按照元素在页面中出现的顺序返回第一个符合条件的 id。在操作页面文档时，最好给每个元素指定一个唯一的 id 值，可以根据 id 值操作此元素。getElementById()方法的使用示例可参照 js9.html。

js9.html 的代码如下：

```html
<!DOCTYPE html>
<html>
    <head>
        <meta charset = "UTF - 8" />
        <title>document 对象的 getElementById()方法</title>
    </head>
    <body>
        <input type = "text" id = "myid" value = "这是单行文本框" /><br />
        <div id = "myid">这是第一个 DIV</div><br />
        <div id = "myid">这是第二个 DIV</div><br />
        <script type = "text/javascript">
            var element = document.getElementById("myid");
            document.write("nodeName = " + element.nodeName + "<br />");
        </script>
    </body>
</html>
```

js9.html 的显示结果如图 12-10 所示。

2) getElementsByName()方法

getElementsByName()方法用于根据元素的 name 属性值获取符合条件的元素的对象集合。此方法一般用于单行文本框、单选框、复选框等具有 name 属性的元素对象。由于 DIV 没有 name 属性，因此不可以使用此方法获取 DIV。其使用示例可参照 js10.html。

js10.html 的代码如下：

```html
<!DOCTYPE html>
<html>
    <head>
        <meta charset = "UTF - 8" />
        <title>document 对象的 getElementsByName()方法</title>
    </head>
    <body>
        <div name = "div">这是第一个 DIV</div>
        <input type = "text" name = "text" value = "这是第一个文本框" />
        <div name = "div">这是第二个 DIV</div>
        <input type = "text" name = "text" value = "这是第二个文本框" />
        <div name = "div">这是第三个 DIV</div>
        <input type = "text" name = "text" value = "这是第三个文本框" />
        <script type = "text/javascript">
            var divs = document.getElementsByName("div");
            var texts = document.getElementsByName("text");
            document.write("<br />div 的个数为:" + divs.length + "<br />");
            document.write("text 的个数为:" + text.length);
        </script>
    </body>
</html>
```

js10.html 的显示结果如图 12-11 所示。

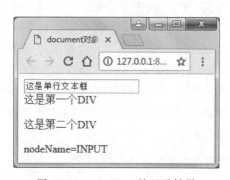

图 12-10　js9.html 的显示结果

图 12-11　js10.html 的显示结果

从 js10.html 的显示结果可以看出，无法通过 getElementsByName()方法获取 DIV 对象。

3) getElementsByTagName()方法

getElementsByTagName()方法用于根据元素的标签名称来获取对象的集合，当参数为"*"时，会返回当前页面中所有的标签元素。此方法按照元素在文档中出现的顺序返回元素对象。作为元素标签名称的字符串参数可以不区分大小写。getElementsByTagName()的使用方法可参照 js11.html。

js11.html 的代码如下：

```html
<!DOCTYPE html>
<html>
```

```html
<head>
    <meta charset = "UTF-8" />
    <title>document 对象的 getElementsByTagName()方法</title>
</head>
<body>
    <input type = "text" value = "第一个文本框" /><br />
    <div>第一个 DIV</div>
    <input type = "text" value = "第二个文本框" /><br />
    <div>第二个 DIV</div>
    <input type = "text" value = "第三个文本框" /><br />
    <div>第三个 DIV</div>
    <input type = "text" value = "第四个文本框" /><br />
    <script type = "text/javascript">
        var input = document.getElementsByTagName("input");
        var div = document.getElementsByTagName("div");
        document.write("TagName 为 input 的元素的个数为:" + input.length + "<br />");
        document.write("TagName 为 div 的元素的个数为:" + div.length);
    </script>
</body>
</html>
```

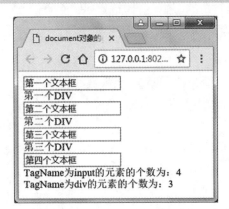

图 12-12 js11.html 的显示结果

js11.html 的显示结果如图 12-12 所示。

3. 表单对象

表单对象是 document 对象的子对象,表单是和 JavaScript 交互时最常用的对象之一。利用表单收集客户端的信息,并且可以将信息提交给服务器处理。通常可以使用 JavaScript 来对表单进行一些预处理,例如表单数据的合法性校验等。表单是页面构成的基本元素,一个页面可以包含一个或多个表单。页面中的表单可以通过表单名称或者表单的索引来访问,例如:

document.表单名称

或者:

document.forms[index]

在 JavaScript 中引用表单时,必须先在页面中用标识创建表单,再进行引用,即引用必须在表单创建之后。

1) 表单对象的属性和方法

表单对象的属性说明如表 12-11 所示。

表 12-11 表单对象的属性说明

属性	说明
acceptCharset	服务器可以接受的字符集
action	设置或获取表单的处理程序
enctype	设置或获取表单用来编码的 MIME 类型,此属性的默认值为"application/x-www-form-urlencoded"

续表

属　性	说　明
id	设置或获取表单的 id
name	设置或获取表单的 name
method	设置或获取表单的数据提交到服务器的方法,可取值为 Get|Post,默认值为 Get
target	设置或获取表单提交结果的目标名称
length	获取表单中所包含的元素数目,只读属性
elements[index]	根据索引获取表单中的元素

表单对象的方法说明如表 12-12 所示。

表 12-12　表单对象的方法说明

方　法	说　明
handleEvent()	使事件处理程序生效
reset()	表单重置
submit()	表单提交

2) 表单的元素

表单可以包含很多表单元素,一般为表单中的控件,例如文本框、密码框、按钮、单选框、复选框、多行文本框等。可以使用以下格式访问表单中的元素的属性和方法:

```
document.forms[索引].elements[索引].属性
document.forms[索引].elements[索引].方法(参数)
```

或者:

```
document.表单名称.元素名称.属性
document.表单名称.元素名称.方法(参数)
```

表单元素的属性一般包括 value(元素的默认 value 值)、form(元素所在的表单)、name(元素的 name 值)、type(元素的类型)。表单元素的方法一般包括 blur()、select()、focus()等。表单元素的使用可参照 js12.html,当表单元素获得焦点或失去焦点时更改其样式。

js12.html 的代码如下:

```
<html>
<head>
<meta http-equiv="Content-Type" content="text/html; charset=UTF-8">
<title>表单元素</title>
<script>
  function getFocus(obj){
     obj.style.color = "red";
     obj.style.background = "#FFE4C4";
  }
  function getBlur(obj){
     obj.style.color = "blue";
     obj.style.background = "#DCDCDC";
  }
</script>
</head>
<body>
用户名:<input type="text" onFocus="getFocus(this)" onBlur="getBlur(this)"/><br />
密码:<input type="password" onFocus="getFocus(this)" onBlur="getBlur(this)"/>
```

```
        </body>
</html>
```

图 12-13　js12.html 的显示结果

在浏览器中打开 js12.html，当密码框获得焦点时的显示结果如图 12-13 所示。

表单元素的另一个使用示例可参照 js13.html。表单元素的事件和属性结合使用模拟输入符合一定格式的信用卡号。在页面上设置 4 个文本框，每个文本框只能输入 4 位数字，前一个文本框输入完成后，焦点自动移到下一个控件上。当单击"显示"按钮时，显示完整的信用卡号。

js13.html 的代码如下：

```
<!DOCTYPE html>
<html>
    <head>
        <meta charset = "UTF-8" />
        <title>表单对象元素的属性和方法的使用</title>
        <script type = "text/javascript">
            var i = 0;
            function movenext(obj, i) {
                if(obj.value.length == 4) {
                    document.forms[0].elements[i + 1].focus();
                }
            }
            function show() {
                form = document.forms[0];
                num = form.elements[0].value + form.elements[1].value +
                    form.elements[2].value + form.elements[3].value;
                alert("你输入的信用卡号码是" + num);
            }
            function test(obj) {
                if(/\D/.test(obj.value)) {
                    alert('只能输入数字');
                    obj.value = '';
                }
            }
        </script>
    </head>
    <body onLoad = "document.forms[0].elements[i].focus()">
        请输入你的信用卡号码：
        <form>
            <input type = "text" size = "3" maxlength = "4" onKeyup = "test(this);movenext(this,0)" /> -
            <input type = "text" size = "3" maxlength = "4" onKeyup = "test(this);movenext(this,1)" /> -
            <input type = "text" size = "3" maxlength = "4" onKeyup = "test(this);movenext(this,2)" /> -
            <input type = "text" size = "3" maxlength = "4" onKeyup = "test(this);movenext(this,3)" />
```

```
            < input type = "button" value = "显示" onClick = "show()" />
        </form>
    </body>
</html>
```

在浏览器中打开 js13.html,文本框中只能输入数字,其显示结果如图 12-14 所示。当单击"显示"按钮时,其显示结果如图 12-15 所示。

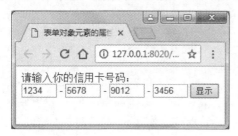

图 12-14　js13.html 的显示结果

图 12-15　单击"显示"按钮之后的显示结果

12.5　history 对象

history 对象也称为历史对象,用来存储客户端浏览器窗口最近浏览过的网址。通过 history 对象可以完成类似浏览器窗口前进、后退等按钮的功能。

1. history 对象的属性

history 对象只有一个属性,history.length 表示存储在记录清单中的 URL 数量。

2. history 对象的方法

history 对象的方法如表 12-13 所示。

表 12-13　history 对象的方法

方　　法	说　　明
back()	加载 history 列表中的前一个 URL
forward()	加载 history 列表中的下一个 URL
go(n)	加载 history 列表中的某一个 URL。如果 n＜0,则后退 n 个地址;如果 n＞0,则前进 n 个地址;如果 n＝0,则刷新当前页面

history 对象方法的使用示例可参照 js14.html。

js14.html 的代码如下:

```
<! DOCTYPE html>
< html >
    < head >
        < meta charset = "UTF - 8" />
        < title > history 对象的属性和方法的使用 </title>
        < script type = "text/javascript" >
            function go() {
                var n = parseInt(document.getElementById("param").value);
                if(isNaN(n)) {
                    alert("请输入跳转的参数,必须是整数!");
```

```
                    document.getElementById("param").value = "";
                } else {
                    window.history.go(n);
                }
            }
        </script>
    </head>
    <body>
        <input type = "button" value = "后退" onClick = "window.history.back()" /> 
        <input type = "button" value = "前进" onClick = "window.history.forward()" /> 
        <input type = "button" value = "Go" onClick = "go()" /> 
        <input type = "text" value = "0" id = "param" size = "1" />
    </body>
</html>
```

在浏览器中打开 js14.html 的显示结果如图 12-16 所示,单击相应的按钮,可以实现对浏览器历史记录的访问。有些浏览器出于安全考虑,不允许保存历史记录。如果历史记录不可利用,则页面的 URL 不变化。

图 12-16 js14.html 的显示结果

12.6 location 对象

location 对象提供了关于当前打开窗口或者特定框架的 URL 信息。一个多框架的窗口对象的 location 对象显示的是父窗口的 URL,每个框架都有一个与之关联的 location 对象。location 对象是 window 对象和 document 对象的属性,也可以看作是 window 对象和 document 对象的子对象。

1. location 对象的属性

location 对象的属性如表 12-14 所示。

表 12-14 location 对象的属性

属　　性	说　　明
host	网页主机名和端口
hash	锚点名称
href	窗口对象的整个 URL 字符串
pathname	URL 的路径名部分
protocol	当前使用的协议名
port	端口号

例如,可以通过 document.location.href=http://www.sohu.com 将当前的浏览器链

接到搜狐网站。location 对象属性的使用方法可参照 js15.html,通过按钮更改当前文档的 URL。

js15.html 的代码如下：

```
<!DOCTYPE html>
<html>
    <head>
        <meta charset="utf-8" />
        <title>location 对象的使用</title>
    </head>
    <body>
        <input type="button" value="跳转到 js14.html" onClick="document.location.href='js14.html'" />
    </body>
</html>
```

js15.html 的显示结果如图 12-17 所示,单击"跳转到 js14.html"按钮,页面会跳转到 js14.html。在页面 js14.html 中单击"后退"按钮又回到页面 js15.html。

图 12-17　js15.html 的显示结果

2. location 对象的方法

location 对象的方法如表 12-15 所示。

表 12-15　location 对象的方法

方　法	说　　明
assign()	将 location 对象的 url 属性设置成参数 url
reload()	页面重新载入
replace()	用参数给出的网址替换当前网址

12.7　事件的应用

12.7.1　鼠标事件

观看视频

当鼠标移动到元素上方时会触发 onMouseOver 事件,当鼠标移出元素时会触发 onMouseOut 事件,当鼠标在元素上方移动时会触发 onMouseMove 事件。例如 js16.html,当光标在页面文档区域移动时,在页面上显示鼠标的坐标信息。

js16.html 的代码如下：

```
<!DOCTYPE html>
<html>
```

```
    <head>
        <meta charset = "UTF-8">
        <title>鼠标事件示例1</title>
        <style type = "text/css">
            body {
                background-color: #F5F5F5;
                font-size: 14px;
            }
            div {
                color: red;
                font-size: 16px;
                height: 300px;
                width: 200px;
            }
        </style>
        <script type = "text/javascript">
            function show() {
                var str = "鼠标的位置为:<br />X = " + event.x + ",Y = " + event.y;
                document.getElementById("msg").innerHTML = str;;
            }
        </script>
    </head>
    <body onMouseMove = "show()">
        <div id = "msg"></div>
    </body>
</html>
```

js16.html 的显示结果如图 12-18 所示,当光标在文档区域移动时,其坐标位置会显示在文档区域上。

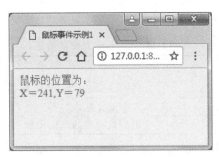

图 12-18　js16.html 的显示结果

例如 js17.html 中,当把光标移到小图上时,可以显示对应的大图。

js17.html 的代码如下:

```
<!DOCTYPE html>
<html>
    <head>
        <meta charset = "UTF-8">
        <title>鼠标事件示例2</title>
    </head>
    <body>
        <div align = "center">
```

```
            < img src = "image/01.jpg" width = "300" height = "200" id = "large" />
        </div>
        < table border = "0" cellspacing = "5" cellpadding = "5" align = "center">
            < tr >
                < td > < img src = "image/01.jpg" width = "60" height = "40" onMouseOver = "document.getElementById('large').src = 'image/01.jpg';" /></td>
                < td > < img src = "image/02.jpg" width = "60" height = "40" onMouseOver = "document.getElementById('large').src = 'image/02.jpg';" /></td>
                < td > < img src = "image/03.jpg" width = "60" height = "40" onMouseOver = "document.getElementById('large').src = 'image/03.jpg';" /></td>
                < td > < img src = "image/04.jpg" width = "60" height = "40" onMouseOver = "document.getElementById('large').src = 'image/04.jpg';" /></td>
            </tr>
        </table>
    </body>
</html>
```

js17.html 的显示结果如图 12-19 所示。当把光标移到小图上时,上方的大图会发生相应的改变。

图 12-19　js17.html 的显示结果

12.7.2　键盘事件

JavaScript 中的键盘事件主要有 onKeyDown、onKeyPress 和 onKeyUp 三种。一个典型的按键动作会依次触发 onKeyDown、onKeyPress、onKeyUp 事件。在这三种事件中,onKeyDown 和 onKeyUp 是比较接近底层硬件的事件,可以捕获到用户按的键。而 onKeyPress 是较为高级的事件,可以返回一个可打印的键对应的字符。

键盘中的键可以分为字符键和功能键。只有当键盘上的字符键被按下并且释放时才可以触发 onKeyPress 事件,即按下并释放功能键并不能触发 onKeyPress 事件,因为功能键不能打印输出。

当事件处理程序被调用时,一个 event 对象会被传递,event 对象的属性包括事件的细节描述,例如事件的类型及发生事件的元素等。event 对象的常用属性如表 12-16 所示。

表 12-16 event 对象的常用属性

属　　性	说　　明
charCode	引发事件的可打印字符的 Unicode 编码，与浏览器和事件相关
ctrlKey	事件发生时 Ctrl 键是否按下
altKey	事件发生时 Alt 键是否按下
shiftKey	事件发生时 Shift 键是否按下
keyCode	按下键的实际编码，IE 支持
offsetX,offsetY	发生事件的地点在事件源元素的坐标系统中的 x 坐标和 y 坐标，IE 支持
x,y	事件发生的位置的 x 坐标和 y 坐标，IE 支持

onKeyPress 事件不能对功能键进行正常的响应，onKeyDown 和 onKeyUp 可以对功能键及字符键进行正常的响应。但是响应事件返回的属性值不相同。onKeyPress 事件的 keyCode 对字母的大小写敏感，而 onKeyDown 和 onKeyUp 事件的 keyCode 对字母的大小写不敏感，即无法区分用户按下的是大写字母还是小写字母。另外，onKeyPress 事件的 keyCode 无法区分主键盘上的数字键和数字键盘上的数字键，而 onKeyDown 和 onKeyUp 可以区分二者。

此外，event 事件的属性和浏览器与事件相关，可以通过 event.keyCode 获取按下键的编码。

例如 js18.html，当用户按下键盘上的字符键时，在 DIV 中显示用户按下的字符。

js18.html 的代码如下：

```html
<!DOCTYPE html>
<html>
    <head>
        <meta charset="UTF-8">
        <title>键盘事件示例1</title>
        <script>
            function showChar() {
                document.getElementById("char").innerHTML = String.fromCharCode(event.keyCode);
            }
        </script>
        <style type="text/css">
            div {
                background-color: Yellow;
                width: 90px;
                height: 120px;
                font-size: 100px;
                font-weight: bold;
                color: red;
            }
        </style>
    </head>
    <body onKeyPress="showChar()">
        <div id="char"></div>
    </body>
</html>
```

当按下大写字母 A 时，js18.html 的显示结果如图 12-20 所示。按下其他的字符键，DIV 中的字符会随之变化。

注意：可以使用 String.fromCharCode(event.keyCode)来获取 onKeyPress 事件触发下的按键对应的字符。如果浏览器不同，以上代码可能需要更改。读者可自行修改成兼容各类浏览器的代码。

可以利用功能键结合其按下时触发的事件来控制 DIV 的位置，例如 js19.html，在 DIV 中放置一幅图像，可以通过按下键盘上的方向键来移动图像。

js19.html 的代码如下：

图 12-20　js18.html 的显示结果

```html
<!DOCTYPE html>
<html>
    <head>
        <meta charset = "UTF-8">
        <title>键盘事件示例 2</title>
        <script type = "text/javascript">
            function move(event) {
                var div = document.getElementById("div");
                var key = event.keyCode;
                if(key == 37) {
                    //向左移动
                    div.style.left = parseInt(div.style.left) - 10 + "px";
                } else if(key == 38) {
                    //向上移动
                    div.style.top = parseInt(div.style.top) - 10 + "px";
                } else if(key == 39) {
                    //向右移动
                    div.style.left = parseInt(div.style.left) + 10 + "px";
                } else if(key == 40) {
                    //向下移动
                    div.style.top = parseInt(div.style.top) + 10 + "px";
                }
            }
        </script>
    </head>
    <body onKeyDown = "move(event)">
        <div id = "div" style = "position:absolute;left:200px;top:100px">
            <img src = "image/05.jpg" />
        </div>
    </body>
</html>
```

在本例中没有考虑图像超过文档区域边界的问题，另外，也没有考虑到各类浏览器的兼容问题，读者可以自行修改。另外，需要注意在更改 DIV 的位置时需要标明单位 px，否则无法正确修改 DIV 的位置。

12.8 网页特效

在进行网页开发时,经常需要用到一些网页特效,例如省市级联的下拉列表、浮动广告窗口、滚动公告等。

1. 省市级联的下拉列表

例如在 js20.html 中,页面中的两个下拉列表分别表示省份和城市,在 JavaScript 中定义一维数组 pArray 表示省份,通过一维数组的嵌套实现二维数组 cArray,用以表示城市。cArray 与 pArray 存在对应关系。在页面初始化时,将 pArray 内的选项添加到表示省份的下拉列表中,当其选择项发生更改时,动态地填充表示城市的下拉列表的选项。当表示城市的下拉列表的选择项发生更改时,在页面上显示用户的选择结果。

js20.html 的代码如下:

```html
<!DOCTYPE html>
<html>
    <head>
        <meta charset = "UTF-8">
        <title>JS 特效 - 省市级联</title>
        <script>
            //定义省级数组,以 3 个省份为例
            var pArray = new Array("江苏省", "山东省", "辽宁省");
            //定义市级数组
            var cArray = new Array();
            cArray[0] = new Array("苏州市","无锡市","常州市","镇江市","南京市","南通市","扬州市","泰州市","盐城市","淮安市","宿迁市","徐州市","连云港市");
            cArray[1] = new Array("济南市","青岛市","淄博市","枣庄市","东营市","烟台市","潍坊市","济宁市","泰安市","威海市","日照市","临沂市","德州市","聊城市","滨州市","菏泽市");
            cArray[2] = new Array("沈阳市","大连市","鞍山市","抚顺市","本溪市","丹东市","锦州市","营口市","阜新市","辽阳市","盘锦市","铁岭市","朝阳市","葫芦岛市");
            //初始化
            function init() {
                //获取 province 下拉列表
                var province = document.getElementById("province");
                //将 pArray 的值添加到 province 下拉列表的选项中
                for (var i = 0; i < pArray.length; i++) {
                    var option = document.createElement("option");
                    option.value = pArray[i];
                    option.text = pArray[i];
                    province.options.add(option);
                }
            }
            //显示结果
            function show() {
                var province = document.getElementById("province");
                var city = document.getElementById("city");
                //获取用户选择的省份
                var pSelectedIndex = province.selectedIndex - 1;
```

```javascript
            //获取显示结果的span对象
            var result = document.getElementById("result");
            //如果没有选择省份,则清空显示块
            if (pSelectedIndex < 0) {
                result.innerText = "";
            } else {
                //显示用户选择的省份
                result.innerText = pArray[pSelectedIndex];
                //获取用户选择的城市
                var cSelectedIndex = city.selectedIndex - 1;
                //如果选择了城市,则显示城市
                if (cSelectedIndex >= 0) {
                    result.innerText += ", " + cArray[pSelectedIndex][cSelectedIndex];
                }
            }
        }
        //级联关系
        function selectProvince() {
            var province = document.getElementById("province");
            var city = document.getElementById("city");
            var pSelectedIndex = province.selectedIndex - 1;
            //将原来的城市选项清空
            for (var i = city.options.length - 1; i > 0; i--) {
                city.options.remove(i);
            }
            //将新选择的省份对应的城市填充到city下拉列表
            if (pSelectedIndex >= 0) {
                for (var i = 0; i < cArray[pSelectedIndex].length; i++) {
                    var option = document.createElement("option");
                    option.value = cArray[pSelectedIndex][i];
                    option.text = cArray[pSelectedIndex][i];
                    city.options.add(option);
                }
            }
            //显示选择结果
            show();
        }
        //初始化下列拉表
    </script>
</head>
<body onLoad="init()" style="font-size:12px;">
    <form>
        省份:
        <select id="province" onChange="selectProvince()">
            <option value="">请选择省份</option>
        </select>
        <br /><br />城市:
        <select id="city" onChange="show()">
            <option value="">请选择城市</option>
        </select>
        <br /><br />你选择的结果是:
        <span id="result" style="color:red;"></span>
    </form>
</body>
</html>
```

在浏览器中打开js20.html,当省份没有选择时的显示结果如图12-21所示。选择省份和城市后的显示结果如图12-22所示。

图12-21　js20.html的初始显示结果　　　图12-22　选择省份和城市后的显示结果

当更改省份时,对应的城市会自动填充,选择城市时,显示结果会做相应的改变。

2. 浮动的DIV

浮动的DIV指的是DIV始终位于浏览器窗口的某一位置上,如果浏览器窗口的大小更改,DIV的位置也会随之浮动。例如,js21.html中的DIV始终位于当前浏览器窗口的右上角。

js21.html的代码如下:

```
<!DOCTYPE html>
<html>
    <head>
        <meta charset = "UTF-8">
        <title>JS特效-浮动窗口</title>
        <style type = "text/css">
            #float_div {
                width: 110px;
                background: url(image/07.jpg) repeat-y;
                text-align: center;
                position: absolute;
                font-size: 12px;
                top: 0px;
                right: 10px;
                border: 1px solid #FF9600;
            }
            #float_div img {
                vertical-align: middle;
                border: none;
                vertical-align: middle;
            }
            #float_div a {
                text-decoration: none;
                color: #0000FF;
                font-size: 12px;
            }
        </style>
        <script language = "javascript">
            function floatDiv(obj, n) {
```

```
                var startY = 10;
                var endY = n;
                //获取 DIV
                var div = document.getElementById(obj);
                //浮动层定位函数
                function getD() {
                    var dtop = Number(document.body.scrollTop || document.documentElement.scrollTop);
                    startY += (endY + dtop - startY) * 0.1;
                    div.style.top = startY + "px";
                }
                setInterval("getD()", 30);
            }
            floatDiv('float_div', 50);
        </script>
    </head>
    <body>
        <div id="float_div">
            <div>
                <img src="image/06.jpg" width="15" />
                <a target="_blank" href="#">超链接 1</a><br />
                <img src="image/06.jpg" width="15" />
                <a target="_blank" href="#">超链接 2</a><br />
                <img src="image/06.jpg" width="15" />
                <a target="_blank" href="#">超链接 3</a><br />
                <img src="image/06.jpg" width="15" />
                <a target="_blank" href="#">超链接 4</a>
            </div>
        </div>
    </body>
</html>
```

js21.html 的显示结果如图 12-23 所示。

图 12-23 js21.html 的显示结果

3. 滚动公告

在 DIV 中设置公告，利用 window 对象的 setTimeout()方法间隔一定的时间调用指定的函数移动 DIV 中的元素。滚动公告的使用示例可参照 js22.html。

js22.html 的代码如下：

```
<!DOCTYPE html>
<html>
```

```html
<head>
    <meta charset="UTF-8">
    <title>JS特效-滚动公告</title>
    <style type="text/css">
        #div_msg {
            line-height: 20px;
            height: 60px;
            width: 200px;
            border: 1px solid #FF9600;
            overflow: hidden;
            color: #008000;
            font-size: 14px;
            background-color: #FAF0E6;
        }
        a:link {
            font-size: 14px;
            color: green;
            text-decoration: none;
        }
        a:hover {
            color: red;
            text-decoration: none;
        }
        a:active {
            color: blue;
            text-decoration: none;
        }
        a:visited {
            color: gray;
            text-decoration: none;
        }
    </style>
    <script type="text/javascript">
        var Scroll = new function() {
            this.delay = 2000;              //延迟的时间
            this.auto = 30;                 //延迟的时间
            this.height = 20;               //行的高度
            this.step = 4;                  //步长
            this.curHeight = 0;
            this.stimer = null;
            this.timer = null;
            this.start = function() {
                //开始翻页,调用move方法
                var self = this;
                setTimeout(function() {
                    self.move();
                }, this.delay);
            }

            this.move = function() {
                var self = this;
                if(this.curHeight == this.height)
                //如果显示完一行
```

```javascript
                {
                    this.timer = setTimeout(function() {
                        //使用定时器,定时下一行的翻页时间
                        self.move();
                    }, this.delay);
                    this.curHeight = 0;
                    if(this.element.scrollTop >= this.element.scrollHeight -
                        this.height) {
                        //滚动信息已经完毕
                        this.stop();
                        setTimeout(function() {
                            self.element.scrollTop = 0;
                            self.start();
                        }, this.delay);
                    }
                    return true;
                }
                this.element.scrollTop += this.step;
                this.curHeight += this.step;
                this.timer = setTimeout(function() {
                    //设置自动翻页定时器
                    self.move();
                }, this.auto);
            }
            this.stop = function() {
                //清除定时器,停止滚动翻页
                clearTimeout(this.timer);
            }
        }
    </script>
</head>
<body>
    <div id="div_msg">
        <a href="#">研究生生活补助涨至每月500</a><br/>
        <a href="#">英国中小学生入学更难</a><br/>
        <a href="#">父母不可宽恕的十大恶习</a><br/>
        <a href="#">大学生要合理消费</a><br/>
        <a href="#">家长如何选择少儿英语机构</a><br/>
        <a href="#">美国大选演讲集</a><br/>
        <a href="#">纪录片«百年巨匠»</a><br/>
    </div><br/>
    <script type="text/javascript">
        Scroll.element = document.getElementById('div_msg');
        Scroll.start();
    </script>
    <input type="button" value="Start" onclick="Scroll.start()" />
    <input type="button" value="Stop" onclick="Scroll.stop()" />
</body>
</html>
```

js22.html 的显示结果如图 12-24 所示,可以滚动显示公告。

注意:本例中的公告只能滚动一次,读者可以自行修改成循环滚动的效果。

图 12-24 js22.html 的显示结果

4. 动态操作节点

DOM 是目前通用的操作 HTML 和 XML 的模型,使用 JavaScript 来操作 DOM 在网页的设计和开发中使用非常广泛。DOM 操作节点主要分为获取节点、增加节点、修改节点、删除节点、获取节点的属性以及修改节点的属性等。在 JavaScript 中获取节点的方法如表 12-17 所示。

表 12-17 获取节点的方法

方法	说明
parentNode()	获取当前节点的父节点
childNodes()	获取当前节点的子节点集合
firstChild()	获取当前节点的第一个子节点
lastChild()	获取当前节点的最后一个子节点
nextSibling()	获取当前节点的下一个同级节点
previousSibling()	获取当前节点的前一个同级节点

在 JavaScript 中增加、删除、修改节点等动态操作的方法如表 12-18 所示。

表 12-18 动态操作节点的方法

方法	说明
createElement()	创建一个节点
createTextNode()	创建一个文本节点
appendChild()	在当前节点中追加一个子节点
replaceChild()	按照索引将当前节点的指定子节点替换成新的节点
replaceChild()	将当前节点替换成新的节点
removeChild()	移除当前节点的指定子节点
removeNode()	移除当前节点

节点的属性和内容的相关操作方法如表 12-19 所示。

表 12-19 节点的属性和内容的相关操作方法

方法	说明
setAttribute()	设置当前元素的特定属性的值
getAttribute()	获取当前元素的特定属性的值
removeAttribute()	移除当前元素的特定属性
innerHTML	设置或获取位于对象起始和结束标签内的 HTML
outerHTML	设置或获取对象及其内容的 HTML 形式

方法	说明
innerText	设置或获取位于对象起始和结束标签内的文本
outerText	设置(包括 HTML 标签)或获取(不包括 HTML 标签)对象的文本

利用以上方法可以对 document 中的各种元素节点进行动态的操作。此外,对于表格来说,还可以使用 insertRow()、insertCell()、deleteRow()以及 deleteCell()等方法进行操作。其使用示例可参照 js23.html。

js23.html 的代码如下:

```html
<!DOCTYPE html>
<html>
    <head>
        <meta charset = "UTF-8" />
        <title>动态操作表格</title>
        <script type = "text/javascript">
            var flag = false,
                number = 1;
            function addRow() {
                flag = !flag; //添加一行
                var newTr = table1.insertRow(table1.rows.length); //添加两列
                var newTd0 = newTr.insertCell();
                var newTd1 = newTr.insertCell(); //设置列内容和属性
                if(flag) {
                    newTr.style.background = "#E0FFFF";
                }
                else {
                    newTr.style.background = "#90EE90";
                }
                number++;
                newTd0.innerText = "第" + number + "行";
            }
            function delRow() {
                if(number > 1) {
                    flag = !flag;
                    table1.deleteRow(table1.rows.length - 1);
                    number--;
                }
            }
        </script>
    </head>
    <body>
        <table width = "200" cellspacing = "1" id = "table1" style = "font-size: 14px;border: 1px solid #cad9ea;">
            <tr bgcolor = "#90EE90">
                <td>第 1 行</td>
                <td></td>
            </tr>
        </table>
        <input type = "button" value = "插入行" onclick = "addRow()" />  
        <input type = "button" value = "删除行" onClick = "delRow()" />
```

```
        </body>
</html>
```

在浏览器里打开 js23.html,其显示结果如图 12-25 所示。

连续单击"插入行"按钮 3 次,其显示结果如图 12-26 所示。

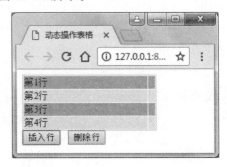

图 12-25　js23.html 的初始显示结果　　　　图 12-26　添加 3 行以后的显示结果

连续单击"删除行"按钮两次,其显示结果如图 12-27 所示。

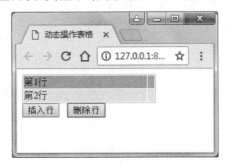

图 12-27　删除两行以后的显示结果

小结

- DOM 编程是使用 JavaScript 开发网页最常使用的对象模型。
- DOM 编程涉及的对象包括 window 对象、document 对象、表单对象、history 对象、location 对象。
- window 对象是最顶层的 BOM 对象,其他的 DOM 对象都是 window 对象的子对象。
- document 对象对应着网页文档,每当使用浏览器打开一个网页,document 对象会自动生成。
- 表单对象指网页中出现的 form,一个网页中允许出现一个或多个 form,可以通过名称或者索引的方式访问表单中的元素的属性或方法。
- DOM 编程采用的事件处理模型,在网页上进行交互操作可以引发网页元素的相应事件,通过事件可以触发对应的处理函数。
- 在 DOM 中,网页的元素被组织成树形的节点结构,可以利用相关的属性和方法动态操作页面中的节点。

习题

1. 要获取 name 为 login 的表单中的 name 为 username 的文本框的值,应该使用(   )。
   A. login.username.value   B. document.username.value
   C. document.login.username   D. document.login.username.value
2. history 对象的(   )方法用于加载历史列表中的下一个 URL 页面。
   A. next()   B. back()   C. forward()   D. go(1)
3. 下列(   )表单元素不能与 onChange 事件处理程序相关联。
   A. 文本框   B. 复选框   C. 列表框   D. 按钮
4. 在 HTML 页面上,当按下键盘上的任意一个键时会触发 JavaScript 的(   )事件。
   A. onFocus   B. onBlur   C. onSubmit   D. onKeyDown
5. 如果要在网页显示后动态地改变网页的标题,则可以使用(   )方法。
   A. 不能实现   B. document.write("new title");
   C. document.title("new title");   D. document.changeTitle("new title");
6. 在 HTML 文件的树状结构中,(   )标签是文档的根节点。
   A. <html>   B. <head>   C. <body>   D. <title>
7. 表单的标记是<form>,<form>标签的 method 属性表示发送表单的方法,可取值为 get 或者 post,以下描述中正确的是(   )。
   A. post 方法传递的数据对客户端是不可见的
   B. get 请求信息以查询字符串的形式发送,查询字符串的长度没有大小限制
   C. post 方法对发送数据的数量限制在 255 个字符之内
   D. get 方法传递的数据对客户端是不可见的
8. 在 HTML 的表单中,有一个下拉列表的代码为:

```
<select id="country">
    <option value="1">中国</option>
    <option value="2">美国</option>
</select>
```

使用 JavaScript 怎样获取当前选中国家的 value 值和名称(例如 1 和中国)?

9. 完成 foo() 函数,要求提交表单时能够弹出对话框提示当前选中的是第几个单选框。

10. 在 HTML 文件中完成函数 test(),实现如下功能:
(1) 当多行文本框内的字符数超过 20 个时,截取至 20 个。
(2) 在 id 为 content 的单元格中显示文本框的字符个数。

第13章 AJAX

13.1 AJAX 概述

AJAX（Asynchronous JavaScript And XML，异步 JavaScript 和 XML）是一种创建交互式网页的开发技术。AJAX 并不是一种新技术，而是 JavaScript、XML、CSS 等各种技术的融合，与 AJAX 相关的新术语为 XMLHttpRequest 对象（简称为 XMLHTTP）。XMLHttpRequest 出现之初，只有 IE 浏览器可以支持，但是从 Mozilla 1.0 和 Safari 1.2 开始，对 XMLHttpRequest 对象的支持开始普及起来，如今对 XMLHttpRequest 对象的支持已成为事实上的标准。

如今，AJAX 可以在大多数的浏览器中使用。AJAX 是在客户端使用的技术，可以与 J2EE、.NET、PHP 以及 CGI 脚本进行交互。通过 AJAX，JavaScript 的 XMLHttpRequest 对象可以直接与 Web 服务器进行通信，从而实现不刷新页面就可以与 Web 服务器交换数据的功能。

相比较于其他的网页开发技术，AJAX 具有明显的优势，主要体现在以下几点：

- 对于传统的网页，如果需要更新内容，必须重新装载整个页面。而 AJAX 在浏览器与 Web 服务器之间使用异步数据传输方式，网页从服务器请求的是少量的信息，而不是整个页面，用户感觉不到页面的提交，当然也不用等待响应的返回。
- AJAX 可以使应用程序的容量更小、速度更快、界面更友好。利用 AJAX 可以使 Web 应用程序的界面变得更友好，向桌面应用程序的友好性发展。
- AJAX 是一种独立于 Web 服务器的浏览器端的技术，AJAX 应用程序独立于浏览器和平台。

但是，AJAX 也存在一些缺陷，主要表现在以下几个方面：

- AJAX 会使浏览器的后退按钮失效。
- AJAX 暴露了客户端与服务器端交互的细节问题，在一定程度上存在安全隐患。
- AJAX 对搜索引擎的支持不好。
- AJAX 破坏了程序的异常机制。
- 开发和调试工具欠缺，不易调试。

虽然 AJAX 本身存在一些缺点，但其应用前景仍然很乐观。利用 AJAX 可以提高系统性能，优化用户界面。AJAX 现在拥有可以直接使用的框架 AjaxPro，可以直接在前台页面的 JavaScript 中调用后台页面。目前，各大门户网站上 AJAX 的使用非常普遍，例如新浪微博、Google 地图等都使用了 AJAX 技术。Google Suggest 通过使用 AJAX 创建出了动态性极强的 Web 界面,当在搜索框里输入关键字时,服务器会返回一个建议搜索的列表。

13.2 XMLHttpRequest 对象

AJAX 不是一种技术,而是几种技术的融合。使用 XHTML 和 CSS 来表示元素,使用 DOM 模型来进行动态显示和交互,使用 XMLHttpRequest 对象和服务器进行异步通信,使用 XML 和 XSLT 进行数据交换和处理,使用 JavaScript 来进行绑定和调用,将以上技术融合在一起就构成了 AJAX。其技术组成结构如图 13-1 所示。

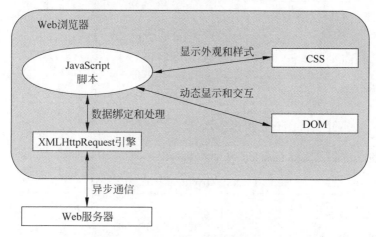

图 13-1　AJAX 的技术组成结构图

　　AJAX 技术通过 XMLHttpRequest 对象向服务器发送异步请求,从服务器获取数据,使用 JavaScript 和 DOM 来更新页面。XMLHttpRequest 是 AJAX 的核心对象,它支持异步请求,通过 XMLHttpRequest 对象,JavaScript 可以在不阻塞用户的情况下,向服务器提出请求和处理响应,从而达到局部刷新的效果。传统 Web 模式的交互过程如图 13-2 所示,使用 AJAX 的 Web 模式的请求至响应的过程如图 13-3 所示。

图 13-2　传统 Web 模式的交互过程

图 13-3　使用 AJAX 的 Web 模式的交互过程

13.2.1　XMLHttpRequest 对象的创建

较低版本的 IE 浏览器(IE 5 和 IE 6)使用 ActiveXObject 来创建 XMLHttpRequest 对象。例如:

```
var xmlHttp = new ActiveXObject("Microsoft.XMLHTTP");
```

其他的现代的浏览器,例如 IE 7+、Firefox、Chrome 以及 Opera 等都已经内建了 XMLHttpRequest 对象。在这些浏览器中使用 XMLHttpRequest 对象的构造方法创建。例如:

```
var xmlHttp = new XMLHttpRequest();
```

考虑到浏览器的兼容问题,应使用以下代码创建 XMLHttpRequest 对象,例如:

```
var xmlHttp;
if(window.XMLHttpRequest){
    //已内建 XMLHttpRequest 对象的浏览器
    xmlHttp = new XMLHttpRequest();
}
else{
    //IE 5 和 IE 6
    xmlHttp = new ActiveXObject("Microsoft.XMLHTTP");
}
```

13.2.2 XMLHttpRequest 对象的方法

XMLHttpRequest 对象的方法如表 13-1 所示。

表 13-1 XMLHttpRequest 对象的方法

方　　法	说　　明
abort()	停止当前请求
getAllResponseHeaders()	返回所有的 HTTP 响应头信息
getResponseHeader(header)	返回指定的 HTTP 响应头信息
open(method,url)	建立对服务器的请求
send(content)	向服务器发送请求
setRequestHeader(header,value)	设置指定的 HTTP 请求头信息

1. open()方法

open()方法用于建立对服务器的请求,其语法格式如下:

```
open(method, url, async, username, password);
```

其中,各参数说明如下。

- method 是请求的类型,必选参数,字符串类型,可以是 GET、POST 或者 PUT。相对于 POST 方法,GET 方法比较简单。但是当无法使用缓存文件,或者需要向服务器发送大量数据,或者包含未知字符的用户输入时,POST 方法比 GET 方法更稳定可靠。
- url 是请求资源的 URL,必选参数,字符串类型,可以是相对路径,也可以是绝对路径。
- async 指是否采用异步请求,可选参数,布尔类型,默认值为 true。如果该参数为 false,则采用同步方式请求,客户端需要等待处理,直到服务器返回为止。
- username 和 password 分别是请求服务器资源时需要输入的用户名和密码,均为字符串类型的可选参数。

2. send()方法

send()方法用于向服务器发出请求,其语法格式如下:

send(content);

其中,content 为发送的内容,可以为 null。如果请求是异步的,则该方法立即返回;如果请求是同步的,则处理会等待直到接收到服务器的响应为止。

13.2.3 XMLHttpRequest 对象的属性

XMLHttpRequest 对象的属性及说明如表 13-2 所示。

表 13-2 XMLHttpRequest 对象的属性

属 性	说 明
onreadystatechange	存储函数(函数名),每当 readyState 属性改变时,都会调用此函数
readyState	存有 XMLHttpRequest 的状态,值为 0~4。 0 表示请求未初始化。 1 表示服务器连接已建立。 2 表示请求已接收。 3 表示请求处理中。 4 表示请求已完成,且响应已就绪
responseText	服务器的响应,表示为字符串
responseXML	服务器的响应,表示为 XML,可以解析成一个 DOM 对象
statusText	返回 HTTP 状态码对应的文本
status	服务器的 HTTP 响应状态码,如: 200 表示成功。 400 表示错误的请求。 404 表示文件未找到。 500 表示服务器内部出现错误

13.2.4 XMLHttpRequest 对象的工作过程

XMLHttpRequest 对象的工作过程可以分为以下几个步骤。

1. 创建 XMLHttpRequest 对象

当用户在客户端的浏览器提交请求时,需要先创建一个 XMLHttpRequest 对象。

2. 初始化请求

调用 XMLHttpRequest 对象的 open()方法进行请求的初始化,并根据 open()方法的参数设置对象的状态。

3. 发送请求

调用 XMLHttpRequest 对象的 send()方法向服务器发送请求。

4. 解析数据

通过 XMLHttpRequest 对象的属性可以解析原始数据,可以将服务器端返回的数据转换成 responseBody、responseText、responseXML 等可以被客户端直接使用的属性。

5. 完成

解析完成之后,在客户端可以调用 XMLHttpRequest 对象的 responseText 属性返回字符串类型的数据,使用 XMLHttpRequest 对象的 responseXML 返回 XML Document 对象类型的数据。

在 onreadystatechange 事件中，表示服务器的响应已处理完成。当 XMLHttpRequest 对象的 readyState 属性为 4，并且 status 属性为 200 时才表示响应已就绪，可进行相应的业务逻辑处理。例如：

```
xmlHttp.onreadystatechange = function(){
    if(xmlHttp.readystate == 4 && xmlHttp.status == 200){
        //此处为业务逻辑处理部分
        //可以处理 xmlHttp 对象的 responseText 或者 responseXML 属性
    }
}
```

例如 js1.html，以 GET 方式向服务器端的 RequestDataServlet 提交请求，附加参数，不允许使用缓存中的数据。

js1.html 的代码如下：

```html
<!DOCTYPE html>
<html>
    <head>
        <meta charset="UTF-8">
        <title>以 GET 方式向服务器提交请求</title>
        <script type="text/javascript">
            var xmlHttp;
            function createXMLHttpRequest() {
                //创建 XMLHttpRequest 对象
                if(window.XMLHttpRequest) {
                    xmlHttp = new XMLHttpRequest();
                } else {
                    xmlHttp = new ActiveXObject("Microsoft.XMLHTTP");
                }
            }
            //处理从服务器返回的响应
            function processor() {
                //响应完成
                if(xmlHttp.readyState == 4) {
                    //响应成功
                    if(xmlHttp.status == 200) {
                        var txt = xmlHttp.responseText;
                        document.getElementById("div_msg").innerHTML = txt;
                    }
                }
            }
            function requestData() {
                createXMLHttpRequest();
                //将状态触发器绑定到函数
                xmlHttp.onreadystatechange = processor;
                //通过在请求参数中使用 Math.random()获取随机数来避免使用缓存中的数据
                xmlHttp.open("GET",
                    "RequestDataServlet?name=wangmingming&address=beijing&t=" +
                    Math.random(), true);
                xmlHttp.send(null);
            }
```

```html
        </script>
    </head>
    <body>
        <h2>以 GET 方式向 Servlet 提交请求</h2>
        <input type = "button" value = "请求数据" onClick = "requestData()" />
        <div id = "div_msg"></div>
    </body>
</html>
```

RequestDataServlet 的代码如下：

```java
package cn.edu.qfnu.ch13.servlet;

import java.io.IOException;
import java.io.PrintWriter;
import javax.servlet.ServletException;
import javax.servlet.http.HttpServlet;
import javax.servlet.http.HttpServletRequest;
import javax.servlet.http.HttpServletResponse;

public class RequestDataServlet extends HttpServlet {

    public RequestDataServlet() {
    }

    protected void doGet(HttpServletRequest request, HttpServletResponse response) throws ServletException, IOException {
        response.setContentType("text/html");
        PrintWriter out = response.getWriter();
        String name = request.getParameter("name");
        String address = request.getParameter("address");
        String str = "Welcome!" + name + ",your address is " + address + "!";
        //将处理结果返回给客户端
        out.println(str);
        out.flush();
        out.close();
    }

    protected void doPost(HttpServletRequest request, HttpServletResponse response) throws ServletException, IOException {
        doGet(request,response);
    }

}
```

web.xml 中关于 RequestDataServlet 的配置如下：

```xml
<servlet>
    <servlet-name>RequestDataServlet</servlet-name>
    <servlet-class>cn.edu.qfnu.ch13.servlet.RequestDataServlet</servlet-class>
</servlet>
<servlet-mapping>
```

```
        <servlet-name>RequestDataServlet</servlet-name>
        <url-pattern>/RequestDataServlet</url-pattern>
</servlet-mapping>
```

图13-4 提交请求后的显示结果

上例中因为用到了动态网页开发技术Servlet,需要进行服务器的部署,相关内容请参考Java Web编程知识。在浏览器中输入对js1.html的请求,单击"请求数据"按钮,其显示结果如图13-4所示。

例如js2.html,使用AJAX实现动态时钟。在前面的章节中,使用刷新页面和setInterval()方法实现了客户端的动态时钟。本例中,js2.html通过请求GetTimeServlet获取服务器端的时间。

js2.html的代码如下:

```html
<!DOCTYPE html>
<html>
    <head>
        <meta charset="UTF-8">
        <title>使用AJAX实现动态时钟</title>
        <script type="text/javascript">
            var xmlHttp;

            function createXMLHttpRequest() {
                //创建XMLHttpRequest对象
                if(window.XMLHttpRequest) {
                    xmlHttp = new XMLHttpRequest();
                } else {
                    xmlHttp = new ActiveXObject("Microsoft.XMLHTTP");
                }
            }
            //处理从服务器返回的响应
            function processor() {
                //响应完成
                if(xmlHttp.readyState == 4) {
                    //响应成功
                    if(xmlHttp.status == 200) {
                        var txt = xmlHttp.responseText;
                        document.getElementById("div_msg").innerHTML = txt;
                    }
                }
            }
            function requestData() {
                createXMLHttpRequest();
                //将状态触发器绑定到函数
                xmlHttp.onreadystatechange = processor;
                //通过在请求参数中使用Math.random()获取随机数来避免使用缓存中的数据
                xmlHttp.open("GET", "GetTimeServlet?t=" + Math.random(), true);
```

```html
            xmlHttp.send(null);
        }
        //每间隔1秒调用一次 requestData()函数
        window.setInterval("requestData()", 1000);
    </script>
    <style type="text/css">
        div {
            color: #008000;
            font-size: 30px;
            font-family: impact;
            background-color: #F0FFF0;
            border: 1px solid #008000;
            width: 280px;
            height: 50px;
            text-align: center;
        }
    </style>
</head>
<body>
    <h2>使用AJAX实现动态时钟</h2>
    <div id="div_msg"></div>
</body>
</html>
```

GetTimeServlet 的代码如下：

```java
package cn.edu.qfnu.ch13.servlet;

import java.io.IOException;
import java.io.PrintWriter;
import java.text.SimpleDateFormat;
import java.util.Date;

import javax.servlet.ServletException;
import javax.servlet.http.HttpServlet;
import javax.servlet.http.HttpServletRequest;
import javax.servlet.http.HttpServletResponse;

public class GetTimeServlet extends HttpServlet {

    public GetTimeServlet() {
        super();
    }

    protected void doGet(HttpServletRequest request, HttpServletResponse response) throws ServletException, IOException {
        response.setContentType("text/html");
        PrintWriter out = response.getWriter();
        //获取服务器的时间
        Date date = new Date();
        //格式化时间
        SimpleDateFormat sdf = new SimpleDateFormat("yyyy-MM-dd HH:mm:ss");
        String strDate = sdf.format(date);
```

```
            //将处理结果返回给客户端
            out.println(strDate);
            out.flush();
            out.close();
    }

    protected void doPost(HttpServletRequest request, HttpServletResponse response) throws
ServletException, IOException {
        doGet(request,response);
    }

}
```

web.xml 中关于 GetTimeServlet 的配置如下:

```
<servlet>
    <servlet-name>GetTimeServlet</servlet-name>
    <servlet-class>cn.edu.qfnu.ch13.servlet.GetTimeServlet</servlet-class>
</servlet>
<servlet-mapping>
    <servlet-name>GetTimeServlet</servlet-name>
    <url-pattern>/GetTimeServlet</url-pattern>
</servlet-mapping>
```

js2.html 的显示结果如图 13-5 所示,时钟可以动态变化。

图 13-5 js2.html 的显示结果

观看视频

13.3 AJAX 与 JSP

使用 AJAX 请求 JSP 资源与请求 Servlet 资源类似。如果不使用 AJAX 请求 JSP 资源,则需要刷新页面,等待服务器的返回结果。如果使用 AJAX 异步请求 JSP 资源,则不用刷新页面,也不用等待服务器的返回结果。

例如 js3.html,使用 AJAX 实现请求 JSP 资源,在关键字里输入字母,按回车键后会给出推荐的关键字,即列出所有以用户输入的字符串开头的关键字,类似于 Google 和百度的关键字提示。

js3.html 的代码如下:

```html
<!DOCTYPE html>
<html>
    <head>
        <meta charset = "UTF - 8">
        <title>使用 AJAX 实现关键字提示</title>
        <script type = "text/javascript">
            var xmlHttp;
            function createXMLHttpRequest() {
                //创建 XMLHttpRequest 对象
                if(window.XMLHttpRequest) {
                    xmlHttp = new XMLHttpRequest();
                } else {
                    xmlHttp = new ActiveXObject("Microsoft.XMLHTTP");
                }
            }
            //处理从服务器返回的响应
            function processor() {
                //响应完成
                if(xmlHttp.readyState == 4) {
                    //响应成功
                    if(xmlHttp.status == 200) {
                        var txt = xmlHttp.responseText;
                        document.getElementById("div_msg").innerHTML = txt;
                    }
                }
            }
            function getKeywords(info) {
                if(info.length == 0) {
                    document.getElementById("div_msg").innerHTML = "";
                    return;
                }
                createXMLHttpRequest();
                //将状态触发器绑定到函数
                xmlHttp.onreadystatechange = processor;
                //请求 getKeywords.jsp 资源,并且将用户输入的信息作为参数传递
                //通过请求参数中使用 Math.random()获取随机数来避免使用缓存中的数据
                xmlHttp.open("GET", "getKeywords.jsp?info = " + info + "&t = " + Math.random(), true);
                //发送请求
                xmlHttp.send(null);
            }
        </script>
    </head>
    <body>
        <form>
            请输入关键字的起始部分(A~Z):<br />
            <input type = "text" id = "key" onKeyUp = "getKeywords(this.value)" />
            <div id = "div_msg"></div>
        </form>
    </body>
</html>
```

getKeywords.jsp 的代码如下:

```jsp
<%@ page language="java" contentType="text/html; charset=UTF-8"
    pageEncoding="UTF-8"%>
<!DOCTYPE html>
<html>
    <head>
        <meta charset="UTF-8">
        <title>返回与给定信息匹配的关键字</title>
    </head>
    <body>
        <%
            //获取传递的参数
            String info = request.getParameter("info");
            //定义可供筛选的关键字
            String[] allKeywords = {"Smith","Johnson","Williams","Brown","Miller","Davis",
"Garcia","Rodriguez","Willson","Martinez","Anderson","Taylor","Thomas","Hemandez",
"Moore","Martin","Jackson","Thompson","White","Lopez","Lee","Gozalez","Harris","Clark",
"Lewis","Frank","Walker","Perez","Hall","Young","Allen","Sanchez","Wright","King",
"Scott","Green","Baker","Adams","Nelson","Hill","Ramirez","Campbell"};
            String result = "";
            for(int i=0;i<allKeywords.length;i++){
                //如果匹配,则将关键字返回结果中
                if(allKeywords[i].startsWith(info) == true){
                    result = result + allKeywords[i] + " ";
                }
            }
            //如果返回结果为空字符串,则给出相应的提示
            if(result.equals("")){
                result = "No matched keywords!";
            }
            //将结果返回给客户端
            out.print(result);
            out.flush();
        %>
    </body>
</html>
```

部署完成后,请求js3.html,在页面中输入相应信息,存在匹配的关键字的结果如图13-6所示。

不存在匹配的关键字的结果如图13-7所示。

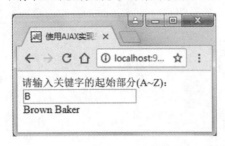

图13-6 js3.html存在匹配关键字的显示结果   图13-7 js3.html不存在匹配关键字的显示结果

13.4 AJAX 与 XML

XML 并不是一种编程语言,而是用于构造其他语言的元语言。与 HTML 相似,XML 是一种显示数据的标记语言。XML 是通用标识语言标准(Standard Generalized Markup Language,SGML)的子集,使用 XML 语言组织的数据可以显示在客户端的浏览器上,并且可以通过网络无障碍地传播。

观看视频

1. 客户端和服务器端交互 XML 数据

使用 AJAX 不仅可以在客户端和服务器端之间传送文本信息,而且可以传递 XML 信息。

1)由客户端向服务器端发送 XML 数据

由客户端向服务器端发送 XML 数据时,需要使用 POST 方式。例如:

```
var xml = "<type>data</type>";
var url = "GetXMLServlet?t=" + Math.random();
//绑定状态触发器,processor 是自定义的 JavaScript 函数,可参照前文的代码
xmlHttp.onreadystatechange = processor;
//设置请求报头 Content-Type
xmlHttp.setRequestHeader("Content-Type", "application/x-www-form-urlencoded");
//打开请求
xmlHttp.open("post", url, true);
//发送请求
xmlHttp.send(xml);
```

服务器端接收 XML 数据,可以使用以下方式:

```
BufferedReader reader = request.getReader();
```

2)由服务器端向客户端发送 XML 数据

服务器端可以采用以下方式向客户端发送 XML 数据:

```
String xml = "<type>data</type>";
out.println(xml);
out.flush();
```

客户端可以通过 XMLHttpRequest 对象的 responseXML 属性获取 XML 数据,例如:

```
var xml = xmlHttp.responseXML;
```

注意:不论客户端向服务器端传送什么格式的数据,如果数据中包含中文,就有可能会引起乱码,为了避免乱码问题,需要使用编码函数。JavaScript 中对文字进行编码的函数有 escape()、encodeURI()、encodeURIComponent(),相应的解码函数为 unescape()、decodeURI()、decodeURIComponent()。当传递中文参数时,需要使用 encodeURIComponent()进行编码,例如:

```
url = encodeURIComponent("getData.jsp?name=王明明&t=" + Math.random());
```

当进行 url 跳转时,可以对 url 使用 encodeURI()方法进行编码,例如:

```
location.href = encodeURI("getData.jsp?name=王明明&t=" + Math.random());
```

应该尽量避免使用 escape()方法,因为 escape 方法不能正确地处理所有的非 ASCII

字符。

2. 使用 AJAX 解析 XML 文件

利用 AJAX 解析 XML 文件,即解析 XMLHttpRequest 对象的 responseXML 属性。responseXML 属性是服务器以 XML 形式返回的响应信息,相当于一个 XML 文档。在 DOM 中将 XML 文档作为树型结构,可以通过 DOM 来访问所有的元素,XML 中的元素、文本以及属性都被认为是节点,例如 book.xml。

book.xml 的代码如下:

```xml
<?xml version="1.0" encoding="UTF-8"?>
<bookstore>
    <book category="CHILDREN">
        <title>Harry Potter</title>
        <author>J K. Rowling</author>
        <year>2008</year>
        <price>32.99</price>
    </book>
    <book category="WEB">
        <title>Learning XML and AJAX</title>
        <author>Thomas T. Ray</author>
        <year>2010</year>
        <price>28.99</price>
    </book>
</bookstore>
```

解析上述 XML 文档时,使用:

```javascript
//xmlDoc 为解析器创建的 XML 文档
xmlDoc = xmlHttp.responseXML;
//获取第一个 book 元素
book = xmlDoc.getElementByTagName("book")[0].
//获取所有的 book 元素
books = xmlDoc.getElementsByTagName("book");
//获取第一个 book 元素的第一个子元素
title = xmlDoc.getElementByTagName("title")[0].childNodes[0];
//获取元素 title 的节点值(文本本身)
value = title.nodeValue;
//获取元素 title 的内部文本
text = title.innerHTML;
```

例如 js4.html,使用 AJAX 解析 book.xml,将其内容以表格的形式显示在网页上。

js4.html 的代码如下:

```html
<!DOCTYPE html>
<html>
    <head>
        <meta charset="UTF-8">
        <title>使用 AJAX 解析 XML 文档</title>
        <script type="text/javascript">
            var xmlHttp;
            var result, book, title, author, year, price;
            function createXMLHttpRequest() {
```

```javascript
            //创建 XMLHttpRequest 对象
            if(window.XMLHttpRequest) {
                xmlHttp = new XMLHttpRequest();
            } else {
                xmlHttp = new ActiveXObject("Microsoft.XMLHTTP");
            }
        }
        function showXML(url) {
            createXMLHttpRequest();
            //将状态触发器绑定到函数
            xmlHttp.onreadystatechange = function() {
                //响应完成
                if(xmlHttp.readyState == 4) {
                    //响应成功
                    if(xmlHttp.status == 200) {
                        //解析 xmlHttp 对象的 responseXML 属性
                        book = xmlHttp.responseXML.documentElement.getElementsByTagName("book");
                        //表头
                        result = "<table border='1'><tr><th>Title</th><th>Author</th><th>Year</th><th>Price</th></tr>";
                        for(var i = 0; i < book.length; i++) {
                            result = result + "<tr>"
                            title = book[i].getElementsByTagName("title"); {
                                try {
                                    result = result + "<td>" + title[0].firstChild.nodeValue + "</td>";
                                } catch(ex) {
                                    result = result + "<td> </td>"
                                }
                            }
                            author = book[i].getElementsByTagName("author"); {
                                try {
                                    result = result + "<td>" + author[0].firstChild.nodeValue + "</td>";
                                } catch(ex) {
                                    result = result + "<td> </td>"
                                }
                            }
                            year = book[i].getElementsByTagName("year"); {
                                try {
                                    result = result + "<td>" + year[0].firstChild.nodeValue + "</td>";
                                } catch(ex) {
                                    result = result + "<td> </td>"
                                }
                            }
                            price = book[i].getElementsByTagName("price"); {
                                try {
                                    result = result + "<td>" + price[0].firstChild.nodeValue + "</td>";
                                } catch(ex) {
                                    result = result + "<td> </td>"
```

```
                            }
                        }
                        result = result + "</tr>";
                    }
                    result = result + "</table>";
                    document.getElementById("div_msg").innerHTML = result;
                }
            }
        }
        //打开请求
        xmlHttp.open("GET", url, true);
        //发送请求
        xmlHttp.send();
    }
</script>
</head>
<body>
    <form><input type="button" value="解析 XML 文档" onClick="showXML('book.xml')" />
        <div id="div_msg"></div>
    </form>
</body>
</html>
```

请求 js4.html,单击"解析 XML 文档"按钮,显示结果如图 13-8 所示。

图 13-8　js4.html 的显示结果

观看视频

13.5　AJAX 与数据库

利用 AJAX+Servlet 还可以读取数据库,可以实现无刷新地访问数据库及查询数据库等,例如 js5.html。js5.html 通过 AJAX 请求 GetDatabaseServlet,GetDatabaseServlet 中使用 JDBC 访问 MySQL 数据库 test,并且将结果返回给客户端,js5.html 中可以通过下拉列表中的客户名访问客户详细的信息。数据库 test 中有表 customer,其字段为 id、customername、address、mobile、company 和 country。访问数据库的用户名为 root,密码为 1234。

js5.html 的代码如下:

```
<!DOCTYPE html>
<html>
```

```html
<head>
    <meta charset = "UTF-8">
    <title>使用 AJAX 读取数据表</title>
    <script type = "text/javascript">
        var xmlHttp;
        function createXMLHttpRequest() {
            //创建 XMLHttpRequest 对象
            if(window.XMLHttpRequest) {
                xmlHttp = new XMLHttpRequest();
            } else {
                xmlHttp = new ActiveXObject("Microsoft.XMLHTTP");
            }
        }
        //处理从服务器返回的响应
        function processor() {
            //响应完成
            if(xmlHttp.readyState == 4) {
                //响应成功
                if(xmlHttp.status == 200) {
                    //获取服务器返回的字符串信息
                    var txt = xmlHttp.responseText;
                    //使用 div_msg 显示返回的字符串信息
                    document.getElementById("div_msg").innerHTML = txt;
                }
            }
        }
        function show(info) {
            if(info.length == 0) {
                document.getElementById("div_msg").innerHTML = "";
                return;
            }
            createXMLHttpRequest();
            //将状态触发器绑定到函数
            xmlHttp.onreadystatechange = processor;
            //通过在请求参数中使用 Math.random()获取随机数来避免使用缓存中的数据
            xmlHttp.open("GET", "GetDatabaseServlet?info = " + info + "&t = " + Math.random(), true);
            //发送请求
            xmlHttp.send(null);
        }
    </script>
</head>
<body>
    <form action = "">
        <select name = "customers" onchange = "show(this.value)">
            <option value = "">请选择一位客户</option>
            <option value = "wangmingming">wangmingming</option>
            <option value = "limei">limei</option>
            <option value = "zhangsan">zhangsan</option>
            <option value = "lisi">lisi</option>
            <option value = "liuwenhua">liuwenhua</option>
        </select>
        <br />
```

```html
            <div id = "div_msg">客户的详细信息将在此处列出...</div>
        </form>
    </body>
</html>
```

GetDatabaseServlet 的代码如下：

```java
package cn.edu.qfnu.ch13.servlet;

import java.io.IOException;
import java.io.PrintWriter;
import java.sql.Connection;
import java.sql.DriverManager;
import java.sql.PreparedStatement;
import java.sql.ResultSet;
import java.sql.SQLException;

import javax.servlet.ServletException;
import javax.servlet.http.HttpServlet;
import javax.servlet.http.HttpServletRequest;
import javax.servlet.http.HttpServletResponse;

public class GetDatabaseServlet extends HttpServlet {
    private static final long serialVersionUID = 1L;

    public GetDatabaseServlet() {
        super();
    }

    protected void doGet(HttpServletRequest request, HttpServletResponse response) throws ServletException, IOException {
        String driver = "com.mysql.jdbc.Driver";
        String url = " jdbc:mysql://localhost:3306/test?user = root&password = 1234&useUnicode = true&characterEncoding = gbk";
        response.setContentType("text/html;charset = utf - 8");
        PrintWriter out = response.getWriter();
        //获取查询参数
        request.setCharacterEncoding("utf - 8");
        String info = request.getParameter("info");
        try {
            //加载 JDBC 驱动
            Class.forName(driver);
            //获取数据库连接
            Connection conn = DriverManager.getConnection(url);
            //设置查询字符串
            String sql = "select * from customer where customername = ?";
            //获取执行 SQL 语句的容器
            PreparedStatement pstmt = conn.prepareStatement(sql);
            //设置参数
            pstmt.setString(1, info);
            //获取结果集 ResultSet
            ResultSet rs = pstmt.executeQuery();
            //输出结果集中的内容
```

```java
            while(rs.next()){
                out.print("id: " + rs.getInt(1) + "< br />");
                out.print("customername: " + rs.getString(2) + "< br />");
                out.print("address: " + rs.getString(3) + "< br />");
                out.print("mobile: " + rs.getString(4) + "< br />");
                out.print("company: " + rs.getString(5) + "< br />");
                out.print("country: " + rs.getString(6) + "< br />");
                out.print("< br />");
            }
            //关闭结果集
            if(rs!= null){
                rs.close();
            }
            //关闭 SQL 容器
            if(pstmt!= null){
                pstmt.close();
            }
            //关闭连接
            if(conn!= null){
                conn.close();
            }
        } catch (ClassNotFoundException e) {
            e.printStackTrace();
        } catch (SQLException e) {
            e.printStackTrace();
        }
        out.flush();
        out.close();
    }

    protected void doPost(HttpServletRequest request, HttpServletResponse response) throws ServletException, IOException {
        doGet(request,response);
    }
}
```

web.xml 中关于 GetDatabaseServlet 的配置如下:

```xml
< servlet >
    < servlet - name > GetDatabaseServlet </servlet - name >
    < servlet - class > cn.edu.qfnu.ch13.servlet.GetDatabaseServlet </servlet - class >
</servlet >
< servlet - mapping >
    < servlet - name > GetDatabaseServlet </servlet - name >
    < url - pattern >/GetDatabaseServlet </url - pattern >
</servlet - mapping >
```

请求 js5.html,当更改下拉列表中的选项时,其显示结果如图 13-9 所示。

注意:GetDatabaseServlet 中使用 JDBC 访问 MySQL 数据库,需要访问 MySQL 数据库的 JDBC 驱动程序。如果是在 Eclipse 中调试程序,则可直接将驱动程序添加到项目的 lib 目录下。

图 13-9　js5.html 的显示结果

小结

- AJAX 整合了几种 Web 编程技术,例如 HTML、CSS、JavaScript 等。
- 使用 AJAX 可以异步地请求服务器的资源,例如 Tomcat 服务器上的 JSP、Servlet、XML 文件等。
- 利用 AJAX 请求信息时,不用刷新整个页面,并且不用等待服务器端的响应。
- AJAX 可以优化客户端的用户体验,使网页的交互效果接近桌面应用程序。
- 使用 AJAX 可以解析 XML 文件,使用 AJAX+Servlet 可以查询数据库。
- AJAX 也存在一些本身的缺陷:会使浏览器上的后退按钮失效,导致浏览记录无法使用;AJAX 的开发和调试工具欠缺,不容易调试,如果使用 AJAX 去请求动态资源,需要结合动态资源进行调试,比较烦琐;另外,AJAX 破坏了程序的异常机制,对搜索引擎的支持不友好。即便如此,AJAX 仍有着非常乐观的应用前景,目前,AJAX 的应用已非常广泛。

习题

1. 以下不属于 AJAX 技术组成的是(　　)。
   A. JavaScript　　　　　　　　B. CSS
   C. XMLHttpRequest　　　　　D. WSDL
2. 以下不是 XMLHttpRequest 对象方法或属性的是(　　)。
   A. open　　　B. responseText　C. receive　　　D. send
3. 如何解决 AJAX 中 JavaScript 脚本的缓存问题?
4. XMLHttpRequest 对象在低版本的 IE 中和在 IE 7+ 及 Firefox 中创建有何不同?
5. AJAX 应用和传统的 Web 应用有什么不同?
6. AJAX 如何获取服务器端返回的数据?

jQuery

14.1 jQuery 概述

观看视频

随着 JavaScript、CSS、AJAX 等技术的不断进步,出现了许多封装好了的功能强大的 JavaScript 库。jQuery 是当前最流行的 JavaScript 库,它封装了很多预定义的对象和实用函数。jQuery 是一个轻量级的 JavaScript 库,压缩之后只有几十 KB,它与 CSS、浏览器兼容。

利用 jQuery,用户可以更方便地处理 HTML 文件、事件,实现动画效果,与 AJAX 交互,以及创建富有特性的客户端页面等。jQuery 的理念是写得更少,做得更多,即利用最少的代码做最多的事情。jQuery 是免费的、开源的,其源代码中包含大量的注释和说明。jQuery 主要有以下特点:

- jQuery 是一款轻量级的 JavaScript 框架,不影响页面加载的速度。
- jQuery 的选择器使用方便,便于操作 DOM 对象的元素。
- jQuery 的链式操作可以将多个操作写在同一行代码内。
- jQuery 简化了对 CSS 和 AJAX 的操作。
- jQuery 兼容了主流的大部分浏览器。
- jQuery 有丰富的第三方插件的支持,例如树形菜单、日期控件、图片切换工具等。
- jQuery 具有很好的可扩展性。用户可以根据自己的需要增加或修改函数。

如果要使用 jQuery,则需要下载 jQuery 库。jQuery 库是一个 JavaScript 文件,可以使用<script>标签进行引用。jQuery 有两个版本:一个是 Production version,用于实际的网站,已被精简和压缩;另一个是 Development version,用于测试和开发,未经压缩,代码可读。两个版本的 jQuery 库都可以在 http://jQuery.com/download/下载。将下载之后的文件放在页面文件目录中,然后通过<script src="jquery-3.3.1.js"></script>进行引用。

除了 jQuery 外,还有一些其他的 JavaScript 库,如 MooTools、Prototype、Dojo、DWR 等。

例如 jq1.html,利用 jQuery,在页面成功加载之后弹出一个对话框。

jq1.html 的代码如下:

```
<!DOCTYPE html>
<html>
    <head>
```

```
            <meta charset = "UTF-8" />
            <title>利用 jQuery 在页面装载完成后弹出一个对话框</title>
            <script src = "jquery-3.3.1.js">
            </script>
            <script type = "text/javascript">
                $(document).ready(function() {
                    alert("Hello World!");
                });
            </script>
        </head>
        <body>
        </body>
</html>
```

使用浏览器打开 jq1.html,当页面载入完成后,会弹出对话框。

14.2 jQuery 选择器

观看视频

在 CSS 中,选择器(或选择符)的作用是选择页面中的某一类元素或者某一个元素。jQuery 中的选择器使用"$",也是选择元素,但是其方式更全面,而且也不存在浏览器的兼容问题。jQuery 选择器允许通过标签名、属性名或内容对 HTML 元素进行选择或者修改 HTML 元素的样式属性。jQuery 的选择器很多,可以分为基本选择器、层次选择器、过滤选择器和属性过滤器。jQuery 选择器的通用语法为:

$(selector)

1. 基本选择器

基本选择器包括 id 选择器、element 选择器、class 选择器、* 选择器以及并列选择器等。

1) id 选择器

id 选择器可以根据指定的 id 值返回一个唯一的元素。例如:

$("#my")为选择 id 值为 my 的第一个元素。

例如 jq2.html,当单击按钮后,将 id 值为 my 的 DIV 的背景色设置成橙色。

jq2.html 的代码如下:

```
<!DOCTYPE html>
<html>
    <head>
        <meta charset = "UTF-8" />
        <title>单击按钮改变一个 DIV 的背景色</title>
        <script src = "jquery-3.3.1.js"></script>
        <script type = "text/javascript">
            $(document).ready(function() {
                $("input").click(function() {
                    $("#my").css("background-color", "orange");
                });
            });
        </script>
```

```
        </head>
        <body>
            <div id = "my">这是一个 id 值为 my 的 DIV</div>
            <div>这是一个 DIV,没有指定 id 值</div>
            <input type = "button" value = "改变第一个 DIV 的背景色" />
        </body>
</html>
```

打开 jq2.html,单击按钮后的显示结果如图 14-1 所示。

2) element 选择器

element 选择器可以根据 HTML 标签选择一组元素。例如 $("p")为选择页面中所有的 p 元素;$("input")为选择页面中所有的 input 元素。

例如 jq3.html,当单击页面上的元素时,被单击的元素会隐藏。

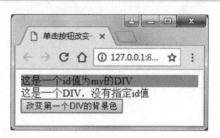

图 14-1 jq2.html 的显示结果

jq3.html 的代码如下:

```
<!DOCTYPE html>
<html>
    <head>
        <meta charset = "UTF-8" />
        <title>单击按钮,使按钮消失</title>
        <script src = "jquery-3.3.1.js">
        </script>
        <script type = "text/javascript">
            $(document).ready(function() {
                $("input").click(function() {
                    $(this).hide();
                });
            });
        </script>
    </head>
    <body>
        <input type = "button" value = "单击我会消失" /><br />
        <input type = "button" value = "单击我会消失" /><br />
        <input type = "button" value = "单击我会消失" /><br />
        <input type = "text" value = "单击我也会消失" />
    </body>
</html>
```

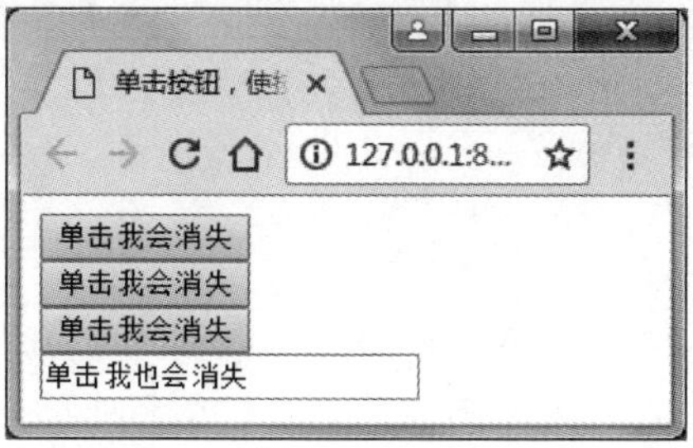

使用浏览器打开 jq3.html,显示结果如图 14-2 所示。当单击元素时,被单击的元素会在页面上消失。

3) class 选择器

class 选择器可以根据元素的 class 类选择一组元素。例如 $(".left")为选择页面中所有的 class 为 left 的元素;$("p.left")为选择页面中所有的 class 为 left 的 p 元素。

图 14-2 jq3.html 的显示结果

例如 jq4.html，当单击按钮时，更改所有 class 为 left 的元素的背景色。

jq4.html 的代码如下：

```html
<!DOCTYPE html>
<html>
    <head>
        <meta charset = "UTF-8" />
        <title>单击按钮改变一类DIV的背景色</title>
        <script src = "jquery-3.3.1.js"></script>
        <style type = "text/css">
            .left {
                font-size: 12px;
                background-color: #FFEBCD;
            }
        </style>
        <script type = "text/javascript">
            $(document).ready(function() {
                $("#change").click(function() {
                    $(".left").css("background-color", "orange");
                });
            });
        </script>
    </head>
    <body>
        <div class = "left">这是一个 class 为 left 的 DIV</div>
        <div>这是一个 DIV,没有指定 class 值</div>
        <div class = "left">这也是一个 class 为 left 的 DIV</div>
        <p class = "left">这是一个 class 为 left 的 p</p>
        <input id = "change" type = "button" value = "改变 left 类元素的背景色" />
    </body>
</html>
```

jq4.html 的显示结果如图 14-3 所示，当单击按钮后的显示结果如图 14-4 所示。

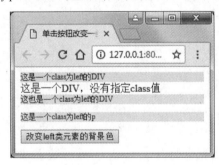

图 14-3　jq4.html 的初始显示结果

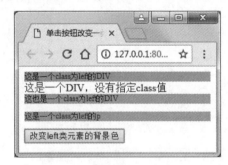

图 14-4　单击按钮之后的显示结果

4) * 选择器

* 选择器可以选择页面中所有的 HTML 元素。

例如 $("*")为选择页面中所有的 HTML 元素；$("table *")为选择页面中 table 下的所有的元素，空格为不限层次数的层次选择器，后文后有详细介绍；$("form *")为选择页面中 form 下的所有的元素。

5) 并列选择器

并列选择器指的是使用逗号隔开的选择符,彼此之间是并列关系。例如$("p,div")为选择页面中所有的p元素和div元素;$("#my,p,.left")为选择页面中id为my的第一个元素、所有的p元素以及所有class为left的元素。

2. 层次选择器

层次选择器可以根据页面中的HTML元素之间的嵌套关系来选择元素,主要包括ancestor descendant 选择器、parent>child 选择器、prev+next 选择器、prev~siblings 选择器。

1) ancestor descendant 选择器

ancestor descendant 选择器指的是祖先子孙选择器,选择符之间使用空格隔开,不限制嵌套层次数。例如$(".left p")为选择所有class为left的元素中的所有的p元素;$("form input")为选择所有的form元素中的input元素。

例如jq5.html,当单击按钮时,更改div元素中所有的span元素的字体颜色。

jq5.html的代码如下:

```html
<!DOCTYPE html>
<html>
    <head>
        <meta charset="UTF-8" />
        <title>单击按钮改变div中所有span的字体颜色</title>
        <script src="jquery-3.3.1.js"></script>
        <script type="text/javascript">
            $(document).ready(function() {
                $("#change").click(function() {
                    $("div span").css("color", "orange");
                });
            });
        </script>
    </head>
    <body>
        <div>
            <span>这是直接包含在div中的span</span>
            <p>
                <span>这是包含在div中的p中的span</span>
            </p>
        </div>
        <span>这不是包含在div中的span</span>
        <input id="change" type="button" value="改变div中所有span的字体颜色" />
    </body>
</html>
```

打开jq5.html,单击按钮之后的显示结果如图14-5所示,div中所有的span的字体颜色都会改变。

2) parent>child 选择器

parent>child 选择器指的是父子选择器,中间使用">"隔开,前后元素的嵌套关系只能是一层。

例如$("div>p")为选择div元素内直接嵌套的p元素。

例如 jq6.html,改变 div 中直接包含的 span 的字体颜色。

jq6.html 的代码如下:

```
<!DOCTYPE html>
<html>
    <head>
        <meta charset = "UTF-8" />
        <title>单击按钮改变 div 中直接包含的 span 的字体颜色</title>
        <script src = "jquery-3.3.1.js"></script>
        <script type = "text/javascript">
            $(document).ready(function() {
                $("#change").click(function() {
                    $("div>span").css("color", "orange");
                });
            });
        </script>
    </head>
    <body>
        <div>
            <span>这是直接包含在 div 中的 span</span>
            <p>
                <span>这是包含在 div 中的 p 中的 span</span>
            </p>
        </div>
        <span>这不是包含在 div 中的 span</span>
        <input id = "change" type = "button" value = "改变 div 中直接包含的 span 的字体颜色" />
    </body>
</html>
```

打开 jq6.html,单击按钮后的显示结果如图 14-6 所示,只有直接包含在 div 中的 span 的字体颜色会改变。

图 14-5 jq5.html 的显示结果

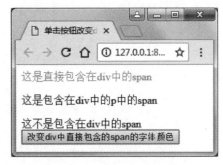

图 14-6 jq6.html 的显示结果

3) prev+next 选择器

prev+next 选择器可以选择下一个同级的兄弟元素,prev 和 next 是两个同级别的元素,中间使用"+"分隔,选择在 prev 元素后面的 next 元素,相当于使用 next() 方法,例如:

$("#my+img")为选择 id 为 my 的元素后的第一个同级别的 img 元素。

相当于:

$("#my").next("img")

$(".left+div")为选择 class 为 left 的元素的下一个同级别的 div 元素。

相当于：

$(".left").next("div")

例如 jq7.html,改变 class 为 left 的下一个同级别的 div 元素的字体颜色。
jq7.html 的代码如下：

```
<!DOCTYPE html>
<html>
    <head>
        <meta charset="UTF-8" />
        <title>单击按钮改变兄弟元素的字体颜色</title>
        <script src="jquery-3.3.1.js"></script>
        <style type="text/css">
            .left {
                background-color: #FFEBCD;
            }
            body {
                font-size: 12px;
            }
        </style>
        <script type="text/javascript">
            $(document).ready(function() {
                $("#change").click(function() {
                    $(".left+div").css("color", "orange");
                });
            });
        </script>
    </head>
    <body>
        <p class="left">这是段落,class=left</p>
        <div>class 为 left 的元素后的第一个 div 元素</div>
        <div>class 为 left 的元素后的第二个 div 元素</div>
        <span class="left">这是 span,class=left</span>
        <div>class 为 left 元素后的第一个 div 元素</div>
        <input id="change" type="button" value="改变兄弟元素的字体颜色" />
    </body>
</html>
```

在浏览器中打开 jq7.html,单击按钮后的显示结果如图 14-7 所示。

4) prev~siblings 选择器

prev~siblings 选择器用于选择 prev 元素的所有的兄弟元素,相当于 nextAll()方法,可以选择出现在 prev 元素之后的和其为同一级别的所有的元素。例如：

$("#my~img")为选择 id 为 my 的元素后的所有的同级别 img 元素。

相当于：

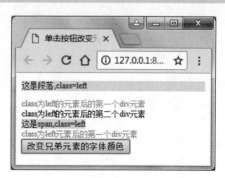

图 14-7　jq7.html 的显示结果

$("#my").nextAll("img")

$(".left~div")为选择class为left的元素之后的所有同级别的div元素。

相当于：

$(".left").nextAll("div")

例如jq8.html，改变所有兄弟元素的字体颜色。

jq8.html的代码如下：

```html
<!DOCTYPE html>
<html>
    <head>
        <meta charset="UTF-8" />
        <title>单击按钮改变所有兄弟元素的字体颜色</title>
        <script src="jquery-3.3.1.js"></script>
        <style type="text/css">
            .left {
                background-color: #FFEBCD;
            }
            body {
                font-size: 12px;
            }
        </style>
        <script type="text/javascript">
            $(document).ready(function() {
                $("#change").click(function() {
                    $(".left~div").css("color", "orange");
                });
            });
        </script>
    </head>
    <body>
        <p class="left">这是段落,class=left</p>
        <div>class为left的元素后的第一个div元素</div>
        <div>class为left的元素后的第二个div元素</div>
        <span class="left">这是span,class=left</span>
        <div>class为left元素后的第一个div元素</div>
        <input id="change" type="button" value="改变所有兄弟元素的字体颜色" />
    </body>
</html>
```

在浏览器中打开jq8.html，单击按钮后的显示结果如图14-8所示。

图14-8 jq8.html的显示结果

3. 过滤选择器

过滤选择器可分为基本过滤器、内容过滤器、可见性过滤器、属性过滤器等。过滤选择器可以根据元素的内容和索引等对元素进行选择。

1) 基本过滤器

基本过滤器可以根据元素的特点和索引选择元素，基本过滤器如表14-1所示。

表 14-1 基本过滤器

选 择 器	说 明
:first	匹配找到的第一个元素
:last	匹配找到的最后一个元素
:not(selector)	去除所有与给定选择器匹配的元素
:even	匹配所有索引值为偶数的元素,例如 $("tr:even")
:odd	匹配所有索引值为奇数的元素,例如 $("tr:odd")
:eq(index)	匹配一个给定索引值的元素
:gt(index)	匹配所有大于给定索引值的元素
:lt(index)	匹配所有小于给定索引值的元素
:header	匹配所有标题
:animated	匹配所有正在执行动画效果的元素

例如 jq9.html,当单击按钮时,使表格按行间隔变色。

jq9.html 的代码如下:

```html
<!DOCTYPE html>
<html>
    <head>
        <meta charset="UTF-8" />
        <title>单击按钮使表格间隔变色</title>
        <script src="jquery-3.3.1.js"></script>
        <style type="text/css">
            table{
                width:200px;
            }
        </style>
        <script type="text/javascript">
            $(document).ready(function() {
                $("#change").click(function() {
                    $("tr:even").css("background", "#FFFAF0");
                    $("tr:odd").css("background", "#DCDCDC");
                });
            });
        </script>
    </head>
    <body>
        <table>
            <tr>
                <td>第一行</td>
            </tr>
            <tr>
                <td>第二行</td>
            </tr>
            <tr>
                <td>第三行</td>
            </tr>
            <tr>
                <td>第四行</td>
            </tr>
            <tr>
```

```
            <td>第五行</td>
        </tr>
    </table>
    <input id = "change" type = "button" value = "表格按行间隔变色" />
</body>
</html>
```

在浏览器中打开 jq9.html,单击按钮后的显示结果如图 14-9 所示。

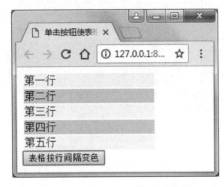

图 14-9 jq9.html 的显示结果

2) 内容过滤器

内容过滤器可以根据元素包含的文字内容选择元素,内容过滤器及其说明如表 14-2 所示。

表 14-2 内容过滤器

选 择 器	说　明
:contains(text)	匹配包含给定文本的元素
:empty()	匹配所有不包含子元素或者文本的空元素
:has(selector)	匹配含有选择器所匹配的元素的元素
:parent()	匹配含有子元素或者文本的元素,与:empty()相反

例如 jq10.html,当单击按钮时,选择表格中包含 apple 的单元格,并更改样式。

jq10.html 的代码如下:

```
<!DOCTYPE html>
<html>
    <head>
        <meta charset = "UTF-8" />
        <title>单击按钮选择包含特定文字的单元格</title>
        <script src = "jquery-3.3.1.js"></script>
        <style type = "text/css">
            table{
                width:200px;
            }
            td {
                font-size: 16px;
                border: 1px solid #FF9600;
            }
        </style>
```

```html
        < script type = "text/javascript">
            $(document).ready(function() {
                $("#change").click(function() {
                    $("td:contains('apple')").css("color", "red");
                    $("td:contains('apple')").css("background-color", "#FFF0F5");
                });
            });
        </script>
    </head>
    <body>
        <table>
            <tr>
                <td> pear </td>
                <td> apple </td>
            </tr>
            <tr>
                <td> apple & pear </td>
                <td> peach </td>
            </tr>
            <tr>
                <td> banana </td>
                <td> grape </td>
            </tr>
            <tr>
                <td> plum </td>
                <td> apple </td>
            </tr>
            <tr>
                <td> apple & grape </td>
                <td> coconut </td>
            </tr>
        </table>
        < input id = "change" type = "button" value = "使包含 apple 的单元格文字变色" />
    </body>
</html>
```

在浏览器中打开 jq10.html,单击按钮后的显示结果如图 14-10 所示。

3) 可见性过滤器

可见性过滤器可以根据元素的可见性进行选择,可见性过滤器包括:hidden 和:visible。:hidden 可以匹配所有不可见的元素,:visible 可以匹配所有可见的元素。例如:$("td:hidden")为匹配所有不可见的 td 元素;$("td:visible")为匹配所有可见的 td 元素。

图 14-10 jq10.html 的显示结果

jQuery1.3.2 之后的:hidden 选择器仅匹配 display 为 none 的元素或者<input type="hidden"/>的元素,即只匹配隐藏的,并且不占空间的元素,对于那些隐藏的,但仍然占空间的元素,则被排除在外。

4）属性过滤器

属性过滤器可以根据元素的属性值匹配元素，属性过滤器及其说明如表14-3所示。

表 14-3 属性过滤器

选 择 器	说　　明
[attribute]	匹配包含给定属性的元素
[attribute=value]	匹配给定属性为特定值的元素
[attribute!=value]	匹配给定属性不等于特定值的元素
[attribute^=value]	匹配给定属性是以特定值开头的元素
[attribute$=value]	匹配给定属性是以特定值结尾的元素
[attribute*=value]	匹配给定属性包含特定值的元素
[attributeFilter1] [attributeFilter2] […]	复合属性选择器，匹配属性同时满足多个条件的元素

例如 jq11.html，在页面加载完成时，更改所有包含 href 属性的 a 元素的样式。
jq11.html 的代码如下：

```
<!DOCTYPE html>
<html>
    <head>
        <meta charset = "UTF-8" />
        <title>在页面加载完成后更改部分超链接的样式</title>
        <script src = "jquery-3.3.1.js">
        </script>
        <script type = "text/javascript">
            $(document).ready(function() {
                $("a[title]").css("color", "#FF9600");
                $("a[title]").css("font-size", "12px");
                $("a[title]").css("text-decoration", "none");
            });
        </script>
    </head>
    <body>
        <a href = "#" title = "first">第一个包含 title 属性的 a 元素</a><br />
        <a href = "#">第一个不包含 title 属性的 a 元素</a><br />
        <a href = "#" title = "second">第二个包含 title 属性的 a 元素</a><br />
        <a href = "#">第二个不包含 title 属性的 a 元素</a><br />
        <a href = "#" title = "third">第三个包含 title 属性的 a 元素</a>
    </body>
</html>
```

在浏览器中打开 jq11.html，其显示结果如图 14-11 所示。

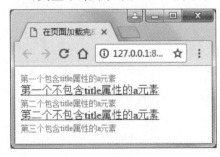

图 14-11　jq11.html 的显示结果

4. 表单选择器

表单选择器用于选择表单中的元素，包括的选择器如表 14-4 所示。

表 14-4　表单选择器

选 择 器	说　　　明
:input	匹配所有的<input>元素
:text	匹配所有的 type="text" 的<input>元素
:password	匹配所有的 type="password" 的<input>元素
:radio	匹配所有的 type="radio" 的<input>元素
:checkbox	匹配所有的 type="checkbox" 的<input>元素
:submit	匹配所有的 type="submit" 的<input>元素
:reset	匹配所有的 type="reset" 的<input>元素
:button	匹配所有的 type="button" 的<input>元素
:image	匹配所有的 type="image" 的<input>元素
:file	匹配所有的 type="file" 的<input>元素
:enabled	匹配所有激活的<input>元素
:disabled	匹配所有禁用的<input>元素
:selected	匹配所有被选取的<input>元素
:checked	匹配所有被选中的<input>元素

除了以上选择器之外，jQuery 的选择器还包括子元素选择器与表单过滤器等。

14.3　jQuery 的事件处理

观看视频

jQuery 是专门为事件处理而设计的，事件处理程序是当 HTML 页面中发生某些事件时所调用的方法。在 jQuery 中，通常把事件处理放置在 HTML 页面中的<head>部分。为了增加代码的可重用性，也可以将 jQuery 的事件处理程序放置在单独的 JavaScript 文件中，然后在需要引用的文件中引用。为了便于读者理解，本书的例子都是直接将事件处理程序放在<head>中。为了使代码易于维护，一般要将所有的 jQuery 代码置于处理函数中，并且单独保存在 JavaScript 文件中，将事件处理函数置于文档的就绪事件处理器中。jQuery 中的事件处理可以分为浏览器相关事件、表单相关事件、键盘相关事件、鼠标操作相关事件、其他事件。jQuery 中常用的事件及其说明如表 14-5 所示。

表 14-5　jQuery 中的事件方法

Event 函数	说　　　明
$(document).ready(function)	将函数绑定到文档的加载完成事件
$(selector).click(function)	触发或将函数绑定到元素的 onClick 事件
$(selector).focus(function)	触发或将函数绑定到元素的 onFocus 事件
$(selector).blur(function)	触发或将函数绑定到元素的 onBlur 事件
$(selector).change(function)	触发或将函数绑定到元素的 onChange 事件
$(selector).keydown(function)	触发或将函数绑定到元素的 onKeyDown 事件
$(selector).keypress(function)	触发或将函数绑定到元素的 onKeyPress 事件
$(selector).keyup(function)	触发或将函数绑定到元素的 onKeyUp 事件
$(selector).mousedown(function)	触发或将函数绑定到元素的 onMouseDown 事件

Event 函数	说明
$(selector).mousemove(function)	触发或将函数绑定到元素的 onMouseMove 事件
$(selector).mouseout(function)	触发或将函数绑定到元素的 onMouseOut 事件
$(selector).mouseover(function)	触发或将函数绑定到元素的 onMouseOver 事件
$(selector).mouseup(function)	触发或将函数绑定到元素的 onMouseUp 事件
$(selector).submit(function)	触发或将函数绑定到元素的 onSubmit 事件
$(selector).toggle(event,function)	绑定两个或多个事件处理函数,当发生轮流的 onClick 事件时执行
$(selector).bind(event,function)	向匹配元素附加一个或更多的事件处理器
$(selector).unbind(event,function)	从匹配元素移除一个被添加的事件处理器
$(selector).one(event,function)	向匹配元素添加事件处理器,每个元素只能触发一次该处理器

例如 jq12.html,单击按钮时显示半透明的 DIV,DIV 可以随鼠标的移动而移动。jq12.html 的代码如下:

```html
<!DOCTYPE html>
<html>
    <head>
        <meta charset="UTF-8" />
        <script src="jquery-3.3.1.js"></script>
        <script type="text/javascript">
            var show = function() {
                $("body").append("<div id='mydiv' style='background:#00BFFF;position:absolute;width:100px;height:100px'>可以拖动的半透明 DIV</div>");
                $("#mydiv").fadeTo("slow", 0.5);
                $("#mydiv").mousedown(function(event) {
                    var offset = $("#mydiv").offset();
                    x1 = event.clientX - offset.left;
                    y1 = event.clientY - offset.top;
                    $("#mydiv").mousemove(function(event) {
                        $("#mydiv").css("left", (event.clientX - x1) + "px");
                        $("#mydiv").css("top", (event.clientY - y1) + "px");
                    });
                    $("#mydiv").mouseup(function(event) {
                        $("#mydiv").unbind("mousemove");
                    });
                });
            }
        </script>
    </head>
    <body>
        <input type="button" value="显示 DIV" onclick="show()" />
    </body>
</html>
```

在浏览器中打开 jq12.html,显示结果如图 14-12 所示,使用光标拖动之后的显示结果如图 14-13 所示。

图 14-12　jq12.html 的显示结果

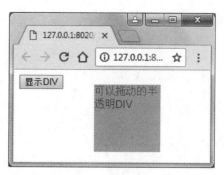
图 14-13　在 jq12.html 中拖动 DIV 之后的显示结果

14.4　jQuery 的特效

观看视频

使用 jQuery 可以很方便地实现页面元素的特殊效果，如隐藏、显示、淡入、淡出、滑动以及动画等。

1．隐藏和显示

jQuery 中的 show()方法和 hide()方法可以控制元素的显示和隐藏。其语法如下：

```
$(selector).hide(speed,callback);
$(selector).show(speed,callback);
```

其中，speed 是可选参数，表示显示或者隐藏的速度，可取 slow、fast 或者以毫秒为单位的数值；callback 是可选参数，表示显示或者隐藏后需要执行的函数名称。例如 jq13.html 实现了一个简单的下拉面板。

jq13.html 的代码如下：

```
<!DOCTYPE html>
<html>
    <head>
        <meta charset="UTF-8" />
        <title>一个简单的下拉面板</title>
        <script src="jquery-3.3.1.js"></script>
        <style type="text/css">
            #first{
                position:absolute;
                left:20px;
                top:20px;
                width:120px;
                height:20px;
                background-color:#FF99CC;
                font-size:14px;
                font-family:楷体;
                text-align:center;
            }
            #second{
                position:absolute;
                left:20px;
```

```
                    top: 40px;
                    width: 150px;
                    height: 80px;
                    background-color: #99CC00;
                    border: 2px solid #FF99CC;
                    font-size: 18px;
                    font-family: 楷体;
                    text-align: center;
                }
        </style>
        <script type="text/javascript">
            $(document).ready(function() {
                $("#first").click(function() {
                    $("#second").slideToggle("slow");
                });
            });
        </script>
    </head>
    <body>
        <div id="first">隐藏/显示面板</div>
        <div id="second">
            春眠不觉晓,<br />
            处处闻啼鸟.<br />
            夜来风雨声,<br />
            花落知多少.<br />
        </div>
    </body>
</html>
```

在浏览器中打开 jq13.html,其显示结果如图 14-14 所示,单击"隐藏/显示面板"按钮,显示结果如图 14-15 所示。

图 14-14 jq13.html 的显示结果

图 14-15 隐藏面板以后的显示结果

注意：上述代码中的 slideToggle() 方法是使用滑动效果来更改元素的可见状态。如果被选择的元素是可见的,则隐藏元素；如果被选择的元素是隐藏的,则显示元素。其语法格式如下：

```
$(selector).slideToggle(speed, callback);
```

其中,speed 和 callback 参数的含义与 slide() 方法中的参数相同。

2. 淡入和淡出

jQuery 可以很方便地实现元素的淡入和淡出的效果。

1) 淡入效果

jQuery 的 fadeIn() 方法用于实现淡入已隐藏的元素。其语法如下：

```
$(selector).fadeIn(speed, callback);
```

2) 淡出效果

jQuery 的 fadeOut() 方法用于实现淡出可见的元素。其语法如下：

```
$(selector).fadeOut(speed, callback);
```

3) 淡入和淡出切换效果

jQuery 的 fadeToggle() 方法可以在淡入和淡出之间切换。如果元素已淡出，则执行 fadeToggle() 会使元素淡入；如果元素已淡入，则执行 fadeToggle() 会使元素淡出。其语法如下：

```
$(selector).fadeToggle(speed, callback);
```

4) 渐变效果

jQuery 的 fadeTo() 方法可以实现元素的渐变效果。其语法如下：

```
$(selector).fadeTo(speed, opacity, callback);
```

其中，speed 和 callback 的含义与其他方法中的参数相同；opacity 指的是渐变的不透明度，取值范围为 0~1。例如 js14.html 为 jQuery 的淡入和淡出的效果实例。

js14.html 的代码如下：

```html
<!DOCTYPE html>
<html>
    <head>
        <meta charset="UTF-8" />
        <title>淡入淡出效果</title>
        <script src="jquery-3.3.1.js"></script>
        <style>
            input {
                width: 80px;
            }
        </style>
        <script type="text/javascript">
            $(document).ready(function() {
                $("#fIn").click(function() {
                    $("#div").fadeIn("slow");
                });
                $("#fOut").click(function() {
                    $("#div").fadeOut("slow");
                });
                $("#fToggle").click(function() {
                    $("#div").fadeToggle("slow");
                });
                $("#fTo").click(function() {
                    $("#div").fadeTo("slow", 0.2);
                });
```

```
            });
        </script>
    </head>
    <body>
        <input id="fIn" type="button" value="淡入" /><br /><br />
        <input id="fOut" type="button" value="淡出" /><br /><br />
        <input id="fToggle" type="button" value="淡入/淡出" /><br /><br />
        <input id="fTo" type="button" value="渐变" />
        <div id="div" style="position:absolute;top:15px;left:100px;width:100px;height:100px;background-color:red"></div>
    </body>
</html>
```

图 14-16 js14.html 的显示结果

在浏览器中打开 jq14.html 页面,显示结果如图 14-16 所示。单击相应的按钮可以实现不同的淡入淡出效果。

3. 滑动效果

使用 jQuery 可以实现元素的滑动效果。

1) 向下滑动

向下滑动使用 slideDown()方法实现,其语法如下:

```
$(selector).slideDown(speed, callback);
```

其中,speed 和 callback 的含义同前文中的方法。

2) 向上滑动

向上滑动使用 slideUp()方法实现,其语法如下:

```
$(selector).slideUp(speed, callback);
```

3) 向下或向上滑动

如果要在向下滑动和向上滑动之间切换,可以使用 slideToggle()方法,其语法如下:

```
$(selector).slideToggle(speed, callback);
```

例如 jq15.html,实现了 DIV 的滑动效果。

jq15.html 的代码如下:

```
<!DOCTYPE html>
<html>
    <head>
        <meta charset="UTF-8" />
        <title>滑动效果</title>
        <script src="jquery-3.3.1.js"></script>
        <style>
            input {
                width: 100px;
            }
        </style>
        <script type="text/javascript">
            $(document).ready(function() {
```

```
                $("#sDown").click(function() {
                    $("#div").slideDown("slow");
                });
                $("#sUp").click(function() {
                    $("#div").slideUp("slow");
                });
                $("#sToggle").click(function() {
                    $("#div").slideToggle("slow");
                });
            });
        </script>
    </head>
    <body>
        <input id="sDown" type="button" value="向下滑动" /><br />
        <input id="sUp" type="button" value="向上滑动" /><br />
        <input id="sToggle" type="button" value="向下/向上滑动" /><br />
        <div id="div" style="position:absolute;top:15px;left:115px;width:100px;height:100px;background-color:red"></div>
    </body>
</html>
```

在浏览器中打开 jq15.html，其显示结果如图 14-17 所示。当单击"向上滑动"按钮时，红色背景的 DIV 会向上滑动至消失，再单击"向下滑动"按钮时，DIV 会出现并向下滑动。

4. 动画效果

使用 jQuery 的 animate()方法可以创建自定义的动画，其语法如下：

```
$(selector).animate({params}, duration, easing, callback);
```

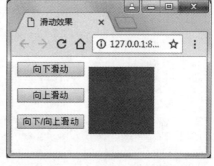

图 14-17　jq15.html 的显示结果

其中，各参数说明如下。

- params 是必需的参数，可以定义形成动画的 CSS 属性。
- speed 是可选参数，指动画的时长，可取 slow、fast 或者以毫秒计的数值。
- callback 是可选参数，指动画完成之后执行的函数。

在 animate()方法中，可以同时操作一个元素的几乎全部的 CSS 属性，也可以为一个元素指定多个 animate()效果。例如 jq16.html，给 DIV 添加动画效果。

jq16.html 的代码如下：

```
<!DOCTYPE html>
<html>
    <head>
        <meta charset="UTF-8" />
        <title>动画效果</title>
        <script src="jquery-3.3.1.js"></script>
        <style>
            input {
                width: 100px;
```

```
            }
        </style>
        <script type="text/javascript">
            $(document).ready(function() {
                $("#startAnimate").click(function() {
                    var div = $("#div");
                    div.animate({
                        width: '100px',
                        height: '50px',
                        left: '100px',
                        opacity: 0.4
                    }, "slow");
                    div.animate({
                        width: '50px',
                        height: '50px',
                        left: '50px',
                        opacity: 0.8
                    }, "slow");
                    div.animate({
                        width: '50px',
                        height: '50px',
                        left: '16px',
                        opacity: 1
                    }, "slow");
                });
            });
        </script>
    </head>
    <body>
        <input id="startAnimate" type="button" value="开始动画" /><br /><br />
        <div id="div" style="position:absolute;width:100px;height:100px;background-color:red"></div>
    </body>
</html>
```

在浏览器中打开jq16.html,其显示结果如图14-18所示,单击"开始动画"按钮可以演示动画效果。

图14-18 jq16.html的显示结果

14.5 jQuery 操作 DOM

使用 jQuery 可以方便地操作 DOM，包括读写页面元素的内容或属性、修改页面元素、操作元素的 CSS 属性等。

14.5.1 jQuery 读写元素的内容和属性

观看视频

在 jQuery 中，可以使用以下方法返回或设置元素的内容和属性：
- $(selector).text()方法用于返回或设置元素的文本内容。
- $(selector).html()方法用于返回或设置元素的内容（包括 HTML 标记在内）。
- $(selector).val()方法用于返回或设置表单字段的值。
- $(selector).attr()方法用于返回或者设置元素的属性值。
- $(selector).removeAttr()方法用于移除元素的属性。

例如：

```
$(selector).attr("href", "http://www.baidu.com");
```

也可以允许一次设置多个属性值，例如：

```
$(selector).attr({
    "href": "http://www.baidu.com",
    "target": "leftFrame"
});
```

例如 jq17.html，使用 jQuery 读取表单中控件的值。

jq17.html 的代码如下：

```html
<!DOCTYPE html>
<html>
    <head>
        <meta charset="UTF-8" />
        <title>读取元素的属性值</title>
        <script src="jquery-3.3.1.js"></script>
        <style type="text/css">
            body {
                font-size: 12px;
            }

            input {
                border: 1px solid #CC6699;
                width: 100px;
            }
        </style>
        <script type="text/javascript">
            $(document).ready(function() {
                $("input[type=button]").click(function() {
                    var name = $("#name").val();
                    var pwd = $("#pwd").val();
                    $("#msg").text("name:" + name + ",pwd:" + pwd);
```

```
            });
        });
    </script>
</head>
<body>
    <form>
        用户名:<input type="text" id="name" /><br /><br />
        密    码:<input type="password" id="pwd" />
        <br /><br />
        <input type="button" value="确定" />
    </form>
    <div id="msg"></div>
</body>
</html>
```

在浏览器中打开 jq17.html,输入用户名和密码,单击"确定"按钮后的显示结果如图 14-19 所示。

图 14-19　jq17.html 的显示结果

14.5.2　jQuery 更改页面元素

利用 jQuery 可以方便地在页面中添加新元素或者删除页面中已有的元素。其常用方法及其说明如表 14-6 所示。

表 14-6　jQuery 更改页面元素的方法

方　　法	说　　明
after()	在选择的元素之后插入内容
append()	在选择的元素集合中的元素结尾插入内容
appendTo()	向目标结尾插入选择元素集合中的元素
before()	在选择的元素之前插入内容
insertAfter()	把选择的元素插入另一个指定元素集合的后面
insertBefore()	把选择的元素插入另一个指定元素集合的前面
prepend()	向选择的元素集合中的元素的开头插入内容
prependTo()	向目标开头插入选择的元素集合
replaceAll()	用新元素替换所有匹配到的元素
replaceWith()	用新内容替换匹配的内容
wrap()	把选择的元素用指定的内容包裹起来

续表

方法	说明
wrapAll()	把所有的匹配的元素用指定的内容包裹起来
wrapinner()	把每一个匹配的元素的子元素使用指定的内容包裹起来
remove()	删除匹配的元素及其子元素
empty()	删除匹配的元素的子元素

例如 jq18.html,在段落的后面和列表前面添加新元素。

jq18.html 的代码如下:

```html
<!DOCTYPE html>
<html>
    <head>
        <meta charset="UTF-8" />
        <title>操作页面元素</title>
        <script src="jquery-3.3.1.js"></script>
        <script type="text/javascript">
            $(document).ready(function() {
                $("#addText").click(function() {
                    $("p").append("<font color='#9933FF'>这是新追加的内容</font><br />");
                });
                $("#addList").click(function() {
                    $("ol").prepend("<font color='#FF6666'><li>新列表项</li></font>");
                });
            });
        </script>
    </head>
    <body style="font-size:12px">
        <p>这是一个段落<br />
        </p>
        <ol>
            <li>列表项</li>
            <li>列表项</li>
            <li>列表项</li>
        </ol>
        <input type="button" value="添加文本" id="addText" />
        <input type="button" value="添加列表项" id="addList" />
    </body>
</html>
```

在浏览器中打开 jq18.html,其显示结果如图 14-20 所示。单击"添加文本"和"添加列表项"按钮后的显示结果如图 14-21 所示。

14.5.3 jQuery 操作 CSS 属性

在前文中已经使用过 $(selector).css() 方法来更改元素的 CSS 属性。此外,在 jQuery 中还可以读取、添加、删除元素的 CSS 属性,操作 CSS 属性的方法如表 14-7 所示。

图 14-20　jq18.html 的显示结果

图 14-21　添加新内容之后的显示结果

表 14-7　jQuery 中操作 CSS 属性的方法

方　　法	说　　明
addClass()	向匹配的元素添加指定类名的样式
hasClass()	判断匹配的元素是否具有指定类的样式
removeClass()	删除匹配的元素指定类的样式
toggleClass()	删除或添加匹配元素的指定类的样式
css()	读取或设置元素的 CSS 属性

例如 jq19.html，单击按钮更改 DIV 的样式。

jq19.html 的代码如下：

```
<!DOCTYPE html>
<html>
    <head>
        <meta charset = "UTF-8" />
        <title>更改样式</title>
        <script src = "jquery-3.3.1.js"></script>
        <style type = "text/css">
            .first {
                font-size: 14px;
                background-color: #F5F5DC;
                border: 1px solid;
                color: #A52A2A;
                font-family: 楷体;
            }
            .second {
                font-size: 16px;
                background-color: #E0FFFF;
                color: #F08080;
                border: 1px solid #5F9EA0;
            }
        </style>
        <script type = "text/javascript">
            $(document).ready(function() {
                $("#first_btn").click(function() {
                    $("div").removeClass("second");
                    $("div").addClass("first");
                });
```

```
                $("#second_btn").click(function() {
                    $("div").removeClass("first");
                    $("div").addClass("second");
                });
            });
        </script>
    </head>
    <body>
        <div style="height:100px,width:100px" class="first">
            春眠不觉晓,<br />处处闻啼鸟,
            <br />夜来风雨声,
            <br />花落知多少。
        </div>

        <input type="button" value="样式1" id="first_btn" />
        <input type="button" value="样式2" id="second_btn" />
    </body>
</html>
```

在浏览器中打开 jq19.html,显示结果如图 14-22 所示,单击"样式 2"按钮,显示结果如图 14-23 所示。

图 14-22　jq19.html 的显示结果

图 14-23　更改样式之后的显示结果

小结

- jQuery 是当前最流行的 JavaScript 库,它封装了很多预定义的对象和实用函数。
- jQuery 是一款轻量级的 JavaScript 框架,选择器使用方便,便于操作 DOM 对象的元素;链式操作可以将多个操作写在同一行代码内。
- jQuery 简化了对 CSS 和 AJAX 的操作,兼容了大部分的主流浏览器,它有丰富的第三方插件的支持,例如树形菜单、日期控件、图片切换工具等。
- jQuery 选择器允许通过标签名、属性名或者内容对 HTML 元素进行选择或者修改 HTML 元素的样式属性。
- jQuery 的选择器很多,可以分为基本选择器、层次选择器、过滤选择器和属性过滤器。
- 基本选择器包括 id 选择器、element 选择器、class 选择器、* 选择器以及并列选择器等。

- 层次选择器可以根据页面中的 HTML 元素之间的嵌套关系来选择元素，主要包括 ancestor descendant 选择器、parent＞child 选择器、prev＋next 选择器、prev～siblings 选择器。
- 过滤选择器可分为基本过滤器、内容过滤器、可见性过滤器、属性过滤器等。过滤选择器可以根据元素的内容和索引等对元素进行选择。
- jQuery 是专门为事件处理而设计的，事件处理程序是当 HTML 页面中发生某些事件时所调用的方法。
- 使用 jQuery 可以很方便地实现页面元素的特殊效果，如隐藏、显示、淡入、淡出、滑动以及动画等。
- 使用 jQuery 可以方便地操作 DOM，包括读写页面元素的内容或属性、修改页面元素、操作元素的 CSS 属性等。

习题

1. 下面（　　）不属于 jQuery 的选择器。
   A. 基本选择器　　　B. 层次选择器　　　C. 表单选择器　　　D. 节点选择器
2. ＜a href="…" title="…"＞这里是超链接＜/a＞，使用 jQuery 如何获取＜a＞元素的 title 的属性值（　　）。
   A. $("a").attr("title").val;　　　　B. $("♯a").attr("title");
   C. $("a").attr("title");　　　　　　D. $("a").attr("title").value;
3. 页面上有 3 个元素，分别是＜div＞、＜span＞、＜p＞，如果这 3 个标签的 click 事件都要触发同一事件，下面（　　）是正确的。
   A. $("div,span,p").click(function(){…});
   B. $("div||span||p").click(function(){…});
   C. $("div＋span＋p").click(function(){…});
   D. $("div～span～p").click(function(){…});
4. 在 jQuery 中，要删除所有匹配的元素，应该使用（　　）方法。
   A. delete()　　　B. empty()　　　C. remove()　　　D. removeAll()
5. 在 jQuery 中，要匹配元素的同级元素，需要使用（　　）方法。
   A. nextAll()　　　B. siblings()　　　C. next()　　　D. fild()
6. 当一个文本框的内容被选中时，想要执行指定的方法，可以使用（　　）事件实现。
   A. click()　　　B. change()　　　C. select()　　　D. bind()
7. 在 jQuery 中指定一个类，如果存在就执行删除功能，如果不存在就执行添加功能，下面（　　）可以直接完成该功能。
   A. removeClass()　　B. deleteClass()　　C. toggleClass()　　D. addClass()
8. 如果要匹配包含文本的元素，用（　　）实现。
   A. text()　　　B. contains()　　　C. input()　　　D. attr(name)
9. 在 jQuery 中，要将所有的 DIV 的颜色设置成绿色，应该使用_____实现。
10. 用 jQuery 实现动态删除或添加表格的单元行。

参 考 文 献

[1] CHAFFER J,SWEDBERG K. jQuery 基础教程[M]. 李松峰,译. 北京:人民邮电出版社,2008.
[2] ZAKAS N C. JavaScript 高级程序设计[M]. 李松峰,曹力,译. 北京:人民邮电出版社,2012.
[3] 丁振凡. Web 编程实践教程[M]. 北京:清华大学出版社,2011.
[4] YORK R. Beginning CSS:Cascading Style Sheets for Web Design[M]. 侯普秀,王一飞,译. 北京:清华大学出版社,2008.
[5] DUCKETT J. Web 编程入门经典:HTML、XHTML 和 CSS[M]. 杜静,敖富江,译. 北京:清华大学出版社,2010.
[6] YORK R. jQuery、JavaScript 与 CSS 开发入门经典[M]. 施宏斌,周彦,曹蓉蓉,译. 北京:清华大学出版社,2010.
[7] GOODMAN D,MORRISON M,NOVITSKI P. JavaScript 宝典[M]. 杨岳湘,普杰,高宇辉,译. 北京:清华大学出版社,2013.
[8] POWERS S. JavaScript 经典实例[M]. 李强,译. 北京:中国电力出版社,2012.
[9] 吕冰. Web 编程与设计教程[M]. 开封:河南大学出版社,2012.
[10] 徐林林. Java Web 编程从入门到实践[M]. 北京:清华大学出版社,2010.
[11] 冯曼菲. 精通 Ajax:基础概念、核心技术与典型案例[M]. 北京:人民邮电出版社,2010.
[12] YORK B. CSS 入门经典[M]. 程文俊,译. 北京:人民邮电出版社,2012.
[13] 侯天超. Web 编程基础[M]. 北京:电子工业出版社,2011.
[14] CROWTHER R,LENNON J,BLUE A,等. HTML5 实战[M]. 张怀勇,译. 北京:人民邮电出版社,2015.
[15] 李东博. HTML5+CSS3 从入门到精通[M]. 北京:清华大学出版社,2014.
[16] 未来科技. HTML5 APP 开发从入门到精通[M]. 北京:中国水利水电出版社,2017.

图书资源支持

感谢您一直以来对清华版图书的支持和爱护。为了配合本书的使用,本书提供配套的资源,有需求的读者请扫描下方的"书圈"微信公众号二维码,在图书专区下载,也可以拨打电话或发送电子邮件咨询。

如果您在使用本书的过程中遇到了什么问题,或者有相关图书出版计划,也请您发邮件告诉我们,以便我们更好地为您服务。

我们的联系方式:

地　　址:北京市海淀区双清路学研大厦 A 座 714

邮　　编:100084

电　　话:010-83470236　010-83470237

客服邮箱:2301891038@qq.com

QQ:2301891038(请写明您的单位和姓名)

资源下载:关注公众号"书圈"下载配套资源。

书圈

清华计算机学堂

观看课程直播